太阳系简史

[英] 约翰·钱伯斯（John Chambers）
杰奎琳·米顿（Jacqueline Mitton） 著 杨洁玲 译

FROM DUST TO LIFE

THE ORIGIN AND EVOLUTION OF OUR SOLAR SYSTEM

中信出版集团·北京

图书在版编目（CIP）数据

太阳系简史 /（英）约翰·钱伯斯，（英）杰奎琳·米顿著；杨洁玲译 . -- 北京：中信出版社，2018.9 （2018.11 重印）

书名原文：From Dust to Life: The Origin and Evolution of Our Solar System

ISBN 978-7-5086-9100-8

Ⅰ . ①太… Ⅱ . ①约… ②杰… ③杨… Ⅲ . ①太阳系 – 普及读物 Ⅳ . ① P18-49

中国版本图书馆 CIP 数据核字（2018）第 132757 号

太阳系简史

著　　者：[英] 约翰·钱伯斯　杰奎琳·米顿

译　　者：杨洁玲

出版发行：中信出版集团股份有限公司

（北京市朝阳区惠新东街甲 4 号富盛大厦 2 座　邮编　100029）

承 印 者：中国电影出版社印刷厂

开　　本：787mm × 1092mm　1/16　　印　　张：22　　字　　数：243 千字

版　　次：2018 年 9 月第 1 版　　印　　次：2018 年11月第 2 次印刷

京权图字：01-2018-3400　　广告经营许可证：京朝工商广字第 8087 号

书　　号：ISBN 978-7-5086-9100-8

定　　价：65.00 元

感谢林赛、切兰和凯恩维为本书的付出。

——约翰·钱伯斯

感谢我的丈夫西蒙，他对书籍的热爱和对写作的热情给了我无穷的灵感。

——杰奎琳·米顿

目 录

序　言

每个人都喜欢追本溯源。大家都有过这样的疑问：人从哪里来？过去的生命是什么样的？人类又是如何融入宏大的宇宙格局的？无论是营火会上口耳相传的神话故事，还是宗教哲学文献里的细节描绘，每一代人都试图用自己的方式给出答案。近几个世纪以来，科学手段的出现给这些古老的问题赋予了新的思考方向，让我们首次看到了真相到来的曙光。

太阳系由太阳和围绕它运行的众多行星、卫星、彗星和小行星组成。了解它的起源、演化和本质，对于揭示人类的起源有着极其重要的作用。太阳系的多个要素，包括太阳的寿命与稳定性，还有水、碳、氮和生命赖以维持的其他重要物质的存在，以及地球的大小和运行轨道，为生命的繁衍生息提供了适宜的气候，且这种气候得以维持数十亿年不变，所以，这些要素都对维持当今的生命发挥着举足轻重的作用。事实上，其他行星或许也在生命起源的过程中起到了一定作用，它们为早期的地球提供了生命必需的原始物质，并防止危险物体撞击地球。近年来，天文学家发现在太阳系以外的宇宙里还存在着数百个行星系，这可以说是迄今为止最伟大的发现之一。但是，太空中是否普遍存在真正的类地行星，以及我们赖以安身立命的这个世界是否源于太阳系形成过程中一系列独一无二的事件，仍然有待考证。

探寻太阳系的过去和太阳系在生命形成中有何作用是写作本书的两大目的。本书旨在向读者介绍古往今来的科学家对太阳系起源的解读，以及太阳系历史上发生过的一系列重大事件。同时，本书还探讨了科学家是如何透过惊人的细节来观察太阳系的，他们如何逐步还原出它的形成过程和形成时间，以及在这一研究过程中用到了哪些工具。

为了考证太阳系的起源，我们追溯到宇宙诞生之初，那时，今日宇宙的许多成分都已形成。我们还通过关于恒星的蛛丝马迹还原了太阳系最初的图景。本书介绍了太阳星云（这种围绕着初生太阳的气体和尘埃云，是太阳系内各行星的原始物质），探讨了太阳系中各行星和其他成员的起源，并深刻阐释了它们如此迥异的原因。

科学发展日新月异，尤其是在过去 20 年间，各种新发现与突破层出不穷。诚然，我们的知识还存在着缺口，今日流行的科学理念有朝一日也可能面临淘汰。然而，科学仍旧是我们前进路上的指明灯。一切新发现无一不是踩在前人的肩膀上取得的，它们是对前人成果的锦上添花，而非推翻重来。即便有惊天动地的变革发生，它也离不开前人打下的基础。当前，科学探索的步子越迈越大，到了我们审时度势的时候了。在未来，或许本书中的某些细节会有所变化，但我们仍有充足的理由相信，即使时过境迁，本书的许多重要观念都将颠扑不破。

本书主要面向已对科学具有初步了解的普通读者，但读者无须掌握太阳系及其起源方面的专业知识。编写过程中，我们已尽可能绕开行话和专业术语，一些较为生僻的词语和概念也在书末的术语汇总中做了解释，以方便读者查询。此外，我们谨记这样一个道理，像这种书每增加一个方程式，都会吓跑更多的读者。

本书的调研和撰写离不开很多人的鼎力相助与配合。在此，特别感谢科内尔·亚历山大（Conel Alexander）、埃里克·阿斯普豪格（Erik Asphaug）、林赛·钱伯斯（Lindsey Chambers）、迈克·埃德蒙兹（Mike Edmunds）、戴维·朱伊特（David Jewitt）、斯特拉·卡夫卡（Stella Kafka）、李·麦克唐纳（Lee Macdonald）、西蒙·米顿（Simon Mitton）、德里克·沃德–汤普森（Derek Ward-Thompson）以及伊万·威廉斯（Iwan Williams）为本书做出的宝贵贡献，也衷心感谢普林斯顿大学出版社的英格丽德·格涅利奇（Ingrid Gnerlich）在本书出版过程中所给予的全力支持与耐心鼓舞。

第 1 章

我们从哪里来？

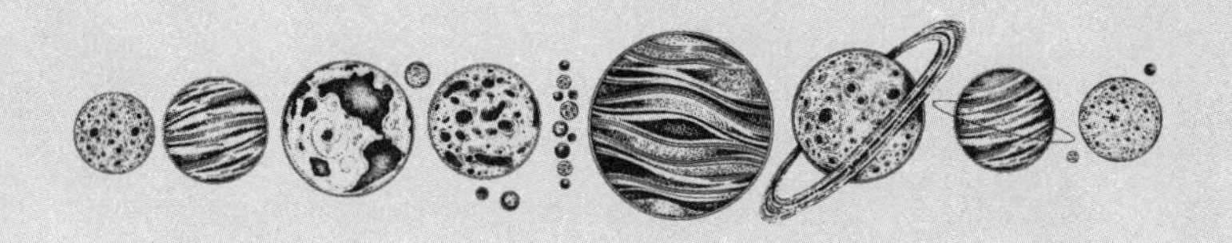

时光魅影

坐落在尼罗河东岸的卡纳克神庙是古埃及帝国遗留的最壮观的建筑之一。这座宏伟的庙宇群始建于 3 000 多年前，在接下来 1 000 多年的时间里，先后又经历了 30 多位埃及法老的改良和扩建。神庙内到处布满了石墙和石柱，上面镌刻着历史文献、祈祷文和详细的宗教礼仪。今天，到此观光的游客可以从导游的解说中了解到这些符号的含义，以及这座神庙的非凡意义。但你可知道，在长达 1 500 多年的时间里，无人了解这些文字的含义，古埃及文明也因此蒙上了一层神秘的面纱？

卡纳克神庙的铭文使用的是古埃及象形文字，古埃及象形文字是世界上最古老的文字符号之一。这种图形文字被广泛应用于正式文件和宗教性文本中，但公元前 30 年埃及成为罗马帝国的行省后，它的使用逐渐减少。到公元 4 世纪，随着基督教的传入，象形文字逐渐失传。接下来的几个世纪里，学者们一直尝试将它们破译，但始终没有成功。

1799 年，拿破仑军队里的一名法国士兵无意间在一个堡垒的旧址中发现了一块灰色的石碑，该堡垒位于埃及一个叫作拉希德（又名罗塞塔）的城镇附近。石碑上刻着以古希腊文、古埃及象形文字和埃及草书（埃及草书比古埃及象形文字更接近近代埃及文字）三种文字书写的宗教宣言。学者们很快翻译出了古希腊文和埃及草书的内容，发现三种文字传达的意思毫无二致。遗憾的是，石碑的顶部缺了一角，象形文字只剩下14行，但事实证明这已经足够了。经过仔细的语言比对和一系列灵感迸发的查证工作后，学者们终于首次破译了象形文字。而就是这块在罗塞塔发现的石碑，成了打开古埃及和古埃及人民珍贵信息宝库的钥匙。

深入研究历史长河中遗留下来的罕见的人工制品有助于考古学家拼凑出人类的发展历史，罗塞塔石碑的故事就是一个很好的例子。过去的证据有时就和卡纳克神庙的石碑一样近在眼前，只待被人们鉴定出来。而更多时候，它们和充满传奇色彩的特洛伊城（位于今日的土耳其）一样，尘封几百年而不见天日。历史的真相往往隐藏在最令人意想不到的地方，就如同遗传密码里记录着人类历史一样。

想要从林林总总的来源里筛选出有用的信息是一项非常庞大的工程。今天科学家们用到的工具和技术无一不是人类几个世纪以来艰难摸索的成果，运用这些工具，人们可以解读过去留下来的线索，从而解释人类的发展历史。考古学和其他科学领域想取得进展，往往有赖于偶然的考古发现（如罗塞塔石碑）、新技术的发明，或者某个天马行空的先觉。尽管困难重重，但科学家们仍然孜孜不倦地探索着一个让所有人都着迷的问题：我们从哪里来？

科学家对太阳系历史的刨根问底犹如考古学家对埃及沙子的锱铢必较。虽然他们的工作方法和工具各有千秋，但都是为了尽可能多地搜集珍贵的历史遗物，再将新发现与现有信息结合在一起。虽然他们所涉及的空间距离和时间范围不同，但他们讨论的基本问题是一样的：人类从哪里来，是怎样出现在地球上的？过去的世界是怎样的？这些都是他们共同关心的问题。探索太阳系的演化史本身就是一场浩大的考古活动——人类社会出现的前提条件是，我们首先得进化成为人类；要想进化出人类，宇宙中必定得存在一颗围绕长生命周期恒星运动的宜居行星，这样才能出现生命。而这一切能够实现的前提是：太阳系已经在混沌的星际空间中脱颖而出。这一转变是如何发生的，以及科学家是如何将这些前因后果串联起来的，正是本书的主题。

平淡无奇的太阳系

我们先来认识一下今天的太阳系。太阳位于太阳系的中心，它的质量是太阳系总质量的 99.8%。它的直径约等于 1 400 000 千米，相当于地球直径的 109 倍，远远大于任何一颗行星。太阳只是银河系中一颗普通的恒星，但“普通”和“平均”的含义可不一样——无论从亮度还是质量上来说，它都大大超过银河系中 90% 的恒星。太阳的寿命约等于 100 亿年，至今已经过去快一半，它目前正处于稳定而旺盛的中年期。太阳还有几个比较显著的特点。有些恒星具有多变性、特殊的成分和强大的磁场，这些特性太阳统统都没有，这对于地球上的生命来说是一件好事：恒星的稳定性和可预测性可以为生命的繁衍生息提供良好的环境。

太阳的平均密度接近于水，但是它的绝大部分成分是比水还要轻的氢和氦，氢和氦由于太阳引力而紧紧挨在一起。这两种化学元素占太阳成分的 98%，其余的 2% 为其他物质，这样的配比广泛存在于大多数恒星中，也是恒星的重要特征之一。太阳与其他恒星一样由等离子体组成，等离子体是太阳内部一种温度高达数百万摄氏度的带电气体。太阳核心的核反应释放出源源不断的能量，使太阳持续发光，而太阳光是地球以及太阳系其他行星的一个重要热源。

太阳占据太阳系的绝大部分质量，它的强大引力主宰着太阳系其他天体的一举一动。太阳所处的位置接近太阳系的正中心，其他天体都绕着它公转。奇怪的是，太阳的质量如此之大，但它的角动量，也就是转动的惯性却只占了太阳系的 2%。太阳的自转速度极慢，自转一圈大概需要一个月。它的组成物质是流动的，不同圈层的自转速度各不相同。推动整个太阳系自转的大部分能量来自绕太阳运行的行星，这一点曾困扰了科学家很长一段时间，而且对太阳系形成学说也产生了深远的影响，这个问题我们会在第 3 章中讨论。

围绕太阳公转的大行星一共有 8 个。从太阳的北极点俯瞰，八大行星均按照椭圆轨道逆时针方向绕日公转。它们的公转轨道几乎（但不完全）位于同一个平面上，看上去就像放在同一张桌面上的几个同心圆环一样（见图 1-1）。除水星和火星以外，其他 6 颗大行星的轨道都非常接近圆形，水星和火星的轨道相对比较狭长，用数学术语来说就是轨道偏心率较大。火星轨道的偏心率是帮助早期天文学家了解各行星运动的一个重要线索，这点会在第 2 章中展开。

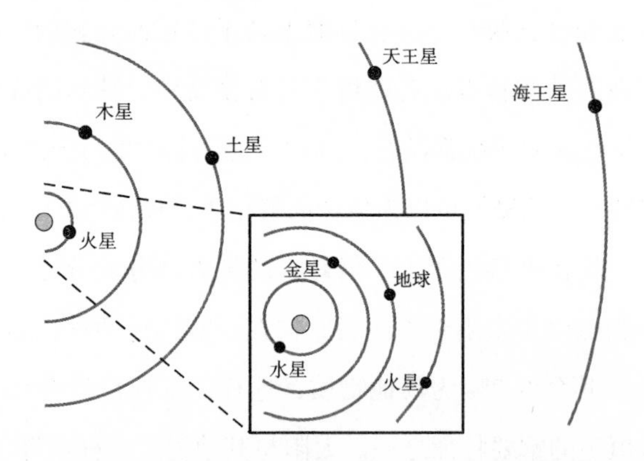

图 1-1　太阳系各大行星分布图。图中各大行星的运行轨迹近似按比例绘制

天文单位（astronomical unit，简称 AU）是测量太阳系内天体间距离的有力工具，它等于地球与太阳的平均距离，即一个天文单位约等于 150 000 000 千米。① 太阳系最远的大行星距离太阳约 30 天文单位。太阳系

① 2012 年，国际天文学联合会规定 AU=1.495 978 707 × 10^{11} 米。——编者注

行星所覆盖的区域根据距离太阳的远近被分为两个部分，其中距离太阳 2 天文单位以内的 4 颗行星被称为内行星。内行星的体积相对来说比较小，由于具有固态表面以及与地球相似的结构、成分，故又被称作类地行星。

另外 4 颗外行星散布在距离太阳 5~30 天文单位的宇宙空间内。外行星比类地行星要大得多，又被称为巨行星。比如，八大行星中最大的木星是地球质量的 300 多倍。和类地行星颇为不同的是，巨行星由多层气体和液体构成，没有固态表面。

每颗巨行星的周围都有一个行星环和很多颗卫星。土星环是太阳系所有行星环中最壮丽的一个，由大量纯水冰颗粒物构成，这些颗粒物大则数米，小如微尘。木星、天王星和海王星的行星环相比而言则更暗淡、细瘦一些。截至本书英文版出版时，天文学家已经在 4 颗巨行星附近发现了 168 颗卫星，未来必定还会发现更多。与巨行星形成鲜明对比的是：内行星总共只有 3 颗卫星，分别是地球的卫星月球和火星的两颗小卫星火卫一和火卫二。类地行星无一拥有行星环。

在正式开始讨论小行星、彗星和其他太阳系天体前，我们不妨先来了解一下天文学家是如何辨别不同天体的。天体的分类方法有很多，例如，可以根据它们在望远镜下呈现的形状（球形或不规则形状）、成分（岩石或冰）、外观（像彗星一样模糊或只有一个亮点），或者根据它们轨道的性质来进行划分。主流观点认为体积是最主要的考虑因素：体积比恒星小但大于其他天体的为行星。那么问题来了：行星到底有多大？太阳系中绕日公转的天体有数十亿颗之多，其中最大的为木星，其直径是地球的 11 倍，而最小的只有尘埃般大小，要用显微镜才能看到。在对天体进行分类时，性质并不在考虑范围中。在很大程度上，大小行星之间的分界线比较随心所欲，好比河流和小溪之间的区分。

表 1-1　八大行星部分特征一览表

行星名称	离太阳平均距离（单位：AU）	离太阳最小距离（单位：AU）	离太阳最大距离（单位：AU）	轨道倾角（单位：度）	质量（地球 = 1）	半径（地球 = 1）
水星	0.39	0.31	0.47	7.0	0.06	0.38
金星	0.72	0.71	0.73	3.4	0.82	0.95
地球	1.00	0.98	1.02	0.0	1.00	1.00
火星	1.52	1.38	1.66	1.9	0.11	0.53
木星	5.20	4.95	5.45	1.3	318	11.2
土星	9.58	9.04	10.12	2.5	95	9.4
天王星	19.23	18.38	20.08	0.8	15	4.0
海王星	30.10	29.77	30.43	1.8	17	3.9

按照当前的习惯说法，目前太阳系中共有 8 颗大行星。冥王星曾经也属于大行星家族的一员，但由于它更像外太阳系天体，天文学家后来将其从大行星行列中除名，并划入其他分类。不过众口难调，冥王星的地位一直备受争议。美国天文学家查尔斯·科瓦尔（Charles Kowal）在其 1988 年出版的一本有关小行星的著作中提出了如何界定行星的问题，这在当时来说非常具有前瞻性。谷神星（Ceres）是目前已知的最大的小行星，它的直径为 952 千米，而冥王星的直径大于 2 300 千米，当时冥王星还属于大行星行列。科瓦尔在书中提出了这样一个问题："如果我们以后发现直径超过 1 500 千米的天体，我们应该怎么称呼它们？是叫小行星，还是行星？我可以拍着胸脯说，不到最后关头，天文学家是不会回答的！"这一点还真让他说中了。

2003 年，终于到了不得不回答这个问题的时候了。天文学家发现海王星轨道以外有 4 颗绕日公转的大天体，其中的 3 颗分别为鸟神星

（Makemake）、妊神星（Haumea）和塞德娜（Sedna）。还有一颗是阋神星（Eris），阋神星的大小和冥王星不相上下，但质量却比冥王星大 27%。如果说冥王星是行星的话，那阋神星理所当然也属于行星。那另外 3 颗呢？难道也都属于行星吗？要是以后再发现其他大天体呢？行星的数量岂不是很快就会达到 20、50，乃至 1 000 了？所以，到了该重新思考这个问题的时候了。国际天文学联合会（International Astronomical Union，简称 IAU）经过投票，决定设立“矮行星”这一天体类型，但此举也颇有争议。冥王星、阋神星和小行星谷神星成了矮行星家族的第一批成员，曾经位居大行星行列的冥王星如今已被重新定义为小行星（编号：134340），于是，大行星的数量缩减为 8 个。

截至 2012 年，只有 5 个天体被归入矮行星的行列。而茫茫宇宙之中，已经确定的既非行星也非矮行星或卫星的天体仍然有数千个之多。IAU 将这些天体统称为“太阳系小天体”，再往下它们还可以细分为彗星（偶尔带有朦胧的彗发和彗尾的一类冰冻天体）和小行星（从地球上看呈一个光点的岩质天体）。英语中的“minor planet”和“asteroid”皆有小行星之意，但现实中绝大多数人都只用后一个词来称呼小型岩质天体。

太阳系中类地行星与巨行星之间存在着一个主小行星带。目前，天文学家已经在太阳系中发现了超过 30 万颗小行星，绝大多数都分布在距离太阳 2.1~3.3 天文单位的空间里。今天，小行星家族仍在以每月几百颗的速度不断壮大着。从特写照片来看，小行星和行星有着截然不同的外观：大部分小行星呈椭圆形或者不规则的形状，而且表面一般有山脉、巨石和火山口。尽管小行星的数量庞大，但它们的质量总和相对而言并不算大。如果将所有已知的小行星组成一个天体的话，它的质量其实还没有地球的卫星月球大。

太阳系的绝大多数小行星都位于火星与木星之间的一条主小行星带上，也有一小部分散落在更远的空间。爱神星（Eros）是一颗穿过火星轨道的小行星，它在 1931 年来到距离地球不到 23 000 000 千米的地方，这个距离约等于地球和金星最近距离的一半。另外，还有一颗叫作希达尔戈（Hidalgo）的小行星，它的运动轨迹呈一个极度扁长的椭圆形，极大的偏心率决定了希达尔戈最远甚至能到达土星之外。还有一些小行星甚至还会穿过地球轨道，其中的少数最终会以撞向地球的方式结束它们的生命。在木星公转轨道前后各 60 度的宇宙空间里，还存在着两个较大的小行星群，叫作特洛伊群（Trojans）。特洛伊群在木星的轨道上运行，且速度和木星的公转速度一致。天文学家最近又发现了多颗类似特洛伊群的小行星，有些在火星的轨道上运行，有些则在海王星的轨道上运行。

海王星轨道以外也分布着一个绕日运行的小行星带。这一地带被称为柯伊伯带（Kuiper belt），冥王星和阋神星就位于此带中。过去 20 年间，科学家们已经在这里发现了数百个天体，但这也许只是冰山一角，因为柯伊伯带的质量很可能比主小行星带大得多。为了将它们与"小行星"（指内太阳系中绕日运行的小天体）加以区分，天文学家通常把在海王星轨道以外围绕太阳运行的天体统称为柯伊伯带天体或海外天体（指海王星之外的天体）。

迄今为止，可近距离观看到的彗星屈指可数。虽然彗星看上去和小行星相差不多，但它们的主要成分是冰和岩石尘埃。低温时，彗星处于休眠状态，但是在运行到离太阳只有几个天文单位时，彗星表面的冰开始蒸发，释放出的气体将尘埃粒子吹离表面。这些气体和尘埃在彗核周围积累，形成了一个巨大而朦胧的云状物，这个云状物叫作彗发，彗发飘入太空后形成了稀薄的彗尾。彗尾分为气体彗尾和尘埃彗尾两条，长度可达数百万千米。

由于小行星带和太阳之间仅相隔数个天文单位，一直以来天文学家都认为小行星上不存在冰。1996 年，一颗名为埃尔斯特–皮萨罗（Elst-Pizarro）的小行星在经过其公转轨道的近日点时，身后拖着一条和彗星一样的尾巴（见图 1–2），这一发现让许多人大跌眼镜。同样的事情于 2001 年和 2007 年再次发生。今天，埃尔斯特–皮萨罗已同时位居彗星和行星的行列。像这种同时具备彗星和小行星特征的天体，小行星带外部还有几颗。这些天体上显然有很多冰，当温度达到足够高时，部分冰就会蒸发。日前，有人在司理星（Themis）表面探测到有冰状沉积物的存在，司理星是太阳系主小行星带中最大的小行星之一。也许其他小行星内部也有冰，只是它们表面的岩石尘埃层使内部的冰避免了阳光的照射。显然，小行星与彗星之间的界线并非天文学家曾认为的那般泾渭分明。

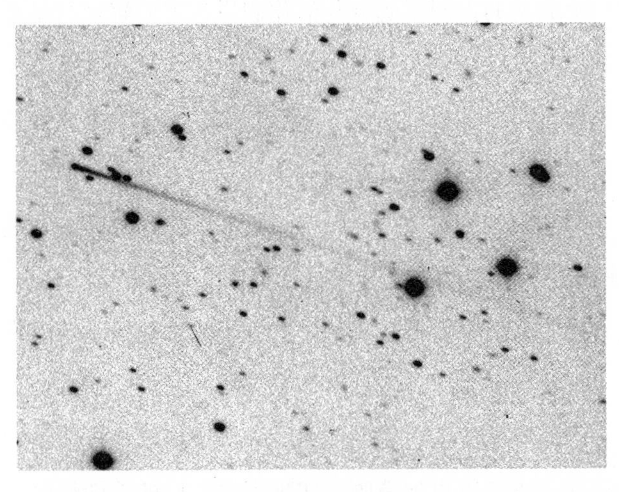

图 1–2　埃尔斯特–皮萨罗彗星。该图片由欧洲南方天文台（简称 ESO）天文学家吉多・皮萨罗（Guido Pizarro）于 1996 年 8 月 7 日拍摄。根据该图片及同年同月拍摄到的后续图片，天文学家埃里克・W. 埃尔斯特（Eric W. Elst）得出结论，认为该彗星与 1979 年 7 月 24 日发现的代号为 1979 OW7 的小行星实际上为同一天体，它在 1979 年被首次发现时并未携带彗尾（图片来源：ESO）

绝大部分彗星的轨道都呈一个被极度拉长的椭圆形，从海王星轨道外运行至内太阳系后再回到原位。其中有几百颗彗星的轨道由于受到木星强大的引力牵引而变小，大部分都在木星轨道附近运行。这些“木星族彗星”大多已绕日运行了多圈，亮度也已经黯淡不少。与之相比，大部分彗星的轨道要大得多，公转周期从几千年到几百万年不等。科学家通过跟踪“长周期”彗星过去的轨道运行情况发现，它们来自一个距离太阳非常遥远的“大冰窖”。那是一个被称作“奥尔特云”（Oort cloud）的球形云团，里面布满了彗星，距离太阳 20 000~50 000 天文单位远，这里才是太阳系真正的尽头。

第一次亲密接触

任何一个成功的太阳系起源与演化假说都需要解释行星系统的整体结构。除此以外，它还要解释各天体的性质，包括表观特征（如月球表面的环形山）和行星的内部情况。数百年来，天文学家们能够用来支撑其理论研究的材料少之又少。在望远镜下看，太阳系大部分天体小得只能看到一个个光圈和光点。即便是在科技如此发达的今天，世界上最精密的望远镜拍摄的影像数据还是不及航天器掠拍的更加精细。

太空时代的来临是太阳系观测史上一个重大的分水岭。借助太空飞行技术，宇航员登上月球并带回 382 千克月岩，极大地推动了人类对地球这位最近的邻居的研究。太空任务让许多从地球上只能看到模糊影像或渺小光点的天体变得更加清晰，实现了对它们的地图绘制、探测和科学调研，为人类的研究提供了大量全新的数据。

美国“水手 4 号”（Mariner 4）火星探测器证明了太空探测无可替代的优势。1964 年 11 月，“水手 4 号”搭载着 1 台电视照相机和 6 台科学仪器从美国佛罗里达州的卡纳维拉尔角发射升空。如果一切进展顺利的话，它将拍摄出除地球和月球以外的太阳系天体的第一张特写照，并对其进行测量。在它之前，为了一睹这颗红色星球的芳容，美国及苏联已经先后发射过 6 枚火星探测器，其中包括与“水手 4 号”一脉相承的“水手 3 号”（Mariner 3）火星探测器，但很遗憾均以失败告终。没有人知道“水手 4 号”是否也会遭受同样的命运。

1965 年 7 月，“水手 4 号”终于近距离接近火星，上至科学家下至普通民众无不密切关注着它的最新动态。火星是太阳系中唯一一颗天文学家从地球上能看到其表面的岩质行星，它在望远镜下的影像简直模糊得可怜。天文学家已经知道火星两极和地球一样被冰雪覆盖着，它的表面分布着一些明暗交替的区域，但这些区域需要近距离才能看清。许多人对火星寄予厚望，认为它可能是另一个地球，只是温度和体积要更低一些。珀西瓦尔·洛厄尔（Percival Lowell）是一名美国商人兼业余天文学家，他曾经在 19 世纪末提出一个更加大胆但饱受质疑的猜测，即那些横亘在火星表面的明暗条纹是火星文明建造的运河网络。尽管洛厄尔的猜想听起来异想天开，但科学家的确在严肃考虑火星上存在生命（特别是植物）的可能性。寻找太阳系地外生命的希冀是 NASA（美国国家航空航天局）原始行星探索项目背后的主要动力，也为 NASA 获得了很多公众及政治支持。

1965 年 7 月 14 日和 15 日，“水手 4 号”于 9 846 千米处近距离掠过火星，并拍摄了 22 幅模糊的黑白电视图像，它们被保存在磁带记录器中并随后被传回了地球。这些模糊的图像成了火星的第一批快照，虽然只拍到火星表面的 1%，但已经产生了轰动性效应。当时一名记者曾这样赞叹道：“它简直和伽利略发明望远镜从而发现月球表面凹凸不平一样伟大。”

随着火星的电视图像被传回地球，从 20 世纪开始盛传的火星和地球是一对“孪生兄弟”的这一幻想终被打破。事实上，火星表面非常不平整（图 1–3），这更容易使人联想到荒凉的月球，而不是地球。经测量，火星表面的温度为 –100 摄氏度，大气压强还不足地球的 1%，这些数据直观地反映了火星环境与地球非常迥异，严酷而陌生。虽然“水手 4 号”拍到的凹凸不平的火星地形后来被证实无法代表火星的整体情况，但它还是彻底推翻了太空时代来临前人们对火星的种种臆测。虽然按照目前情况来看，在太阳系找到生命的希望非常渺茫，但我们仍然有继续深耕的理由。如果说对火星的探索已经带来了这么多新发现，那么其他行星和卫星又能给我们带来怎样的惊喜呢？

图 1–3 “水手 4 号”火星探测器在 1965 年 7 月传回的一幅火星图片。可以看到，图片的大部分是一个模糊不清的坑洞，该坑洞的直径为 151 千米，后来该探测器被命名为“水手谷”（图片来源：NASA/JPL）

截至本书英文版出版时（即 2012 年），航天器已经飞掠过太阳系的八大行星。借助轨道航天器，我们绘制出了金星、火星和月球的详细地图，并进行了深入研究；此外，木星、土星及它们的环系和卫星也有所涉及。2011 年，美国“信使号”（Messenger）水星探测器成功进入水星轨道，并对这颗距离太阳最近的行星做了类似的探测。其后，各种机器人探测器也陆续登上了金星、火星以及土星最大的卫星土卫六（Titan），将拍摄到的图像和收集的数据传送回地球，宇航员还从月球带回了样本。不仅如此，多艘宇宙飞船还造访了多颗小行星和彗星，如 NASA 的“新视野号”（New Horizons）探测器计划进入柯伊伯带，在 2015 年时接近冥王星[①]。借助空间任务、哈勃空间望远镜和新一代地面望远镜，科学家们终于有机会深入比较各行星，进而回答有关行星形成的一些基本问题。

昔日重现

现在我们知道，太阳系中的每个天体都具有一个独特的身份，这个身份反映了它们在太阳系历史中的形成和演变情况。宇宙的历史被镌刻在了天体的成分、构造和轨道三大要素中。要解读这些线索，从中推算太阳系的演化史，需要大量的勘测工作，而且还牵涉多个科学学科，包括物理学、化学、地质学和天文学。在正式进入主题前，我们先来简单介绍一下本书将反复提及的几个重要科学原理和实用技术。

加热和冷却效应是本书会反复提到的原理之一。众所周知，生物体对于温度的变化极其敏感。其实，行星物质在被加热或冷却时，同样也会出现剧烈的反应，而且这类反应通常是永久性的。举个例子，假设有一颗岩质行星，由于受到小行星的撞击，或者内部的放射性物质发生衰变而升温，随着温度的升高，行星表面的岩石开始熔化。如果熔岩的比例足够大的话，那么密度较大的物质（如铁元素）就会下沉到行星的核心，而密度小的物质则会上浮。随着热源消失，行星冷却凝固后形成了新的岩石。岩石里面会生成各种矿物，矿物的种类取决于多个因素，包括当时的温度、压力、岩石的冷却速度和行星是否分层等。这些信息可以保存长达几十亿年，因此，今日的科学家可以通过研究这些岩石了解到这些信息。

---

① “新视野号”探测器已于 2015 年成功飞掠冥王星，传回大量图像数据，目前正飞向更远的柯伊伯带天体。——编者注

迄今为止，航天器仅仅在太阳系内的几个天体上成功着陆，而对于系外天体仍然鞭长莫及。但没关系，通过远距离观察、航天器掠拍或者在地球上用望远镜遥望星空，我们同样可以了解系外天体的成分。恒星、行星或者其他天体所发出或反射回来的光可以被分成不同的颜色，形成光谱。恒星光谱中通常含有几千条暗线，这些暗线叫作“光谱线”，它们反映了恒星的大气层中各种化学元素的原子对光的吸收情况，不同原子吸收不同波长的光。吸光量和元素的丰度有关，因此我们可以利用太阳光的谱线检测太阳的组成成分。然而，行星和小行星的光谱则不易解读，因为行星和小行星上含有的分子和矿物的吸收宽度比恒星中的原子更大，也更复杂。但一般情况下，我们还是可以从它们的光谱中获知大量信息。这种分析法也同样适用于对光谱的不可见光区，如红外光的分析。

放射性是本书的另一个核心概念。天然放射性元素自带计时功能，对于解密过去发生的事发挥着极大的作用。从它们构成矿物、生物体乃至整个太阳系的那一刻起，放射性物质的计时开关就已被激活。之后它们的放射性开始以一种可预见的速度衰减，到了一定时间，它们的放射强度会减至原来的一半，这个时间被称为“半衰期”，半衰期的长短因不同的放射性物质而异。放射性强度在两个半衰期后减至原来的1/4，在3个半衰期后减至原来的1/8，以此类推。

放射性元素在衰变时通常会转变为物理及化学性质都极为不同的另一种元素，这也使得衰变过程极易分辨。只要检测出天体中放射性物质的剩余含量和分布情况，科学家便可推算出天体的形成年代（详见第4章）。就算放射性物质已经消耗殆尽，一般情况下，我们依然可以根据其衰变产物的分布情况窥探天体的过去。这一技术叫作放射性同位素计年法，只要样本中放射性物质的半衰期合适，而且其含量可以测量，就可以用它来测定从数百年前到数十亿年前的样本。该计年法不仅可以被考古学家用来研究古埃及木棺，也有助于天文学家测定月球岩石的年龄。

科学家在还原过去时还会用到另一种手段，那就是数值模拟。要是时光可以倒流，我们就可以亲眼见证太阳系的形成和演化过程。这在过去当然是痴人说梦。但是现在，借助计算机模拟——一种可以模拟太阳系及其天体的虚拟现实技术，就可以近似地再现太阳系过去的景象。这种计算机模拟包含一系列数学方程式，可以将已知的物理定律和实验室测得的物质性质，以及太阳系在某一时刻的状况代入进去。

开始时，我们可以先用牛顿万有引力定律创建一个比较简单的模型，只要输入行星的位置、运动速度和方向，就可以计算出行星在未来 100 年的运动情况。再复杂一点儿的模型还可以模拟出天体相互撞击的场景，计算出它们的热力学和化学性质随时间的变化情况。这种建模技术颠覆了我们以往在探索太阳系形成与演化时的思路，科学家可以借助这种绝妙的方法对比较复杂的理论进行检验和完善。建模技术特别适合于那些无法在实验室开展的研究，比如研究两个行星大小天体之间的碰撞或某些物质在数百万年里的变化情况。不过，模型只有依赖我们输入的数据，才能让观测和实验得到的信息开口说话，它永远也无法取代这两项工作。以我们目前的水平来看，要发明出一台能够准确告诉我们过去真相的计算机，还有很长的路要走。

天文学家还可以通过研究其他形成时间比地球晚的恒星和行星系，从侧面了解太阳系的过去。这并不是说它们和太阳系一模一样，而是说，观测年轻行星系在不同阶段的发展情况，有助于我们了解行星系的形成和演化过程。

许多新生恒星都笼罩着一团盘状的尘埃气体云，那里似乎就是行星的摇篮。在对它们的大小、结构和成分进行详细测量后，天文学家还原了太阳系形成时的场景。我们史无前例地还得到了完全成形的行星系样本，并对之进行研究。1992 年，天文学家亚历山大·沃尔什恰恩（Alexander Wolszczan）和天文学家戴尔·弗赖尔（Dale Frail）共同发现，一颗脉冲星附近有两颗行星在围绕着它运动，脉冲星指高速旋转的死亡恒星。3 年后，米歇尔·马约尔（Michel Mayor）和迪迪埃·奎洛兹（Didier Queloz）宣布，他们共同发现了环绕普通类太阳恒星“飞马座 51”运行的一颗行星。截至 2012 年年底，宇宙中探明的拥有行星的恒星已经超过 500 颗，其中 60 多颗有 2 颗或 2 颗以上的行星环绕。而已发现的系外行星总数也已经超过 800 颗，且还在快速增长中。目前仍然在役的系外行星探测器“开普勒”的探测结果显示，宇宙中可能拥有行星的恒星超过 2 000 颗，下一步它将对这些“候选恒星”进行确认和排除。

许多系外行星和木星一样，因为都是巨型的气态行星，所以无法形成生命；或者由于离恒星过近，温度太高，也无法形成生命。然而，这和天文学家的观测方式也有关系，因为那些离恒星近且体积大的行星自然是最容易被发现的。而随着科技的进步，情况也在发生着日新月异的变化。今天，天文学家已经开始寻找那些无论是大小还是其他方面都可能和地球相似的行星。

系外行星的发现意味着科学家的研究范围不再局限于我们所在的行星系，目前，可供研究的行星系已经增加为几百个。我们可以通过其他行星系的特征了解太阳系的形成与演化情况。比如某些恒星附近有行星环绕，但这些行星却不大可能在此产生，于是我们知道，原来行星形成后还可以迁移到很远的地方。目前，科学家们已经开始着手研究太阳系行星在形成后是否同样发生过这种大范围的迁移，详见第 9 章和第 14 章。

拼凑太阳系的拼图

从逻辑上讲，越了解太阳系和其他行星系，就越容易揭开它们的诞生之谜，从某种意义上来说，的确如此。毕竟在信息匮乏的条件下，我们往往无法去质疑那些被理所当然认为是正确而其实是错误的简单观点。

比如，很久以前人们认为地球是静止不动的，而太阳、其他行星和恒星都围绕着它旋转，这听起来似乎挺有道理。但随着越来越多有力证据的出现，那些违背观察事实的理论都被一一摒弃了。面对全新的信息，人们不得不接受地球不是宇宙中心，以及其在空间中不停旋转运动的事实。但同时，层出不穷的信息也使科学家眼中的世界变得更加纷繁复杂，需要解释的事情也更多了。

1796 年，法国数学家皮埃尔–西蒙·拉普拉斯（Pierre-Simon Laplace）提出了一个科学的太阳系起源论，这也是最早的太阳系起源论之一（详见第 3 章）。拉普拉斯的学说是以当时几个已知的事实作为理论依据的，因此他的“星云假说”阐述起来也比较简洁。他所做的其实就是将几个木块拼合成幼儿手中的七巧板。今天，科学家已经收集到大量有关太阳系各个方面的信息，整合信息的过程就像是在制作一幅复杂无比的拼图——我们需要将几千块碎片各归其位。不仅如此，有一些重要的碎片可能还没有找到，这让整件事变得难上加难了。也许我们正需要一个罗塞塔石碑式的发现来帮助我们解释其他数不清的谜团，从而揭开太阳系过去的奥秘。

欧洲空间局（ESA）在 1993 年通过一项彗星探测计划时，想必就是怀揣着这样的希冀，该探测器计划实现人类的首次绕彗星飞行，并在彗星表面放置登陆器。当时，人们广泛认为彗星就像一个时间胶囊——它上面的物质从太阳系形成至今从未改变或被污染过。设计该探测器的天文学家希望通过近距离观察彗星来解开太阳系初期的众多谜团。为了给这个壮举造势，他们还大胆地为该探测器取名为“罗塞塔号”，以前文提到的那块在埃及发现的赫赫有名的石碑命名。

2004 年 3 月，“罗塞塔号”彗星探测器终于发射升空，开始了对丘留莫夫–格拉西缅科彗星（Churyumov-Gerasimenko）的漫长的 10 年追逐之旅。2014 年到达目标之时，罗塞塔计划已诞生 20 多年了。在此期间，科学家却开始怀疑彗星是否真如他们所想的那般“原生态”。2004年，NASA 发射的“星尘号”（Stardust）彗星探测器在飞越“怀尔德 2 号”（Wild 2）彗星时，采集到了珍贵的尘埃样品，并带回了地球。科学家在研究时发现部分尘埃曾经被加热至 1 400 摄氏度，这与之前设想的冰冻原始物质颇为不同。2010 年，NASA 的“深度撞击号”（Deep Impact）彗星探测器抵达“哈特利 2 号”（Hartley 2）彗星，带回了多个惊喜发现。比如，不同于大多数彗星通过水冰蒸发产生表面活动，“哈特利 2 号”的表面活动来源于二氧化碳蒸发。更加令人感到意外的是，它的彗核由两部分组成，两部分的化学成分截然不同（图 1–4）。它们应该形成于和太阳距离不等的两个位置，后来发生融合才形成了这颗彗星。

图 1–4　从“哈特利 2 号”彗星彗核发出的喷流，喷射长度达到 2 000 米。该图片摄于 2010 年 11 月，由“深度撞击号”在距离该彗星 700 千米处拍得，当时该探测器正在执行延伸任务（图片来源：NASA/JPL - Caltech/UMD）

和行星、卫星和小行星一样，每颗彗星似乎也有着一段属于自己的独特而又扑朔迷离的过去。“罗塞塔号”若能不辱使命，我们定能从中受益匪浅[①]。只可惜以目前的技术水平，它的设计者想要单凭一颗彗星了解太阳系奥秘的愿望恐怕暂时还无法实现。

不断涌现的新信息和推陈出新的科学理论，决定了科学探索具有不确定性，然而，它终究是有方向可循的。作为宇宙的考古学家，科学家正在探索太阳系的过去和形成过程的道路上不断迈进，在过去的 20 年间，新发现诞生的速度尤其迅猛。虽然这幅大拼图还有待填补，有些地方还可能被拼错了，但它的总体轮廓已经非常清晰，足够让这个故事引人入胜。下一章里，我们将以天文学家如何从各个方面研究太阳系作为开端，展开这个故事。

---

① “罗塞塔号”在 2014 年抵达目标彗星，并成功释放了着陆器“菲莱”（Philae）。——编者注

第2章

太阳系探索之旅

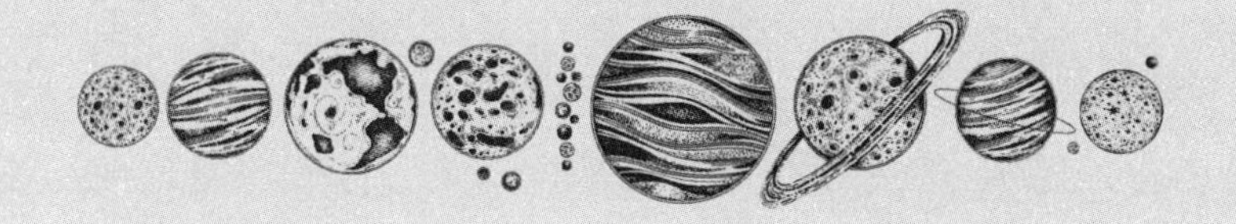

太阳系有多大？

1768 年，英国皇家海军军官詹姆斯·库克（James Cook）率领 80 余人从英格兰起航，开始了他们的天文发现之旅。他们此行环绕了半个地球，在海上航行 10 个月后，库克一行人终于乘坐着“HMS 奋进号”考察船抵达目的地塔希提岛，塔希提岛是位于太平洋中心的一个偏远的小岛。他们千里迢迢到此，只为奉命在岛上执行一个约 6 小时的天文观察任务，以求计算出太阳系的真正大小。

库克奉命前往此处是为了观测一种叫作金星凌日的罕见天象——在某些特殊时刻，金星会像一个黑点从太阳面前经过（图 2–1）。天文学家为此次将于 1769 年 6 月 3 日发生的金星凌日准备了周密的计划，届时它将会在世界多个地点被同时观测，所有观测者都被要求记录下金星凌日的持续时间。天文学家希望通过观测结果计算出日地距离，即一个天文单位的确切数值，从而推算出太阳系的大小。金星凌日是一种十分罕见的天象，只有当太阳、金星和地球位于一条直线上时才会发生，下一次要到 100 多年后了。天气是一切的关键，如果赶上了阴天，库克这一趟可就白来了。还好天公作美，6 月 3 日当天，塔希提岛的天气奇佳。库克在日记中这样写道："天遂人意，今天的天气非常理想，万里无云，空气十分清新。"

早在库克航行的那个时代，天文学家就已经知道如何通过追踪太阳、行星以及卫星在天空中的移动轨迹来计算它们的相对距离，但他们对绝对距离却毫无把握。他们为此感到焦躁不安，如果连太阳系实际上有多大都不知道，那么怎么入手研究太阳系呢？于是，确定天文单位的具体数值成了当务之急。科学家对它的重视程度极高，还为此发起了一次在当时来说规模最大的国际联合观测活动。库克史诗般的三次探险航行便是这一壮举的一部分，此次正是他的首航。

图 2-1　2012 年 6 月 5—6 日，太阳动力学观测台（SDO）从地球轨道观看到的金星凌日的路径，照片拍摄于紫外线下（图片来源：NASA/SDO）

事实上，人类史上第一次以测量太阳系大小为目的的严格意义上的科学实践是在 1672 年，比库克的第一次航行早了近一个世纪。1672 年，时任巴黎天文台台长的天文学家让-多米尼克·卡西尼（Jean-Dominique Cassini）为了测量火星与地球的准确距离，指派他的同事让·里歇尔

（Jean Richer）前往南美洲的法属圭亚那地区观测火星的位置，而他自己则留守巴黎。从这两个观测点来看，火星相对天空中更为遥远的恒星来说位置有微小的差异。只要测得了火星这两个不同位置的差异，以及两个观测点之间的距离，就可以计算出火星与地球的准确距离。只要知道这一距离，也就可以计算出地球与太阳系各行星的距离，但都是相对于地球半径的距离。两年前，法国天文学家让–菲利克斯·皮卡尔（Jean-Felix Picard）测得地球的半径约等于 6 300 千米。卡西尼和里歇尔利用它推算出日地距离相当于地球半径的 2.17 万倍，即 138 000 000 千米。

1679 年，埃德蒙·哈雷（Edmond Halley，哈雷彗星就是以他的名字命名的）意识到，可以利用金星凌日准确测定日地距离。哈雷参考苏格兰数学家詹姆斯·格雷戈里（James Gregory）几年前提出的思路，设计出了一个计算日地距离的方法，即记录金星凌日的持续时间。它看似简单，但困难之处是需要在地球上相隔遥远的不同地点同时进行观测。哈雷在 1716 年公布了这一计划，但自知无法在有生之年亲眼见证它的完成，因为金星凌日一般是成对出现的，两次时间相隔 8 年，每对之间相隔 100 多年。当时哈雷已经 60 岁了，而下一对金星凌日的时间是 1761 年和 1769 年。

随着金星凌日预测日期的临近，天文学家们纷纷摩拳擦掌。全世界共有几十名天文学家参与了 1761 年和 1769 年的金星凌日观测，库克的航行就是其中一部分。为了观测金星凌日，一些探险队员不惜背井离乡，栉风沐雨，有些甚至还为科学事业献出了宝贵的生命。观测结束后，这些得来不易的观测结果被汇总起来并加以分析，最后得出天文单位的数值为 1.53 亿千米，只稍大于今天公认的 1.495 978 707 亿千米。

这样算来，太阳系比我们想象中的还要大得多。公元 2 世纪，在亚历山大（埃及北部港市）任职的希腊天文学家克劳狄·托勒密（Claudius

Ptolemy），提出了日地距离是地球半径的 1 210 倍（换算成现代度量单位为 800 万千米）的猜想，这一数值保持了近 1 500 年。到了 17 和 18 世纪，天文学家眼中的太阳系已经扩大至原来的 20 倍。在此期间，新型科学仪器、新技术和强大数学工具的发明大大地推动了科学的发展，这促使天文学家开始思索太阳系真正的规模，他们对太阳系乃至整个宇宙的认识也发生了翻天覆地的变化。人们心中 1 000 多年来关于太阳系根深蒂固的信仰已摇摇欲坠，或者说正在瓦解。

从众神漫步到几何模型

大约在公元 145 年，托勒密将希腊人用以估算天体位置的各种天文观点和方法汇编成书，这本惊世杰作就是如今脍炙人口的《天文学大成》。和几乎所有前人一样，托勒密同样认为地球是宇宙的中心。他认为地球居于宇宙的中心，而月球、水星、金星、太阳、火星、木星和土星均围绕着它转动，它们的轨道依次增大。由于这 7 个天体总是在转动，不像位置相对固定的恒星星座，故被称为“行星”（源自希腊语“漫游者”一词）。

早在公元前 1500 年，古巴比伦的观天者就已经测得了行星的位置，并将其刻录在泥版文书上，那时候希腊的天文学还未萌芽。但古巴比伦人却对占星学更加情有独钟，而非天文学。在他们眼中，行星不只是夜空中闪烁的星光，还是神明般的存在，它们的一举一动都是对地球上万事万物的预示。古巴比伦人从事了大量精准的天象观测活动，并记录下结果，希望从中找到一些可以用于预测未来的固定规律。希腊自然哲学家也继承了这种宇宙神话论。他们对行星的命名后来被翻译成拉丁文并沿用至今，比如：金星的拉丁文为“Venus”，意为爱神维纳斯；火星“Mars”意为战神玛尔斯。

古希腊天文学家是首批将数学原理用于解释天象的人。他们认为，宇宙是一个三维动态的空间，但这种猜想其实更多地来自哲学构想，而且当时的天文观测也比较粗糙。然而，从科学的角度来说，它已经跨出了早期的神话论。早期的古希腊思想家最先将宇宙称为“大和谐”（“cosmos”），意为统一、和谐的整体，和混沌状态相反。

在所有古希腊哲学家中，论对早期西方世界认识太阳系影响最大的，非亚里士多德（Aristotle，公元前 384—前 322 年）莫属。他认为地球是宇宙的中心，其他天体均沿着圆形轨道绕地球转动是毋庸置疑的常识。他还认为，地球和月球之下的世界是不断变幻的、不完美的，月上世界则是完美永恒的。

如果地球果真如亚里士多德所言是宇宙中心的话，那么就很难用简单的数学方法去解释行星的各种运动了。比如，为什么行星的运动方向基本相同但运动速度不同？为什么它们有时会朝着相反的方向运动（逆行）？为什么行星的亮度、太阳和月球的外观会随着时间改变？行星的这些怪异行为让古希腊哲学家们百思不得其解。

今天的我们则没有这样的困惑，那是因为我们知道行星的旋转中心不是地球，而是太阳，而且所有轨道，包括月球绕地球运转的轨道都是椭圆形的，而非圆形。如果假设天体围绕地球做圆周运动，那么行星的运动将难以解释。为了解释行星的逆行运动以及运行速度不同的现象，古希腊天文学家运用高超的数学技巧构建了一个极为复杂的同心球宇宙模型。虽然这些方法本身就有问题，而且自相矛盾，但迫于当时没有其他选择，也只好勉强接受了。接受日心说对于大多数人来说需要非常跳跃的想象力。生活在公元前 3 世纪萨摩斯岛（一个希腊岛屿）的阿里斯塔克（Aristarchus）是为数不多宣扬日心说的哲学家之一，他的观点几乎无人拥护。

亚里士多德接受了与他差不多同时期的欧多克索斯（Eudoxus）的观

点。欧多克索斯出生在小亚细亚西南部的尼多斯。他认为所有行星都镶嵌在看不见的天球上，天球层层嵌套，它们的自转轴是互相偏斜的。在亚里士多德眼中，这些旋转的天球与行星一样都是真实存在的。最外层的天球上镶嵌着所有恒星，它是所有天体运动的原动力所在，行星天球嵌在恒星天球里。这样就没有理由假设地球到太阳的距离比其他行星远了。后来，亚里士多德在欧多克索斯的基础上将同心球宇宙模型中同心球的数量发展到了 56 个。虽然复杂如此，但经过深入观察，他的模型仍和实际情况不符。

500 多年后的托勒密在编撰《天文学大成》时，更热衷于寻找能够准确预测行星位置的方法，而非用物理原理来描述宇宙。但他在论证同一天体的不同特性（比如月球的运行速度和外观大小）时所用的数学方法总是自相矛盾。托勒密是圆周运动定律的忠实捍卫者，但为了和实际观测结果相符，他不得不把不同的圆形轨道结合在一起，并让轨道发生移动。在他的模型里，行星并不是绕地球做简单圆周运动，而是沿着“本轮”做圆周运动。托勒密让“本轮”的中心发生位移，以使它们的中心到地球的距离是固定的。这还不够，为了解释行星之间各不相同的运动速度，他提出行星的运动速度其实是均匀的，但它们并非绕地心或偏心圆“本轮”的中心匀速运动，而是绕虚无空间里的偏心匀速点（equant）做匀速运动。这么说来，托勒密从本质上已经放弃了匀速圆周运动理论了。然而，地心说在人们心中已经根深蒂固，因此在接下来的 1 000 多年时间里，托勒密仍然是天文学的最高权威。

希腊的天文学在托勒密之后便沉寂了。然而，公元 7 世纪伊斯兰教开始扩张，在征服了中东和地中海地区之后，希腊哲学家和天文学家的著作又重见天日。公元 9 世纪初，它们在巴格达被翻译成阿拉伯文，从那里传到北非和西班牙，后又被转译成拉丁文。除了计算行星位置的基本图表被修正过之外，最根本的地心宇宙结构图却原封不动地保存了下来（图 2–2）。在中世纪的欧洲，亚里士多德的哲学融入了基督教神学的理念。在天主教会的权威下，地心宇宙观的地位更加难以撼动了。

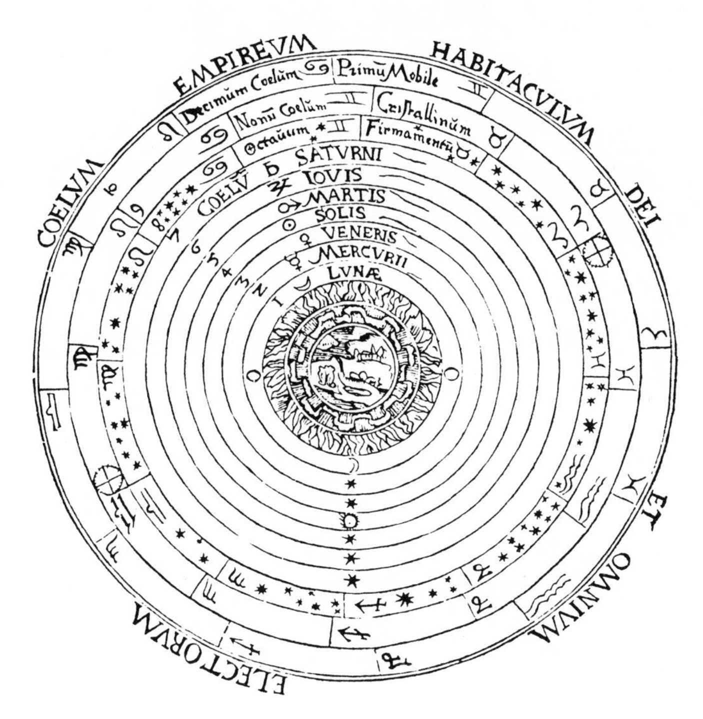

图 2–2　一张 16 世纪的地心宇宙结构图，来自天文学家兼制图师彼得·阿皮安（Peter Apian）1539 年出版的《宇宙志》（图片来源：J. Mitton）

异军突起的日心说

尼古拉·哥白尼（Nicolaus Copernicus）是第一个对托勒密的观点提出严重质疑的人。哥白尼 1473 年出生于波兰托伦市，是文艺复兴时期一名才华横溢的学者，他曾就读于克拉科夫、博洛尼亚以及帕多瓦等地的大学。获得法律和医学领域的从业资格后，他从 1501 年开始担任弗劳恩堡大教堂（Cathedral of Frauenberg）的教士，直至逝世。在克拉科夫学习期间，哥白尼对天文学产生了浓厚的兴趣。1510 年至 16 世纪 30 年代，他提出了宇宙日心说，指出宇宙真正的中心是太阳，而不是地球。

哥白尼认为，托勒密为阐释太阳系所使用的数学规则既自相矛盾，又随心所欲，于是提出地球围绕太阳转动的主张。他认为，托勒密这些数学规则不仅毫无物理意义，更解释不了客观事实。哥白尼想要回归亚里士多德哲学，他渴望找到一个能够真正描述这个世界和解释天象的理论体系。和亚里士多德一样，他认同匀速圆周运动，极力反对托勒密使用的方程式。“发现这些问题以后，”他写道，“我思考了很久，想找到一个更加合理的安排，使所有表观的非匀速运动都可以被计算出来，并使一切天体都能围绕着各自的中心匀速运动，从而符合绝对运动定律。”

假设太阳是行星系统的中心，月球绕地球转动，地球自转一圈的时间为一天，那么托勒密模型中的问题似乎便可迎刃而解了。哥白尼认为，地动说和基督教的教条并不相悖，但同时也自知非议在所难免。当哥白尼尝试通过数学计算拟合数据时，他发现细节方面仍然不符合。匀速圆周运动解释不了月球与各行星运行速度不一致的问题，仍然需要借助“本轮”或偏心轨道来解释。

格奥尔格·约阿希姆·雷蒂库斯（Georg Joachim Rheticus）是一名德国青年学者，也是哥白尼的弟子，由于他的多番敦促和热心相助，哥白尼的《天体运行论》一书才得以在1543年出版问世。同年，哥白尼与世长辞。如果把《天体运行论》看作一本预测行星位置的实用指南的话，它并不如托勒密的《天文学大成》的成就高，但是哥白尼改变了整个已知宇宙的图像，破天荒地提出了太阳系这一概念（太阳系的中心是太阳，而不是地球），还按照从近到远的顺序排列了各大行星与太阳距离的顺序：水星、金星、地球、火星、木星和土星（图2–3）。他还发现，虽然地球无时无刻不在绕日公转，但是从地球上仰望天穹，各大星座中恒星的位置似乎始终纹丝不动，据此他推测恒星和太阳的距离一定至少比土星到太阳的距离大几百倍。

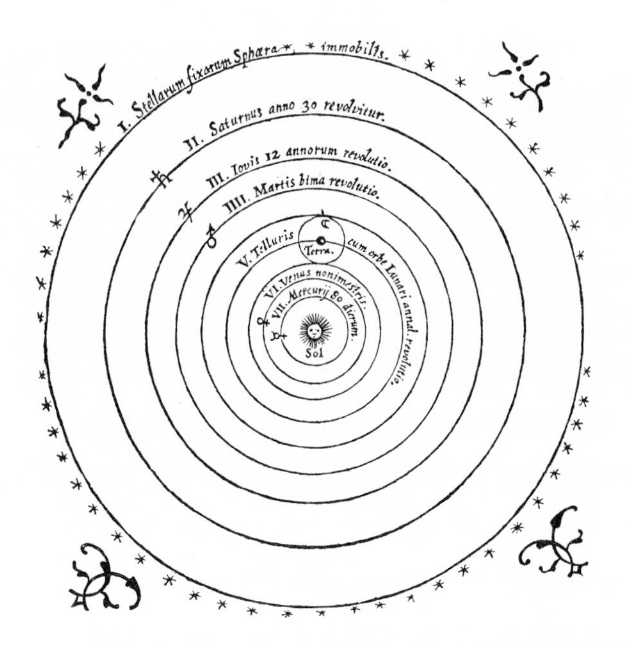

图 2–3　尼古拉 · 哥白尼《天体运行论》（1543 年版）中的太阳系插图（图片来源：J. Mitton）

秩序的建立

半个世纪过去了，哥白尼这本高瞻远瞩的著作依旧反响平平。但有一位天文学家对哥白尼的学说笃信不疑，他就是约翰内斯 · 开普勒（Johannes Kepler）。开普勒 1571 年出生于德国西部的斯图加特附近，就读于图宾根大学，从 1594 年开始在格拉茨当数学教师。哥白尼的日心模型之所以吸引开普勒，是因为开普勒相信太阳是太阳系和谐运转的本源，特别是他认为太阳居于太阳系中心的位置，从而带动了各行星沿着各自的轨道运行，这是一种颠覆性的新宇宙观。开普勒认为，行星的转动不是哲学问题，而是物理问题。

1596 年，开普勒的研究引起了当时颇具影响力的丹麦天文学家第谷 · 布拉赫（Tycho Brahe）的注意，第谷同样也不赞同亚里士多德的宇宙观。1572 年，20 多岁的第谷发现了仙后座中一颗短暂出现的新星，也就是我们今天所说的超新星爆炸。他计算出这颗新星与月球的距离非常遥远，这表明月球以外的天界并非如古人所想的那般恒久不变，它们同样也会变化。5 年后，也就是 1577 年，第谷证明了当年出现的那颗大彗星是在行星的空间中运行穿梭，彗星并非之前所想的是一种大气现象。所有这些都推翻了亚里士多德的宇宙完美不变论。

第谷曾在当时的丹麦国王的资助下建立了一个装备先进的天文台，里面所配备的精密天文仪器无论设计还是制作均出自他本人之手。他 20 年如一日地进行天文观测，精度之高为他同时代的人所望尘莫及。1597 年，丹麦国王停止了资助，他于是应神圣罗马帝国皇帝鲁道夫二世的邀请定居布拉格，并担任他的皇家天文学家。3 年后，第谷在那里见到了比他小 25 岁的开普勒。在获得了第谷提供的一些观测资料后，开普勒开始着手研究火星轨道的形状。翌年，第谷驾鹤西游，开普勒继承了恩师第谷的大量研究资料，并接替他担任皇家天文学家一职。

开普勒抛开已有的与火星运动有关的理论潜心研究，经过多番艰苦探索后终于拨云见日：火星围绕地球运行的轨道可以用一个椭圆完美描绘，太阳位于椭圆的一个焦点上。很快他便提出所有行星轨道均呈椭圆形的观点，这就是著名的开普勒行星运动三大定律中的第一定律（第二定律阐释了行星在公转轨道上的运行并非匀速运动，第三定律阐明了行星的轨道大小与公转周期的关系）。1609 年，开普勒将研究成果写进了《新天文学》一书中。天体做匀速圆周运动的假说从此告别了历史的舞台。

同年，荷兰人发明了望远镜的消息不胫而走，传到了远在意大利帕多瓦的伽利略·伽利莱（Galileo Galilei）耳中，于是他开始制作自己的望远镜。1609 年至 1610 年冬天，他开始利用自制的天文望远镜观察茫茫夜空，他的发现彻底驱散了心头一直以来对哥白尼日心说的疑虑。透过自制的天文望远镜，他看到月球表面和地球一样分布着山丘平原，这与亚里士多德想象中规则平滑的天球截然不同。他还观察到，虽然金星的相位与月球相似，但它并不围绕地球转动。他还发现木星周围有 4 个卫星环绕其运行，种种发现无不表明地球并不是万物的中心。

伽利略后来与天主教会的斗争尽人皆知。对于当时的很多学者而言，神学与科学探索之间并没有明确的分界线，他们认为，在追求真理的过程中，两者必须同时兼顾。伽利略得罪了当时多个宗教权威，他对地动说的拥护显然也违背了《圣经》中某些段落的描述。教会认为伽利略挑战了它的权威，所以当然拒绝承认这种颠覆性的思想，除非伽利略找到有力的证据。不管怎么说，当时没人能解释如果地球当真时时刻刻都在宇宙中运动的话，我们为什么感受不到它在动。今天，借助现代科学仪器，我们可以探测到地球的运动，但它的效应非常微弱，这就是我们感觉不到地球在动的原因。虽然伽利略没能直接证明地球是运动的，但他的其他发现足够令人信服，使宇宙日心说冲破重重官方管制，在整个欧洲传播开来。

引力定律

1642 年伽利略与世长辞，就在第二年，艾萨克·牛顿（Isaac Newton）出生了。从哥白尼开始到开普勒再到伽利略，他们都在寻找一个能够解释月球、行星运动的可行的物理理论，牛顿提出的引力理论为这一探索之旅画上了一个圆满的句号。牛顿指出，行星沿圆周运动而非直线运动是因为受到另一个天体的力的作用。他意识到这种驱使行星运动的力与让苹果掉落到地球表面的“重力”其实是同一种力。假设宇宙万物之间皆有引力，这就能够解释月球为什么绕地球转动、行星为什么绕太阳转动了，甚至还可以用来解释潮汐现象。经过深入的数学论证，牛顿证明了两个天体间的引力与它们距离的平方成反比，这个定律还可以解释开普勒的所有定律。

为了解释天体的运动，牛顿做了一系列假设，包括破天荒地提出了行星间不存在任何物质的猜想。1644 年，著名法国哲学家勒内·笛卡儿（René Descartes）在他的一本著作中提出，宇宙到处充斥着由无形的物质组成的高速旋转的涡旋，每个涡旋的中心都有一颗恒星。他认为太阳就置身于其中一个涡旋中，涡旋带动着行星围绕它转动。在牛顿的宇宙观里，物体之间的相互作用并不需要依赖任何物理媒介，而是引力的作用使然。

这个引力理论后来被编入他于 1687 年出版的《自然哲学的数学原理》一书中，该著作通常被简称为《原理》（拉丁文为 *Principia*）。虽然牛顿确定了主宰太阳系运行的力的名称及其特点，但他没有尝试解释太阳系或行星的诞生过程。他相信是上帝创造了一切，这就够了。他还留下一个问题没有解决：如果行星之间的引力作用会把它们拉向彼此，那为什么它们还保持在原来的轨道上？

难不成上帝会时不时出手干预，使宇宙万物维持在各自的位置上？要是这样的话，那他又为什么要创造出这么一个不完美的系统呢？牛顿的科学洞察力卓绝超群，他是人类知识的最大贡献者之一，但他还是无法找到一个圆满的解决方案。直到现代，科学家才知道，太阳系不会如发条一样永远只在原位运转。行星发展到最后，可能会严重偏离原来的轨道，并和其他行星相撞。

牛顿在《原理》中介绍了根据同一彗星在三个不同时间所处的位置来确定彗星轨道大小、形状和方向的方法。这个方法的发现还得归功于他和英国首任皇家天文学家约翰·弗拉姆斯蒂德（John Flamsteed）的一次争论：他们对 1680 年 11 月和 12 月先后出现的两颗明亮的彗星是否为同一颗各执一词。弗拉姆斯蒂德坚信它们其实是同一颗彗星，这颗彗星近距离掠过太阳后再次回归。牛顿最初持有相反意见，但后来又改变了主意。1684 年左右，牛顿确信彗星因为太阳引力而沿太阳做曲线运动，而彗星呈抛物线的运动轨迹说明了 1680 年观测到的两次彗星实为沿抛物线运动的同一颗彗星。

牛顿编写《原理》的过程中受到了埃德蒙·哈雷的大力支持，哈雷甚至个人出资资助了该书在英国皇家学会出版。哈雷迫不及待地想要利用牛顿的轨道计算方法来计算以往发现的彗星的轨道，因为他之前就怀疑同一颗彗星是否有可能会多次回归。在 1695 年给牛顿的信中，他写道："先生，可否劳烦您替我向弗拉姆斯蒂德先生索要他有关 1682 年彗星的观测资料，尤其是 1682 年 9 月的资料？因为我越来越肯定这颗彗星已经被看见三次了，第一次就在 1531 年。"最终，通过牛顿的方法，哈雷得出结论：1531 年、1607 年和 1682 年看到的三颗彗星事实上是同一颗彗星在不同时期的回归。它们回归时间的轻微差异可能是因为轨道受到了木星引力的作用。1705 年，哈雷将他的发现写进《彗星天文学论》一书中，并预言该彗星的下一次回归时间为 1758 年年末或 1759 年年初。就在哈雷逝世的 16 年后，也就是 1758 年，这颗彗星果然如期而至，它后来被命名为"哈雷彗星"。这是人类历史上首次成功预测出彗星的出现时间，同时也有力佐证了牛顿引力定律的正确。

失踪的行星

整个 17 世纪，太阳系的图景发生了翻天覆地的变化。截至 1700 年，行星在万有引力的作用下绕日运行这一事实已经被普通民众欣然接受。地外行星则被认为是有可能存在生命的未知的独立世界；彗星会沿着狭长的轨道在行星间横冲直撞、畅行无阻；行星的运行轨迹几乎都在同一平面上；木星有 4 颗卫星，土星有 5 颗；土星周围环绕着一系列性质不明的圆环。人们眼中太阳系的大小已经扩大至原来的 20 倍。恒星像太阳一样，挂在广袤无垠的太空里。但是，当时的天文学家还没有想到太阳系在过去和现在可能会有所不同，也不认为太阳系是不断演化的。太阳系的年龄与它的诞生过程在当时仍然属于神学问题。

当时，太阳系一个有趣的现象引起了天文学家的注意，那就是行星轨道之间的距离并不是相等的。火星、木星和土星的间隔比 4 颗内行星之间的间隔都要大。牛津大学的戴维·格雷戈里（David Gregory）教授在 1702 年撰写的教科书中列出了行星轨道距离的具体数值，这些数值多年来一直被奉为标准：

> 假设将日地距离平均分成 10 等份，则水星与太阳的距离约等于 4 等份，金星与太阳为 7 等份，火星与太阳为 15 等份，木星为 52 等分，土星为 95 等份。

1766 年，来自现位于德国维滕贝格地区的一名天文学教授——约翰·丹尼尔·提丢斯（Johann Daniel Titius）发现各大行星同太阳的平均距离存在着一个简单的算术关系。这一发现被写进了他当时正在翻译的一本书的脚注中。几年过后，德国另一位天文学家——约翰·埃勒特·波得（Johann Elert Bode），将提丢斯的发现归纳成一个经验公式，并发表在他 1772 年出版的著作中，同年他被任命为柏林天文台台长。按照这个公式，波得预测在火星与木星之间距离太阳约 2.8 天文单位的地方应该还有一颗行星，因为只有这样的话，公式才能成立。波得确信这颗行星的存在，他在著作中写道：

> 后一点可以由这项绝妙的关系推断出来：6 个已知的大行星与太阳的距离都遵循这个规律。假设土星到太阳的平均距离

为 100，则水星到太阳的平均距离为 4；金星为：4 + 3 = 7；地球为：4 + 6 = 10；火星为：4 + 12 = 16。到了这里，这个规律出现了一个断层。因为照此下去，火星后面应有一个行星到太阳的平均距离是：4 + 24 = 28，可是目前这个位置上并没有发现任何行星。难不成这是造物主故意留下的空白？当然不是。接着计算，木星到太阳的平均距离为：4 + 48 = 52；最后，土星到太阳的平均距离为：4 + 96 = 100。

虽然格雷戈里和波得给出的都只是大概距离，但是这些预测数据与实际结果竟然惊人地吻合，这已经足以佐证波得定则了。这一关系被普遍称为波得定则，但公平点儿来说，今天我们应该称它为提丢斯–波得定则才对。在波得著作出版 10 年后，一颗新行星出现了，它或多或少地印证了提丢斯–波得定则——只可惜，它不是那颗失踪的行星……

威廉·赫歇尔（William Herschel）是一名德国音乐家，1766 年他到英国的巴斯市定居，并在那里谋得管风琴师一职。赫歇尔喜欢在业余时间里从事他人生中的第二大爱好——天文学。他自制了一个高级反射望远镜，并且投入了大量时间探索夜空和钻研观测技巧。1781 年 3 月 13 日夜里，正当赫歇尔聚精会神地观察金牛座时，一颗不同寻常的天体进入了他的视野。他在观测笔记中写道："在与金牛座 ζ 星成 90 度的两颗星中，下面的那颗可能是一个星云或彗星。" 4 天后，当他再次观察这个天体时，他注意到它的位置稍稍偏移了一些。

这个神秘的天体能够在短短几天里变换位置，说明它离我们比较近，而且它也属于太阳系。赫歇尔以为他发现了一颗彗星，但是包括英国皇家天文学家内维尔·马斯基林（Nevil Maskelyne）在内的其他人则不太确定。在接下来的几个月里，这个天体始终没有呈现出彗星独有的朦胧彗发和彗尾，于是数学家们开始计算它的轨道。直到那年夏天，它的身份之谜才终于揭开：原来，赫歇尔发现的是一颗新行星，这也是有史以来第一次有人新发现了行星。6年后，赫歇尔再接再厉发现了它的两颗卫星，即天卫三（Titania）和天卫四（Oberon）。在对这颗新星命名时，还发生了一段小插曲。原来，赫歇尔本想将它取名为“乔治”以感激他的资助人英国国王乔治三世，但无奈没有得到其他国家科学家的支持。考虑到其他行星均以神话人物的名字命名，为了保持一致性，最终采纳了波得的建议，将其命名为乌拉诺斯（Uranus，希腊神话中的天空之神），即今日我们所称的天王星。

天王星到太阳的距离接近土星的两倍。这样一来，太阳系不仅新添了一个家庭成员，它的规模也一下子变大了。天王星到太阳的平均距离约为19.2天文单位（换算成波得的距离单位为192），所有人马上反应过来这与提丢斯-波得定则预测的相当接近。这让我们更加有理由相信，火星与木星之间距离太阳2.8天文单位处的确潜伏着一颗行星。

小行星登场

有一位天文学家比任何人都更加相信失踪行星的存在，而且一心想通过系统性地搜索所有行星共同运行的天区找到它，他就是匈牙利贵族和天文学家弗朗茨·克萨韦尔·冯·扎奇（Franz Xaver von Zach）男爵。扎奇还是萨克森-科堡-哥达王朝的皇家天文学家兼塞堡天文台台长，该天文台位于哥达附近（在今德国）。从1787年开始就孤军奋战的他很快便意识到这项工作的艰巨性，非一人之力可以完成。1800年9月，他成功说服5名天文学家加入他的研究队伍，并借助他们的影响力集结了更多欧洲各地天文台的天文学家，最终这支队伍壮大到了24人。讽刺的是，扎奇的计划很快就被其他事情占据了。

此前不久，朱塞佩·皮亚齐（Giuseppe Piazzi）在意大利西西里的首府巴勒莫建造了一座堪称欧洲最南端的天文台，还配备了一个在当时来说最先进的“垂直圈仪”（一种专门用于精确测量天体位置的望远镜）。皮亚齐当然也是扎奇理想的合作对象，但皮亚齐当时一直忙于编纂新的恒星位置目录。1801 年的元旦夜，正在全神贯注记录金牛座恒星位置的皮亚齐在望远镜中注意到一颗星图上没有的星——一颗黯淡的八等星。接下来的几天里它一直相对着恒星移动。他在随后的一个月里，记录了这颗星在 24 个夜晚的位置情况，直到黑夜蔓延看不到为止。

皮亚齐对外一直宣称他很有可能发现了一颗彗星，但对一位朋友袒露了内心真正的想法：“我怀疑，它不只是一颗彗星。”根据他的初步计算，这颗新天体距离太阳 2.7 天文单位，轨道近似圆形，位于火星和木星之间。1801 年 4 月，已然胸有成竹的皮亚齐写信把他的发现告诉了包括波得在内的其他天文学家。为取悦资助他研究的西西里国王斐迪南（Ferdinand），他为这颗新星取名刻瑞斯-斐迪南星（Ceres Ferdinandea），其中，“刻瑞斯”是西西里神话故事中谷物女神的名字。但这个名字后半部分的“斐迪南”很快就被舍弃了，如今，人们一般称它为“谷神星”。

这样一来，新发现的谷神星的位置与提丢斯-波得定则预言的失踪行星的位置终于基本对上了，但新的问题很快又出现了：谷神星还会再次出现吗？原则上，谷神星的最佳观测时机为每年年末，但皮亚齐的观察数据实在有限，不足以使用已有技术计算出它的准确位置。还好，这个问题没过多久就被一名才华横溢的数学家解决了，他就是卡尔·弗里德里希·高斯（Karl Friedrich Gauss）。他准确地计算出了谷神星的轨道，得出谷神星与太阳的平均距离为 2.767 天文单位。1801 年 12 月 31 日，扎奇在此基础上成功观测到了谷神星，而他 5 名合作者之一的海因里希·奥尔贝斯（Heinrich Olbers）也成功在第二天观测到了它。

但一个更棘手的问题是，谷神星太黯淡了。很明显，如果谷神星是大行星的话，以它所处的位置来说它应该更亮，所以谷神星的体积应该并不大。1802 年 2 月，威廉·赫歇尔告知英国皇家天文学会：根据谷神星的亮度，他计算出谷神星的直径只有 2 000 千米，还不及月球的 5/8。几个月后，他又将原来的结果大幅度缩减到 260 千米。对比现代所测得的谷神星直径 952 千米，我们知道谷神星的直径被低估了，但谷神星比所有已知行星都小这一点依旧没有变。

无独有偶，奥尔贝斯紧接着在 1802 年 3 月 28 日发现了第二个疑似该失踪行星的天体。有趣的是，这颗新星是奥尔贝斯在寻找谷神星时无意发现的，奥尔贝斯把它叫作智神星（Pallas）。数学家高斯很快计算出了它的轨道：智神星的轨道呈一个椭圆形，与太阳系的主平面成 34 度的夹角，和太阳的平均距离为 2.77 天文单位。它的轨道比任何行星的轨道都要扁长和倾斜，而且还和谷神星的轨道相交，在未来有可能会发生碰撞。

看得出，天文学家这回面对的既不是大行星，也不是彗星，而是一种前所未见的天体类型。威廉·赫歇尔将这种外观酷似恒星的天体取名为“小行星”。奥尔贝斯立刻联想到，莫非谷神星和智神星是哪颗已解体大行星的残骸？要是这样的话，很可能还有更多这样的残骸还散落在太空中，他觉得可以将谷神星与智神星轨道的交点作为重点搜索区域，于是，一波搜星浪潮开始了。1804 年 9 月，德国天文学家卡尔·哈丁（Karl Harding）发现了第三颗小行星——婚神星（Juno）。1807 年 3 月，奥尔贝斯发现了第四颗小行星——灶神星（Vesta）。至此，小行星的发现脚步停止了。有那么一段时间，天文学家还是把它们当作“行星”来看待，即使他们比谁都清楚它们的个子很娇小。当时的课本及年鉴按照与太阳的距离顺序，将这 4 颗小行星与大行星一同收录了进去。

往后的数十年里，小行星似乎销声匿迹，一颗也没有找着。专职的天文学家陆续抽身，转头研究其他回报率更高的问题，只有一位名叫卡尔·路德维希·亨克（Karl Ludwig Hencke）的业余天文爱好者仍然满腔热情地坚持着。亨克从 1830 年开始，15 年如一日地寻找着小行星，即使一无所获，他还是以惊人的毅力坚持着。终于，上天不负苦心人，他在 1845 年发现了第五颗小行星，即我们今天所称的义神星（Astraea）。好事成双，两年后他又发现了第六颗小行星——韶神星（Hebe），又称春神星。

亨克的发现及时挽救了这场旷日持久的小行星灾荒。自此以后，小行星的发现浪潮接踵而至，已知小行星的家族也在不断壮大。随着人们发现越来越多的小行星，真相也逐渐浮出水面。原来，大部分小行星都分布在火星与木星之间一片宽广的环状区域内。从它们的轨道分布和参差不齐的组成成分来看，它们并非来自同一个爆炸后的行星。19 世纪 90 年代，摄影测量技术的应用加快了小行星的发现步伐。到 20 世纪 80 和 90 年代，配备有电荷耦合装置（CCD）的精密巡天望远镜更是使小行星的发现速度再上一层楼。从 1847 年开始到 2012 年（1945 年除外），每年都有新的小行星被发现。至今，已被发现的小行星数目已经超过 30 万颗。

天外飞石

在第一批小行星被发现的那几年里，还发生了一连串怪事，它们都说明太空中还存在大量比小行星还小的岩质天体。民间流传着许多有关石头坠地的故事，学者们或认为这些不速之客来自地球，比如是火山爆发的产物，或直接将其归因为迷信，置若罔闻。1704 年，牛顿写道："为了给行星和彗星的正常和持续运动腾出空间，除了地球、其他行星和彗星大气中极其稀薄的水蒸气或臭气以外，太空中的其他物质都会被清空。"这也是 18 世纪科学家普遍认同的观点，但它即将要被颠覆了。

1791 年，德国物理学家克里斯托夫·利希滕贝格（Christoph Lichtenberg）亲眼看到一颗明亮的火球划过哥廷根的夜空。听完他的描述后，他的同行恩斯特·赫拉德尼（Ernst Chladni）兴奋不已，于是开始调查和整理史上有关火球和石头坠地的报道。赫拉德尼在1794年出版的一本著作中提出，这些石头，即我们今天所说的陨石，实际上是从星际空间坠入地球的。赫拉德尼的观点最开始并没有受到重视。同年，意大利一个叫作锡耶纳的城市附近发生了一起流星雨事件，许多人都目睹了这一奇观。次年，英格兰约克郡一名农夫循着头顶传来的爆炸声看到一颗巨石从朦胧的天空下落，径直砸向地面，眼前发生的这一幕把他吓得目瞪口呆。当他找到这个大家伙时，只见它浑身漆黑，大概有20千克重，还在冒着热气和烟。

然而，真正令当时的科学观点开始转变的事情发生在1803年4月26日，地点是在法国诺曼底地区的艾格勒镇（L'Aigle）。伴随着三声巨响，两三千块石头从天而降，噼里啪啦地落到了艾格勒镇附近的乡间，法国矿物学家让－巴蒂斯特·比奥特（Jean-Baptiste Biot）随之带领科学家全面调查了此次事件。他最后得出结论：这些石头来自外太空，而且星际中的这种物体还有很多。多年以后，也就是20世纪60年代，通过分析和陨石有关的火球照片，人们才终于知道陨石来自小行星带。

不守规矩的天王星

19世纪30年代，当亨克开始沿着行星运行的天区追踪小行星时，他的心里可能还怀揣着另一个目标。那时候天王星表现得有点儿奇怪。自1781年被发现以来，人们按照太阳和其他已知行星的引力计算出了天王星的运行轨道，但它一直偏离这个轨道。其实天王星的位置早在1781年之前就有记录，只是当时观测到它的人错以为它是恒星，因而错失了发现它的机会。在将这些“发现前”的记录也纳入计算后，天王星的偏移情况就更加令人担忧了。19世纪30年代的天文学界针对此事进行了广泛的讨论，他们认为天王星受到了一颗更遥远的未知行星的引力影响，所以才偏离了原轨道。

如果能找到这颗大行星，不管对于专业还是业余的天文学家来说，都将是一个可以在国际上扬名立万的好机会。可是专业人士普遍并不乐观，因为没有任何坚实的理论依据能缩小搜索的范围。要想计算出该新行星的位置比登天还难，就连英国皇家天文学家乔治·比德尔·艾里（George Biddell Airy）等一些著名的天文学家也认为这是一项不可能完成的任务，要知道艾里本身也是一名才华横溢的数学家。

但是，约翰·库奇·亚当斯（John Couch Adams）并没有被艾里的观点吓倒。1841 年，还是剑桥大学圣约翰学院本科生的亚当斯在笔记本中这样写道，“本周初已经拟订好了调查计划，毕业后马上着手调查天王星的异动是否和其轨道外行星的运动有关”。1843 年，亚当斯一毕业就马不停蹄地投入了研究。他假定该行星与太阳的距离为提丢斯–波得定则预测的 38 天文单位。1845 年 9 月，他确信自己已经找出了这颗行星的位置，天文学家凭借他的计算结果就能按图索骥找到那颗失踪的行星。无奈，这名无名小卒的努力成果没有引起艾里和剑桥天文台台长詹姆斯·查利斯（James Challis）的重视。几个月过去了，事情依然一筹莫展，而亚当斯自己也没有条件进行必要的天文观测。

与此同时，就在与英格兰一水之隔的巴黎，于尔班·让·约瑟夫·勒威耶（Urbain Jean Joseph Leverrier）也从 1845 年夏天开始独立计算该行星的位置，他的计算方法和亚当斯的非常相似。1846 年 6 月，勒威耶将他的研究成果公之于众，还特意寄了一份给艾里。勒威耶得到的结论仅仅比亚当斯小了 1 度，几乎一模一样。这回艾里不能再无动于衷了，他叫来查利斯让他尽快找到这颗新行星。剑桥天文台的天文学家们随即展开了全面的搜寻，只不过并没有加以重视。

看到英格兰那边不紧不慢的态度，心急如焚的勒威耶只好又联系了柏林天文台的约翰·戈特弗里德·伽勒（Johann Gottfried Galle），他是一名非常狂热的天文观测者。伽勒果然没让勒威耶失望，立刻开始了观测工作。1846 年 9 月 23 日，在将望远镜对准了勒威耶预测的位置后不到一个小时，伽勒就看到了我们今天所说的海王星。紧接着，英格兰业余天文学家威廉·拉塞尔（William Lassell）在 17 天后发现了海王星最大的卫星——海卫一（Triton）。

海王星的发现是天体力学的一次胜利。伽勒发现它时它的位置与勒威耶的预测相差不到 1 度，与亚当斯的相差 1.5 度。但没过多久，他们计算时使用的一个基本假设被发现存在明显错误。和天王星一样，海王星在被发现前也曾被其他人观测过，包括伽利略。将它被发现前的观测资料和 1846 年的测量结果放在一起分析后，天文学家发现海王星和太阳的距离应该是 30.1 天文单位才对，比提丢斯–波得定则预测的要近得多。这一偏差使波得的这条“金科玉律”从此跌落神坛。

尽管海王星已经被找到了，但 19 世纪的人们发现，天王星偏离理论轨迹的情况却越发严重。20 世纪初，有两名天文学家坚定不移地认为干扰天王星活动的不止海王星，他们分别是前文提到的珀西瓦尔·洛厄尔，以及威廉·亨利·皮克林（William Henry Pickering）。他们认为，既然寻找海王星的行动获得了成功，那也许能用同一种方法揭示另一颗行星的存在。哈佛大学数学硕士毕业的洛厄尔是富甲一方的商人，他在亚利桑那州北部的弗拉格斯塔夫建造了一座以他名字命名的天文台（洛厄尔天文台），并配备了精良的天文仪器设备。洛厄尔建造该天文台的初衷是为了研究火星，他相信火星上有人居住，火星上的条纹是人造运河。1905 年左右，他开始将重心转移到海王星外那颗可能存在的“X 行星”上，直到 1916 年去世前他还在苦苦寻觅。

洛厄尔和皮克林都没能在有生之年找到那颗所谓的“X 行星”。为了完成洛厄尔的遗愿，洛厄尔天文台在 1925 年重启了对“X 行星”的搜寻，这次还新加入了一架专门用于寻找行星的望远镜。1929 年，洛厄尔天文台台长维斯托·斯里弗（Vesto Slipher）新聘请了一位来自堪萨斯州的年轻人——22 岁的克莱德·汤博（Clyde Tombaugh）。天资聪颖的汤博很快就掌握了系统观测的方法，他在两个不同的晚上（中间相隔几天）分别对每个天区都拍摄了照片，再使用一种称为闪视比较仪的天文仪器仔细比对每组照片。只要将同一天区的两张底片来回反复比对，就可以看到哪颗星的位置出现了变化。1930 年 2 月 18 日，在开始任务的一年后，汤博发现恒星天樽二附近有一个很小的光点发生了移动。他在工作日志中记录下这颗“疑似行星”，经过一番常规检查后他走进了斯里弗台长的办公室。“‘X 行星’找到了。”他激动地说。3 月 13 日，洛厄尔天文台正式对外宣布“X 行星”已找到，几周内，这颗行星有了属于自己的名字——冥王星。

和谷神星一样，找到冥王星的喜悦并没有持续多久，因为它显然不符合公认的大行星标准。截至 1930 年夏天，科学家找到了冥王星被发现以前的 136 个观测记录，最早可追溯到 1914 年。根据这些记录，冥王星的轨道被推算了出来。结果显示冥王星的轨道与其他行星的轨道极为不同，它的轨道极其扁长，而且与太阳系主平面的夹角达到了 16 度。冥王星的公转周期为 248 年，而且部分轨道和海王星的相交，这使它比海王星更靠近太阳。冥王星的这种行为并不正常。

就算考虑到它距离太阳很远这一情况，冥王星还是有些黯淡。这说明冥王星很小，而弄清楚它具体有多小已经是 50 年后的事了。1978 年，冥王星最大的卫星冥卫一被发现，由此，冥王星体积、质量都偏小的真相才终于确认无疑。不久后，天文学家就根据冥卫一的运行轨迹推算出了冥王星的引力，并由此推算出它的大小。结果证实冥王星的直径只有约 2 000 千米，相当于美国南北边境之间的距离，质量还不及月球的 1/10。所以，以冥王星之力根本不足以明显改变天王星的轨道，这点早在

20 世纪 30 年代就已经知道了。天王星轨道摄动之谜的最终解决是在 20 世纪 90 年代。科学家利用更加准确的海王星质量和轨道数据重新计算后发现，天王星从头到尾都不曾偏移过原本的轨道，“X 行星”一说更是子虚乌有。

近年的发现

20 世纪 60 年代之后，大型望远镜、光敏探测器和航天飞行技术的出现加快了太阳系的探索速度。其中，太空任务在帮助我们了解太阳系，为我们呈现行星、卫星、小行星和彗星的真实面貌方面，更是功不可没。读了第 1 章后，我们知道“水手 4 号”是如何改变人们对太阳系的认识的，在它之后，两架“维京号”（Viking）火星着陆器先后登上了火星表面并首次采集到火星的岩石样本，还搜寻了火星的土壤，但没有找到任何生命的迹象。在此之后，又有无数太空任务造访了这颗星球，火星表面几乎被各种各样的火星着陆器踏遍了。在众多发现中，科学家发现有明确迹象表明火星表面在过去的某个很长的时期里曾经存在水。

空间任务对带外行星的探测同样颠覆了我们原有的认识。说到它们之中的佼佼者，非 1979—1989 年飞越 4 颗巨行星的那次太空任务莫属。“旅行者号”探测器不仅近距离拍摄了巨行星的大气层、环带、斑点的影像并传回了地球，还发现了木星环、木星木卫一（Io）上的活火山、海王星海卫一上的间歇泉，揭示了科学家们一直在苦心研究的土星环的结构原来极其复杂。紧随其后，“伽利略号”木星探测器和“卡西尼号”土星探测器分别于 1995 年和 2004 年发射升空，开启了通往木星和土星轨道的漫长征程。在第 12 章中我们会介绍，“伽利略号”不仅首次从巨行星的大气层中直接采集到了样本，还在木星多个卫星内部发现了海洋。“卡西尼号”为我们揭示了土星环内部更加复杂的结构，并在土卫二（Enceladus）上发现了间歇泉，“卡西尼号”携带的“惠更斯号”（Huygens）探测器登上了土卫六，发现了该卫星上存在液体烃，并且让我们第一次看到了土卫六不透明大气下的景象。

航天器为我们提供了迄今为止最详细的彗星和小行星照片。1986 年，飞往哈雷彗星的“乔托号”（Giotto）探测器拍到了第一张彗核特写照，从照片中可以看到彗核的外观漆黑又不规则，有几个喷射孔从内向外喷射出物质。20 世纪 90 年代初，“伽利略号”探测器在飞往木星途中掠过两颗岩质小行星，并拍摄了照片，它们的真实形状和结构首次被呈现在世人面前，探测器还首次发现了小行星的卫星。1997 年，NASA 的“会合 – 舒梅克号”（NEAR-Shoemaker）拍摄了玛蒂尔德（Mathilde）这颗黑暗的碳质小行星的清晰外观，“会合 – 舒梅克号”在 2001 年进入轨道并最终成功降落到爱神星上。2010 年，日本“隼鸟号”（Hayabusa）探测器成为第一个传回小行星样本的航天器，这些样本揭示了岩石物质数百万年来在严苛的太空环境中的演化情况。

最近几十年来，天文学家也一直致力于探索太阳系，不断壮大已知小行星、彗星和卫星的队伍以及发现新的天体类型，如与火星和海王星共用轨道的特洛伊群小行星。过去 20 年间，正因为有了精密的望远镜巡天观测，如林肯近地小行星研究项目，已知的主小行星带小行星和近地小行星的数量才能突飞猛进。20 世纪 90 年代，1992 QB1 小行星以及数百个类似天体的发现证明，海王星以外存在着一个极大的冰冻天体带在围绕太阳旋转，那就是推测已久的柯伊伯带。冥王星不再孤立无援，而是太阳系外缘数千颗海外天体的一员。我们会在第 14 章中介绍这个发现以及后续事件。

如今，经过几个世纪的艰难摸索，我们终于对太阳系，还有它的构造和太阳系内的各种天体有了比较全面的认识。下一章我们将看到，各种起源理论是如何从日臻完整的太阳系图景中脱颖而出的。

第 3 章

太阳系演化假说

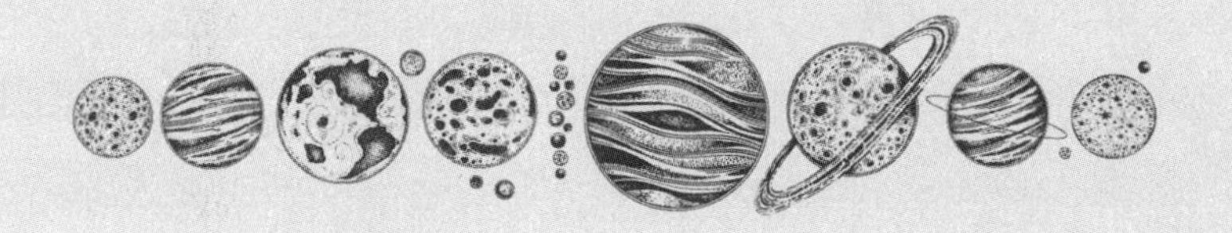

达尔文的地球演化论

在詹姆斯·库克踏上塔希提岛观察金星凌日的66年后，这座岛迎来了它的第二批科学观光团，此次航行也被载入史册。“著名的金星观测点上挤满了前来迎接我们的岛民，有男有女，有老有少，脸上全都洋溢着欢乐的笑容。”查尔斯·达尔文（Charles Darwin）这样描写他们在1835年抵达塔希提岛时的情景。

4年前，22岁的达尔文被任命为“贝格尔号”随船博物学家，该船是英国皇家海军的一艘科学考察舰。在长达5年的环球航行中，达尔文详细勘察了火地岛、加拉帕戈斯群岛、塔希提岛等奇特之地的野生动植物情况，并采集了样本，后来以此为基础写出了《论依据自然选择或在生存斗争中适者生存的物种起源》(简称《物种起源》)，这部科学史上的旷世杰作在1859年出版面世。

该著作的中心论点是，所有生物都有共同的祖先。他认为，每个生物体在继承了父母某些特征的同时又发生了突变。能更好适应周围环境的后代将存活下来，反之则被淘汰。今天我们把这种对自然选择的适应称为“进化”或“演化”（evolution），奇怪的是，达尔文本人却很少使用这个词。

达尔文指出，新物种的出现和旧物种的灭亡都属于自然规律，而非出自神明之手。作为一名德高望重的地质学家和自然主义者，他还指出，地球也会经历各种自然过程而产生潜移默化的变化。达尔文并非第一个主张生物会随时间发生演化的人。他的祖父伊拉斯谟·达尔文（Erasmus Darwin）就曾提出过这一观点，博物学家阿尔弗雷德·拉塞尔·华莱士（Alfred Russel Wallace）也曾独立提出进化论，只不过达尔文的著作影响更广。达尔文的书为我们开辟了一条全新的思路：世界以及世界上的生物并非一成不变，而是在缓慢变化着的。然而对许多人来说，如何使这些进化论思想和《圣经·旧约》里说的上帝创世和大洪水自洽相容，这才是最令人头疼的地方。

1650年出版的《詹姆斯·厄谢尔世界年鉴》是当时最广为人知的世界年表。厄谢尔是阿尔马（今属北爱尔兰）的英国大主教，他在深入研究《圣经》和其他古代手稿后编写出了这本博学著作。根据他的结论，地球诞生于公元前4004年10月23日。这和其他学者，包括开普勒和牛顿的计算结果颇为相似，厄谢尔的分析也被认为是最权威的。从1700年之后，这一结论还被编入了广为流传的英文版《圣经》的一个注解中。

星云假说初形成

厄谢尔提出了两个重要假设。一是仅仅凭借已记载的人类历史就推算出物质世界的年表；二是宇宙自从诞生以来，除了《圣经·创世记》所描写的大洪水期间发生过重大变化之外，从未有过任何大变化。因此，要想提出太阳系起源和演化的科学学说，首先需要挣脱这些思想的束缚。在本章中，我们将一起探讨在厄谢尔之后，人们对世界起源的认识是如何改变的，下一章将探讨太阳系的大小问题。

有一个人对改变我们对太阳系起源的看法做出了尤其突出的贡献，他就是皮埃尔–西蒙・德・拉普拉斯（Pierre-Simon de Laplace）。他 1749 年出生于法国，在 20 多岁时就已经是一名公认的才华横溢的数学家，他还被誉为史上最杰出的科学家之一。拉普拉斯的太阳系起源学说在发表后受到了广泛关注。

拉普拉斯曾在巴黎高等师范学校短暂担任教授一职，在此期间他多次面向公众做公开演讲，这是教授职责的一部分。在其中一次演讲中，他首次提出了关于太阳系起源的“星云假说”。尽管他非常擅长数学，但为了便于普通观众的理解，拉普拉斯舍弃了高深莫测的数学方法，将他的观点用生动的语言阐述了出来。他在该次讲座上的发言后来成了《宇宙体系论》一书的基础，该书于 1796 年出版。

拉普拉斯认为，行星是由太阳附近一团缓慢旋转着的巨大的气体云演化而来的。随着时间的推移，这团气体云逐渐冷却收缩，以比之前更快的速度旋转，并逐渐变为扁平的盘状。随着转速加快，离心力逐渐超过太阳的引力，因此不断向外抛出一个个气体环。之后，气体环就会聚成行星。拉普拉斯提出，这一过程同样发生在每个行星内，它们的卫星也由此诞生。彗星的轨道极为扁长，因此不太适用于这一模型，拉普拉斯推测彗星可能来自行星系外。

拉普拉斯坚信任何一个合理的太阳系理论都必须能够解释我们所见的万事万物。从这一点来看，星云假说显然是一个成功的假说。它解释了行星为何总是沿相同方向绕太阳公转，为何它们几乎处于同一个平面上，以及为何它们的轨道近似呈圆形。

拉普拉斯的理论与法国博物学家乔治–路易・勒克来尔，即布丰伯爵（George-Louis Leclerc, Comte de Buffon）早前提出的观点——彗星碰撞说严重背道而驰。1749 年布丰出版了一本畅销书，他在书中提出，太阳曾经在 7.5 万年前被一颗彗星撞到，散落下来的太阳物质最后形成了行星。但这种观点至少有一点是可取的，那就是它认为行星是由一个事件而非几个不相关的事件产生的。然而，拉普拉斯和其他科学家对这个说法并不买账，理由是它和所观测到的太阳系特征不符。布丰的理论还受到了当时的一些学术神学家的声讨，后来，为了免于被教会责难，他只好收回他的观点。

几十年后，法国大革命彻底改变了法国的政治和宗教形势。教会的势力被大大削弱，拉普拉斯的学说不再遇到诘问。据传，有一回拿破仑问他的老师拉普拉斯，为何他的《宇宙体系论》中只字未提上帝的作用，据说拉普拉斯是这样回答的："陛下，我不需要做出这样的假设。"拉普拉斯的意思是，太阳系的稳定运作不需要依赖更高级力量的干预就能维持。这也是此前一直困扰牛顿的问题，牛顿认为，为了不让行星由于彼此之间的引力作用而偏离原本的轨道，上帝不得不时而出手干预。拉普拉斯计算出这些相互作用并不会随着时间的推移而增加，相反，它们对行星轨道产生的摄动非常小。他在 1788 年写道："所以，地球只会小幅度地移动，除了轻微的偏移外，基本处于一个稳定的状态……只有外力才能破坏这种稳定。"

拉普拉斯认为行星的轨道是恒定的，它们过去和未来的运动都可以被计算出来。70 多年后，法国的另外一位数学天才亨利・庞加莱（Henri Poincaré）发现拉普拉斯的理论仅适用于某些特殊情况，庞加莱证明了行星的轨道并不是永恒不变的，初始条件的不同将对行星的长期演变产生巨大的影响。庞加莱为我们今天所说的"混沌理论"奠定了坚实的基础。事实上，行星在很久以前或很久以后的运动情况是无法确定的。

1796 年当拉普拉斯的《宇宙体系论》出版时，他大概还不知道早在 41 年前就已经有人提出了一个截然不同的星云假说。今天，众所周知伊曼纽尔・康德（Immanuel Kant）是一名哲学家，但他早年对物理和数学也颇有研究。1755 年，康德发表了《自然通史和天体论》，这也是他的第一本著作，他在该书中提出了一个关于太阳系起源的假想模型。

康德认为，太阳系中的天体来自宇宙空间的物质云。根据他的理论，湍流运动使宇宙中的弥散物质相互靠近，进而凝成较大的物质团，接着物质团会集聚更多物质而变得越来越大。密度较大的部分更接近中心，也就是太阳，这就是为什么行星形成后，内行星的密度比外行星的密度大。和拉普拉斯一样，康德只是用语言描述了他的猜想，而没有运用数学推理来加以支撑。不幸的是，几乎是在该书出版后，康德的出版商便破产了，所有存书连同康德的书也一并被查收。从此，康德的作品几乎销声匿迹，在此之后的几十年中，除了在康德的故乡哥尼斯堡（位于普鲁士）以外，这本著作鲜少有人问津。

无论是拉普拉斯的《宇宙体系论》的第一版，还是他逝世（拉普拉斯于 1827 年逝世）前 30 年对该书进行的 4 次修订，均未提到康德的研究成果。然而，康德的思想后来还是得到了一些德国同人的拥护，代表人物为德高望重的物理学家、哲学家及生理学家赫尔曼·冯·亥姆霍兹（Hermann von Helmholtz）。

1854 年 2 月 7 日，亥姆霍兹在哥尼斯堡举行了一场公开演讲，此时距离康德逝世 50 年，距康德《自然通史和天体论》一书的出版已近一个世纪。该次演讲的主题为能量守恒，是他在吸收了前人成果的基础上于 1847 年提出的一个定律。在康德的故乡，亥姆霍兹免不了对康德缅怀一番，他对台下的观众说：

> 康德发现……如今维持着行星运动的万有引力在很久以前也起到了将稀疏地散落在空间中的物质集聚起来，形成行星系统的作用。之后，拉普拉斯在对康德的星云假说完全不知情的情况下，提出了和他一样的观点，并介绍给了天文学家。
>
> 因此，我们所在的行星系统（包括太阳）肯定源于一团巨

大的星云，这团星云最初就位于我们行星系所在的空间里，但远远地超出了如今已知离太阳系最远的行星海王星的范围。

亥姆霍兹略过康德与拉普拉斯学说的分歧，而专注于研究它们的共同点——星云。星云是行星的发源地。在亥姆霍兹的推动下，康德和拉普拉斯的星云假说被合称为“康德–拉普拉斯星云假说”，尽管他们的观点不尽相同。

在接下来的数十年中，星云假说是唯一一个科学解释太阳系诞生的理论。尽管它由于不够详尽和缺乏严谨的计算而受到一些科学家的诟病，但总体来说，它仍然备受青睐。拉普拉斯后来从其他人的新发现中找到了支撑他的观点的依据，为此大受鼓舞。当时，人们对太空中那些叫作星云的神秘云状物体仍然存在很多疑问。1811 年威廉·赫歇尔发表了一篇长篇文章，介绍了他对星云的观察，星云看起来像是由中间的恒星和周围类似发光液体的物质组成的。他提出星云可能是处于不同形成阶段的恒星。虽然赫歇尔的文章从头到尾都没有提到星云假说，但拉普拉斯还是将他的这一观察写入了《宇宙体系论》第 5 版。对拉普拉斯来说，这些星云如他的星云假说所预言的，是一个个正在成长着的太阳系。

星云假说陷囹圄

然而到了 19 世纪 40 年代，新的科学发现使拉普拉斯的观点陷入了危机。第三代罗斯伯爵威廉·帕森斯（William Parsons）在他位于爱尔兰西部的城堡里研制出了世界上最大的望远镜。这架新型望远镜的设计很烦琐，还配备了一个直径为 1.8 米的超大反射镜，能比以往更加清晰地看到星云（图 3–1）。1845 年，罗斯报告称，根据他的观测，星云实际上是由无数黯淡的恒星构成的。如果这是事实的话，那星云就不是新生的行

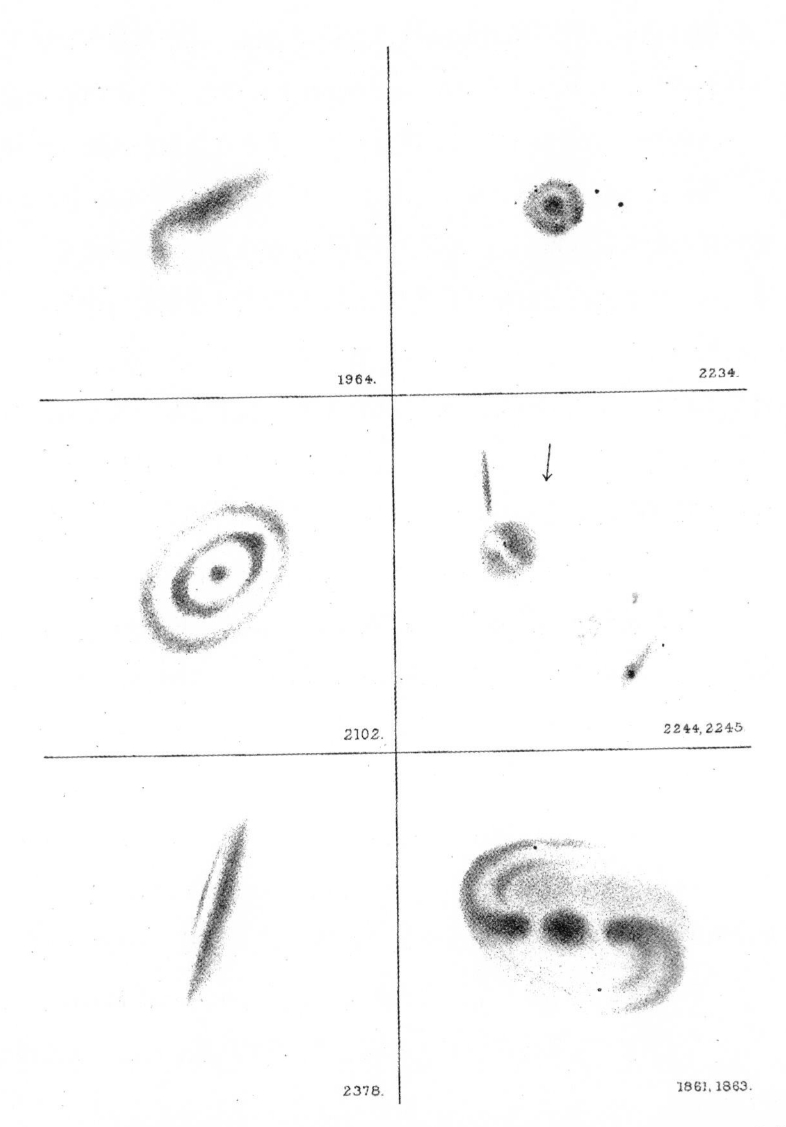

图 3-1　第三代罗斯伯爵威廉・帕森斯绘制的星云图。出自伯爵之子——第四代罗斯伯爵劳伦斯・帕森斯（Lawrence Parsons）1878 年发表于《皇家都柏林学会科学学报》第 2 卷的《1848—1878 年于比尔城堡庄园借助六脚及三脚反射望远镜观测星云及星团》一文（图片来源：J. Mitton）

星系，而是完全不同的另外一种天体结构。

一些科学家同样对星云假说持严重怀疑态度。其中包括剑桥大学的地质学教授亚当·塞奇威克（Adam Sedgwick），达尔文年轻时曾是他的学生。1850年，塞奇威克罗列了拉普拉斯学说存在的种种问题，但却没有完全摒弃星云模型。塞奇威克还提出了一个难题，这个难题直到20世纪还一直困扰着科学家：如何解释太阳和行星的角动量（转动惯量）分配问题。一个简单的例子就能解释这个问题：假设水星是由收缩中的星云抛出来的物质环演化而成的，那么当时那团星云旋转一次必定需要88天，也就是水星今天的公转周期。如果说星云进一步收缩形成了太阳，那么由于角动量的关系，它的旋转速度就应该越来越快。从理论上来说，太阳自转一周应该只需几天，但现实中却需要将近一个月。

1861年，法国物理学家雅克·巴比内（Jaques Babinet）也提出了反对意见，越来越多的人注意到了这个问题。太阳的质量占整个太阳系的99%，而它的角动量却只占太阳系总角动量的2%，其余98%来自其他行星的运动。作为收缩的星云的中心，为什么它占了绝大部分质量却只有很小的角动量？尽管拉普拉斯的学说后来经过了多次修正，但“角动量难题”一直是它的致命缺陷。一波未平一波又起，科学家随后又发现了新的问题。美国数学家丹尼尔·柯克伍德（Daniel Kirkwood）论证出拉普拉斯的星云盘只会不断向外缘抛出物质，而不会形成离散的物质环。而苏格兰物理学家詹姆斯·克拉克·麦克斯韦（James Clerk Maxwell）则证明了，即使拉普拉斯所说的星云盘可以形成物质环，它们也无法演化成为行星。

虽然拉普拉斯学说饱受质疑，但在19世纪末，星云假说还是很吸引人的。当时，放射性和核反应还没有被发现，人们普遍认为太阳之所以能够发光是因为收缩时释放出了引力能。过去的太阳一定比现在大，这自然而然地和太阳及行星是由一团弥散的物质云发展而来的观点相符。

物理学家根据太阳光谱的特征推测出了太阳的构成成分，并发现它和行星的成分有许多共同之处，这是对星云假说的又一佐证。天文学家还发现了一种完全由气体而不是恒星组成的新型星云，它们之中是否有些是新生的行星系统？希望又再次被点燃了。

但是，新发现的几个卫星的运动情况却和星云假说的描述不符。海卫一的逆行，天王星卫星的运动轨迹与天王星的公转轨道垂直，火卫一的速度快到超过了火星本身的自转速度，这种种怪异的行为都无法用星云假说解释。

总的来说，星云假说的主体是正确的，它主要败在了细节上。那还有没有其他更合理的假说呢？如果太阳系的角动量分布不是由于星云收缩产生的，那行星有没有可能是由外部原因形成的呢？

偶然碰撞说

1905 年 12 月，芝加哥大学叶凯士天文台（Yerkes Observatory）台长埃德温·B. 弗罗斯特（Edwin B. Frost）收到了一封同行的来信，信中写道：

> 敬请悉知，自明年 1 月 1 日起，天文学界将开始采用全新的太阳系假说。这是一个令人喜悦的改变，将行星的组成从气体纠正为星子（planetesimal）已是众望所归。一切都将顺利进行……在新的假说下，行星自转速度的快慢将与卫星的速度无关，也不会再因为正行、逆行而被质疑其合法地位。太阳自转轴的倾斜不再被认为是道德的倾斜，只能说明它曾经碰到一颗经过的恒星罢了。

这封言辞嚣张的信的作者不是别人，正是以直言不讳著称的地质学教授——托马斯·克劳德·钱伯林（Thomas Chrowder Chamberlin），不久前他刚出版了第二本地质学课本，他的新太阳系起源模型也被写入其中。

拉普拉斯的星云假说认为地球刚形成时一定呈高温熔融状态。钱伯林驳斥说这种观点并不可信，否则地球就不会有大气了。于是，他开始验证地球最初是否由低温固体颗粒物形成。该观点早在几十年前就已经有人提出，只不过支持者寥寥。为了进一步考证，他需要一个理论来解释这些颗粒物在一开始是如何产生的。

钱伯林在看了旋涡形的星云照片（见图 3–2）后深受启发，他认为旋涡星云是由恒星相互靠近形成的。当恒星运行至彼此附近时，由于引力作用，它们彼此会从对方带走一些气体，形成恒星周围的旋臂。说不定，太阳也和某颗恒星有过类似的经历，而被拉出来的物质冷却后形成了行星。这个猜想没有涉及星云收缩，因此无须解释角动量这个让星云假说为人诟病的问题。

没有天文学背景的钱伯林求助了一位叫福里斯特·雷·莫尔顿（Forest Ray Moulton）的青年天文学家，当时，莫尔顿刚在芝加哥获得了博士学位。他们勠力同心，分工合作。这边，钱伯林潜心钻研恒星会在什么情况下相遇形成行星；那边，莫尔顿则尝试运用数学定理推翻拉普拉斯的学说，并且支撑钱伯林的假说。二人于 1905 年和 1906 年分别发表了研究成果，这个新诞生的假想被称为钱伯林–莫尔顿假说。

莫尔顿推算出，过去一定有一颗恒星曾经运行到离太阳很近的地方，就像今天木星所处的位置，然后与太阳碰撞，形成了很长的气态旋臂。旋臂中形成了密度很高的节点，这些节点不断地吸积更多物质，最后越变越大成为行星。这些气体可能以极快的速度冷却，形成微小的固体颗粒物并围绕太阳运动。钱伯林称这些颗粒物为“星子”。随着时间的推移，在相互之间的引力的帮助下，星子移动到附近的轨道，发生碰撞并融合，最终形成了行星。

图 3–2　1893 年公布的某“旋涡星云”（仙女星系）的早期照片。这幅珂罗版影像出自艾萨克·罗伯特（Issac Robert）的《恒星、星团与星云影集》。罗伯特认为它是一个气态旋涡星云，它的中心为一颗恒星。在照片的注释中他写道：“它们为我们呈现了大恒星系统的演化过程，是对星云假说的有力佐证。仔细看后面的星云图，你还会发现其他类似的证据。”（图片来源：J. Mitton）

钱伯林和莫尔顿的假说包括两个部分，即太阳周围旋涡星云的形成和星云中心构成行星的固态颗粒物的吸积。钱伯林不赞同我们所看到的旋涡星云都是行星雏形的观点，他认为星云比太阳系还大得多。直到 20 世纪 20 年代，人们才认识到它们其实是银河系以外的整个星系。

1915 年，钱伯林–莫尔顿假说空前流行，它的大部分支持者来自美国。德国天文学家弗里德里希·内尔克（Friedrich Nölke）是该假说早期最强烈的反对者之一，他在 1908 年批评了莫尔顿数学分析中的多个细节。但撇去它的诸多破绽不说，它起码打破了星云假说一枝独秀的局面。碰撞说的早期支持者中还包括英国知名科学家哈罗德·杰弗里斯（Harold Jeffreys）和詹姆斯·琼斯（James Jeans），两人在此基础上发展了各自的假说。虽然他们改良后的猜想解决了钱伯林–莫尔顿假说中的一些难点，但也暴露了许多问题。

后来，杰弗里斯也开始质疑钱伯林–莫尔顿假说，他指出，恒星相撞，进而产生旋涡星云，最后形成行星这种事件的发生概率非常低。美国天体物理学家亨利·诺里斯·拉塞尔（Henry Norris Russell）则表示，恒星碰撞产生的行星只会在太阳附近运行，这与我们今天所认识的行星系完全不同。还有很多科学家也对钱伯林的星子理论抱有严重质疑。

看来不管是星云假说还是钱伯林–莫尔顿假说都不是正解。拉塞尔在他 1935 年出版的《太阳系及其起源》一书中发出了这样的感慨：

> 我们像一群工程师，在峡谷口寻找通向高处的路。我们逆流而上，但不管我们走哪条路，最后都被困在了箱子一般的峡谷里，无法更进一步。站在一块高地上，凭着一些想象，我们找到了一些向下的沟道，走着走着却又转变了方向，通往不同的出口了。但是这个峡谷可能本来就不存在出口，而太阳系总得有个起源。

1939 年，天体物理学家莱曼·斯皮策（Lyman Spitzer）论证了从太阳散发出来的物质由于温度太高，根本无法凝结成行星，只会快速消散到太空中，它成了压死恒星碰撞说的最后一根稻草。星云假说重返历史舞台，已指日可待。

星云假说卷土重来

第一位走上舞台的“演员”是德国物理学家卡尔·弗里德里希·冯·魏茨泽克（Carl Friedrich von Weizsäcker）。1943 年，他弥补了星云假说的一大缺陷，即缓慢转动的太阳是如何在极速旋转的星云中生成的。冯·魏茨泽克认为，星云的湍流运动可以使角动量重新分配，从而使中央的旋转速度很小。虽然他的模型在诸多方面都经不起推敲，但它使得星云假说再一次流行了起来。

其他科学家也纷纷加入，试图找出更可行的解释。瑞典物理学家汉内斯·阿尔文（Hannes Alfvén）和英国天体物理学家弗雷德·霍伊尔（Fred Hoyle）共同发现磁相互作用具有制动的作用，它可以减慢太阳的自转速度，并将转动惯量转移到未来形成行星的物质中。一个多世纪以来，转动惯量这一问题终于迎来了转机。

大部分科学家的注意力都集中在星云角动量的问题上，但星云假说还有一个问题：星云的气体和尘埃如何转化成行星。在抛弃钱伯林–莫尔顿假说时，科学家们还忽略了钱伯林的第二个创新之处：星子形成行星说。

幸运的是，苏联科学家没有停止研究星子假说，而且还取得了丰硕的成果。它的起死回生要归功于物理学家维克托·萨夫罗诺夫（Viktor Safronov）。萨夫罗诺夫任职于莫斯科地球物理研究所，在同事奥托·施密特（Otto Schmidt）的研究基础上，他建立起了一个完善的星子行星起源模型。1969 年，萨夫罗诺夫的著作出版，即《原行星云的演化与地球及其他行星的形成》，其中就阐述了这个模型。1972 年它被翻译成英文后引起了巨大的轰动。在第 8 章和第 9 章中我们可以看到，萨夫罗诺夫的观点不仅经受住了时间的考验，还成为现代行星形成理论的基础。

第 4 章

时间之谜

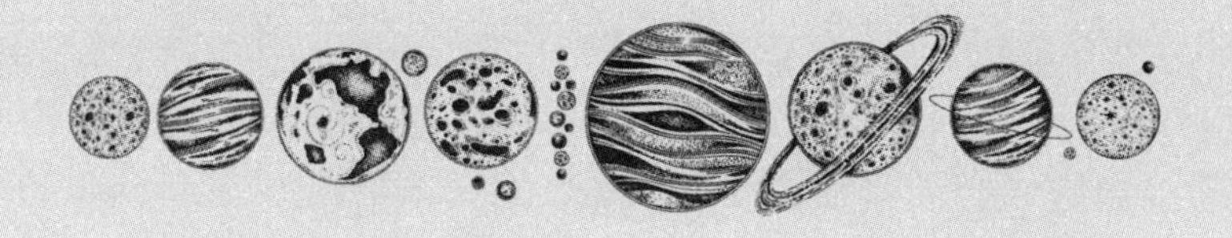

1953 年 11 月，美国《化学与工程新闻》杂志发布称，“地球的真实年龄为 46 亿年”，这是人类探索地球形成过程中的一个重大突破。这一观点是由美国地球化学家克莱尔·C. 帕特森（Clair C. Patterson）在两周前举行的一次美国地质学会会议中首次提出的。帕特森向与会代表汇报，地球的确切年龄是 45.5 亿年，误差约 0.7 亿年。他的话被《化学与工程新闻》杂志在场的一名记者记录了下来，随后被整理成一篇报道。于是，通过这种非常规的方式，全世界第一次知道了地球的真实年龄。

所幸，帕特森在该次会议上的原话被记录了下来。在他随后与人合著的一本书里，他只模糊地将地球的年龄描述为“大于 40 亿年”。其实，帕特森的保留态度也不无道理。虽然研究地球比研究太阳系其他天体更方便，但实际上，外太空岩石才是计算地球年龄的关键。帕特森就是通过陨石推算出地球实际年龄的。为了弄清楚地球形成的时间，帕特森只能暂且假设该陨石和地球的形成时间一样。这似乎说得过去，但他没有确切证据证明他的猜想。

三年后，帕特森终于得偿所愿，一项重要证据的发现彻底平息了早前的所有异议，这点我们随后会提到。很快，其他科学家也认同了他的研究成果。帕特森的研究成果经受住了时间的考验。如今半个多世纪过去了，他的计算结果只在细微之处做了几次修改，截至本书英文版出版时，科学家关于地球年龄最好的估计是 44.8 亿年[①]。

读懂宇宙的时钟

这个困扰着学者和科学家几个世纪的难题最后被帕特森解决了。为了弄清楚地球的形成年代，神学家、历史学家、地质学家、物理学家、化学家、生物学家和天体物理学家可谓八仙过海，各显神通。由于研究方法五花八门，激烈的分歧和争执难免时有发生。比如，哪怕已经到了 19 世纪，学者还在为如何统一科学家及宗教专家之间大相径庭的结论而大伤脑筋。19 世纪末 20 世纪初，物理学家和地质学家也一再为地球与太阳的年龄问题争论得面红耳赤，互不妥协。

地球的年龄不仅本身就是一个令人向往的问题，它更是理解太阳系的历史、诞生和太阳系如何融入大千宇宙的一大关键。如何透过眼前的世界搭建过去的时间线，是科学家亟待解决的问题。

艰难曲折的前期探索

法国 18 世纪外交官兼业余博物学家贝努瓦·德马耶（Benoit de Maillet）是首位利用地球的物理性质估算其年龄的科学家之一。他根据贝壳普遍存在于世界各地的地面沉积物中这一现象，得出地球表面在遥远的过去曾经被海水完全覆盖，且海平面此后一直以稳定的速度下降，并持续到现在。他认为，只要测出当今的海平面高度以及它的下降速度，就能推算出地球的年龄。

今天我们知道，德马耶的核心观点是错误的。事实上，海平面在过

---

① 2018 年，关于地球年龄的最新数据为 45.4 ± 0.5 亿年。——编者注

去的几十亿年来的变化微乎其微，所以德马耶的计算注定只是徒劳。但至少有一点他是正确的，那就是可以从长期的自然进程角度入手来推算地球的年龄。最后他得出地球的实际年龄为 20 亿年，这在他所处的时代可以说非常大胆超前。直到 20 世纪初，科学家仍普遍认为地球的年龄只有数千年，最多可能有几百万年，但绝对不可能是数十亿年。

被公认为现代地球物理学之父的乔治·达尔文（George Darwin）是著名生物学家查尔斯·达尔文之子，乔治也是地球年龄问题的研究者之一。他提出了月球起源学说，认为地球过去的自转速度比现在快得多，月球是在地球高速旋转的过程中脱离出去的。他还算出，地球的自转速度必须达到两小时一周才足以将月球甩出去。随着时间的推移，引力的相互作用使地球自转变慢，导致月球轨道变大。1898 年乔治提出，地球和月球发展到今天的规模至少需要 5 600 万年时间，因此地球的年龄一定也与此相近。只可惜他的月球起源学说和对地球年龄的推算都与现实情况不符。

来自都柏林的地质学教授约翰·乔利（John Joly）则选择以埃德蒙·哈雷的理论为基础另辟蹊径。河水总是不断地冲刷岩石，将岩石中的盐分带入海洋，乔利从这一现象中获得启发，认为海水中的盐分会日益增长，因此想出了海水盐分测年法。1899 年，也就是在乔治·达尔文发表其猜想的一年后，乔利也公布了他的结果，他得出的地球年龄为 8 900 万年。1909 年，乔利把结果上调至 1.5 亿年。现在我们知道乔利的推测是错误的，他的两次推算结果都远远小于地球的真实年龄。事实上，河流供给的盐分都被海底的化学反应消耗了，因此，他和德马耶、乔治·达尔文一样徒劳无功。

开尔文的失败

19 世纪初，地质学家认识到，研究随着时间一层层沉积下来的岩石层有助于侧面了解地球历史上那些塑造了地形的事件顺序。从地球的沉积层的沉积速度和其他地质层的腐蚀速度来看，地球的年代非常久远。尽管地球的真实年龄依然成谜，但有一点是肯定的，地球的地质年代远比已记载的整个人类史要久远得多。

早期的地质学家都深受均变论的影响，代表人物有查尔斯·莱尔（Charles Lyell），他也是查尔斯·达尔文的良师益友。均变论认为地质变化是一个渐变的过程，无论是在过去还是现在，地质的形成过程都是一样的，而且都很缓慢。这一观点自然暗示了地球的形成年代势必非常久远，因此对于其他学科认为地球形成年代不久远的观点，地质学家们均嗤之以鼻。

达尔文的自然选择学说同样认为物种进化是一个漫长的过程，他还尝试利用地质学方面的专业知识来支撑这个观点。英格兰南部有一个叫作威尔德（Weald）的地区，在那里风化作用将半球状的岩石垂直切割到底，导致地表下方的岩石层暴露在外。达尔文计算出了该地区的侵蚀率，得出地球年龄至少有 3 亿年的结论，这一数字还被收录在其 1859 年出版的《物种起源》第一版中。

与此同时，物理学家们则在为一个与太阳系年龄息息相关的基本理论难题大伤脑筋：太阳为什么会发光？19 世纪，唯一一个被人们接受的假说是由我们在第 3 章提到的德国物理学家、生理学家赫尔曼·冯·亥姆霍兹提出的，但该假说也存在明显的缺陷。亥姆霍兹在 1854 年的那次提到康德的星云假说的演讲中，还提出了太阳正在缓慢收缩变冷的观点。他认为，气体在向太阳核心积聚时释放出引力能，引力能再转化成光和热。但这种能量源很快就会消耗完，他推断太阳的寿命只有大约 2 200

万年，这自然也是地球年龄的极限。

亥姆霍兹的论证吸引了一位有影响力的支持者——威廉·汤姆森爵士（Sir William Thomson），又称开尔文勋爵，他不仅是星云假说的忠实拥趸，而且还是 19 世纪最杰出的物理学家之一。在热力学上取得的开创性成果促使他开始思考如何将新发现的热力学定律用于对太阳和地球年龄的计算。当时，物理学家还不知道达尔文所说的能使太阳长时间发光的能量源究竟为何物。1862 年，开尔文炮轰地质学家使用的测年法，直到 1907 年去世之前他仍然坚持己见。他极力反对地质学家信奉的均变论和基于经验主义的证据。他认为，如果太阳真的是在逐渐冷却的话，那么无论是太阳还是地球，它们过去的温度一定高于现在。如果地球真的在慢慢冷却，那么人们长久以来的常识——沉积层是以固定速度累积的这一观点将会被颠覆。

开尔文更愿意以大自然中已知的物理定律和它们衍生出的结论作为基础。他后来做出让步，承认太阳冷却到目前的状态有可能需要长达 5 亿年的时间，但他仍认为这一过程只用 2 000 万年也是有可能的。后来，开尔文假设地球诞生之时呈高温熔融状态，并计算出了地球的冷却速度，最后得出地球的年龄为 0.2 亿~4 亿年，这和他对太阳的估算结果相差无几。这一结论缓和了他对均变论的抨击。但过了几年，开尔文又更倾向于 2 000 万年的结果了。1893 年，美国地质学家克拉伦斯·金（Clarence King）在改良了开尔文的估算方法后得出了地球年龄为 2 400 万年的结果，并且受到了开尔文的赞赏。

开尔文勋爵非常受人拥戴，以至于几乎无人敢挑战他的观点。人们普遍认为物理学是比地质学更为基础的科学，开尔文在卷入纷争之后的 30 年中一直被奉为权威。只可惜开尔文和克拉伦斯大大低估了地球热历史的复杂程度，这意味着他们计算地球年龄的方法看似优雅，却存在着严重的缺陷。

一些地质学家继续从物质沉积角度寻找破解地球年龄谜团的方法。其中，1893 年，美国地质学家查尔斯·沃尔科特（Charles Walcott）发表了一份最为全面深入的研究结果。次年，他接替克拉伦斯·金担任美国地质调查局局长。沃尔科特提出地球年龄为 5 500 万年的猜想，尽管比开尔文的更长一些，但仍远短于今天所公认的地球年龄。今日的我们知道，沃尔科特的方法其实没有比 19 世纪的地质学家更高明多少。虽然开尔文没有发现自己方法中的失误，但他还是正确认识到了沉积物的沉降和侵蚀速度是会随时间而大幅度改变的。沉积记录这种方法的不完整性是更致命的缺陷，因此这些记录无法用于分析地球早期（前 9/10 时间）的发展历史。

改变一切的放射性

面对开尔文的猛烈炮轰，一名地质学家决定奋起反击。他就是直言不讳的芝加哥地质学教授托马斯·克劳德·钱伯林，他还自创了一套太阳系起源学说（见第 3 章）。1899 年，钱伯林在全世界最负盛名的学术期刊《科学》杂志上发表了一篇火药味十足的檄文，反驳开尔文对地球年龄的估算方法和猜想，这篇文章惊人地预示了物理学后来的发展，他写道：

> 目前，原子的内部结构究竟如何尚不得而知，不排除它们的结构异常复杂且蕴藏着巨大能量。当然，没有一个严谨的化学家会轻率地告诉你，原子是一种基本的颗粒或者原子内部没有隐藏着更高一级的能量……同样，他也无法胸有成竹地肯定或否定，太阳核心那些不同寻常的反应会不会释放出一部分这种能量。

钱伯林意识到，一场巨大的物理学革命正在萌芽，而且未来将影响深远。1896 年，法国物理学家亨利·贝克勒尔（Henri Becquerel）发现铀盐具有放射性。截至 1898 年，玛丽·居里（Marie Curie）和她的丈夫皮埃尔·居里（Pierre Curie）已发现两种新放射性元素——钋和镭，居里夫人还证明这两种元素的原子可以释放出强电离辐射。很快人们知道，放射性物质在地球内部释放出大量的热，这正是开尔文冷却速度计算法徒劳无功的原因。更重要的是，放射性为估算年代久远的岩石的年龄提供了一种全新且有力的思路，使其他地质测年法相形见绌。

出生于新西兰的物理学家欧内斯特·卢瑟福（Ernest Rutherford）和英国化学家弗雷德里克·索迪（Frederick Soddy）于 1901—1903 年共同进行了一系列实验，他们发现放射性元素可以自发转变成一种新的元素，同时释放出辐射。他们发现了三种不同的辐射类型，并以希腊字母将其命名为 α（阿尔法）射线、β（贝塔）射线和 γ（伽马）射线。α 射线由氦原子核组成；β 射线由电子组成；γ 射线和 X 射线一样，都属于电磁辐射的高能形式。卢瑟福和索迪发现，放射性样本的活性与含有放射性原子的数量成正比。这意味着元素的放射活性会在一个特定的时间后下降至一半，这个时间被称为半衰期，而不同放射性元素的半衰期各不相同（图 4–1）。

卢瑟福认为，放射性是放射性物质内部的一个天然计时器。他很快想出了利用半衰期长的放射性元素估算岩石年龄的方法。在 1904 年的一次演讲中，卢瑟福根据两个含有铀元素的岩石样本中氦元素的含量，推算出它们的年龄大约为 5 亿年，以此证明他的这一观点。岩石中的铀原子衰变后释放出 α 粒子，α 粒子以氦气的形式赋存于岩石中。卢瑟福指出，有一部分氦气很可能已经逃逸出来，因此他所估算的年龄可能比实际年龄要小。

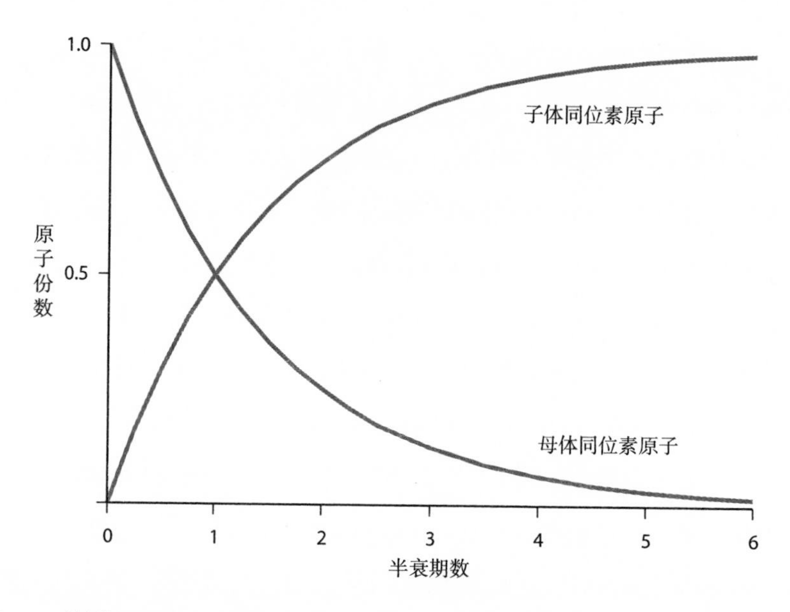

图 4-1　放射性同位素的半衰期。一个半衰期后，放射性母体同位素原子数量减半，同时子体同位素原子数量增加

第二年，美国物理学家和化学家伯特伦·博尔特伍德（Bertram Boltwood）发现大部分铀矿石中都存在铅和氦。因此，他推测铅是铀衰变为其他放射性元素后的最终稳定产物。和氦元素不同，铅很难从岩石中逃逸出来，因此利用样本中铅元素的含量估算出的岩石年龄要比氦气更加可靠。于是，博尔特伍德利用从不同地方采集的 43 种岩石样本做了估算，并于 1907 年公布了他的研究成果：这些岩石的年龄为 4.1 亿~22 亿年。因此，地球的年龄肯定不会低于这个范围，可能还会更高。

20 世纪 20—30 年代，对岩石的同位素测定让地球年龄的估值不断升高。虽然放射性同位素计年法仍有不足之处，且有很多不确定性，但科学家测得的地球年龄已经不再是以百万年作为单位，而是以十亿年计算。除了少数人给出 35 亿年的高龄外，大家普遍接受的地球年龄为 16 亿~20 亿年。这些观点多少还受到了天文学家埃德温·哈勃（Edwin Hubble）一些惊人新发现的影响，哈勃是估算出宇宙年龄的第一人。

关于宇宙年龄的猜想

一直到20世纪之初，天文学家对银河系以外的宇宙仍然一无所知。恒星、星团以及各种星云都被认为属于银河系。直到1917年维斯托·斯里弗证实了旋涡星云正在以超高速远离地球，这一观点才被推翻。斯里弗的发现彻底打破了旋涡星云是行星系统的孕育之地的观念，而且还激化了关于旋涡星云是银河系的一部分还是独立星系的争辩。在1925年，这一争议被哈勃平定。他发现仙女座和三角座的旋涡星云都离银河系非常遥远，由此断定它们不可能属于银河系，而是单独的星系。

4年以后，哈勃收集到充足的数据证明宇宙中的大多数星系正在远离银河系，不仅如此，他还发现每个星系的退行速度大体上与它们的距离成正比，这一关系也被称为哈勃定律。几乎与此同时，数学家发现哈勃的观察与爱因斯坦的颠覆性引力理论——广义相对论的其中一个预言（宇宙有可能在不断膨胀，星系间的距离也在不断扩大）不谋而合。

通过测定宇宙的膨胀速度，天文学家可以推算出宇宙的年龄，并追溯宇宙所有物质高度集中在一起、密度无穷大时距今有多远，这种方法得出的宇宙年龄为18亿年。科学家明白，无论是这个结果还是通过放射性同位素计年法计算出的结果都带有不确定性，但好在这两个结果非常接近。

到了20世纪40年代，地质学家对地球年龄的最佳猜想已经超过30亿年，但哈勃仍然固执地认为宇宙的年龄在20亿年左右。直到1952年，天文学家发现哈勃用于测定银河系与其他星系之间距离的方法中有一个步骤所使用的数据有误，造成分歧的原因才终于真相大白。问题很快就被修复了，宇宙的年龄也在一夜之间扩大到原来的三倍，地球的年代比太阳久远的悖论也随之瓦解。但是在寻找准确答案的道路上，科学家们仍然任重道远。

放射性同位素计年法

放射性同位素计年法是探索太阳系历史的一个重要工具，因此，我们应当深入了解它的工作原理以及科学家对其结果如此倚重的原因。

每个原子的中心都存在一个原子核，原子核由两种基本粒子组成，分别为带正电的质子和不带电的中子。原子核周围围绕着若干带负电的电子，电子决定了原子的化学性质。原子整体呈电中性，因此原子核里的电子和质子的数量相等，该数量也被称为原子序数。同一种化学元素可以以多种形式存在，这种形式被称为同位素，同位素指质子数相同而中子数不同的原子。以碳元素为例，碳同位素的原子序数相同，但原子质量不同。因此，只要知道元素的名称和原子质量（整数），就能准确确定任何一种同位素。比如，碳–12 指的是原子核中中子和质子总数为 12 的碳原子。

放射性原子是指具有不稳定原子核的原子。每个不稳定的“母”原子核在某个时候会自发发射出一种粒子或者γ射线，或者同时释放出两者，并衰变成一个“子”原子核。当原子核发射出粒子时，原子会从一种化学元素转变成另一种。我们无法预知单个原子发生衰变的具体时间，但大多数原子的衰变速度是可以预测的，原子的衰变速度只与同位素有关。如果选取大样本的原子研究，就会发现经过一个半衰期后，有近一半的原子发生了衰变；两个半衰期后，有近 3/4 的原子发生衰变；三个半衰期后，则有近 7/8 的原子发生衰变，以此类推。

科学家在实验室测量了多种放射性同位素的半衰期，其中有些同位素可用于测定岩石年龄，它们在岩石中扮演着计时器的作用。以熔岩流为例，当它形成新岩石时，矿物处于高温熔融状态，使得原子可以自由移动。当矿物冷却后，原子的位置也随之被固定并不再移动，就算以后衰变成另一种元素，也不会改变位置。因此，如果岩石在形成的时候刚好融入了合适的放射性同位素原子，这块岩石就等于有了一个内置计时器。所谓“合适”的同位素，是指这些同位素的半衰期要长达数百万年，且在岩石里的含量足够多，可以准确测量它的含量。这些原子一旦被“抓住”，岩石的成分就固定了，放射性计时器也就开始计时。

比如，有一块岩石中存在放射性同位素铷-87 和一定数量的子体同位素锶-87。假如该岩石在刚形成的时候并没有锶-87，那么只需要测定现在的锶-87 含量，就可以计算出该岩石的形成年代。但实际情况往往没有那么简单，因为大多数时候有些岩石在形成时就已经存在锶-87 了，而且样本里的铷或锶元素可能有部分已经丢失或被污染。但没关系，我们有办法可以对付这些问题。

第一步是测定母体、子体同位素各自相对于其子产物中一种没有参加放射性衰变的同位素的浓度。比如，可以将铷-87 和锶-87 分别与锶-86 进行比较，因为锶-86 的化学性质稳定且没有参与任何衰变过程。第二步是检测同一块岩石样本中各种矿物的含量，不同矿物有不同的晶体结构。在上面的例子中，岩石形成时，有些矿物倾向于结合更多的铷元素，而有些矿物在形成时则含有更多的锶。虽然不同矿物在形成岩石时含有的锶元素的总数不同，但锶-86 和锶-87 两种同位素的相对比例是一样的，因为矿物形成的化学过程对同种元素的所有同位素都一视同仁。

将每种矿物中铷-87、锶-87 相对锶-86 的数量制成图进行比较，就可以估算出岩石的形成年代（图 4-2）。如果矿物中含有大量铷-87，那它现今就会含有大量的锶-87；如果矿物中不含有铷-87，则它含有的锶-87 的初始数量和现今的数量相同。这意味着图上的各点将连成一条直线，这条线就叫作等时线，同一条等时线上的矿物质的年龄相同。等时线的斜率越大，岩石的形成年代越久远。

但这种方法并非适用于所有岩石。如果有些岩石在初次形成后又经历高温加热，内部的原子再次发生自由移动，就会扰乱放射性计时器，岩石内部的各种矿物也不再位于一条等时线上，因此无法可靠地计算岩石的年龄。沉积岩是另一个令人头疼的问题。沉积岩由年代更加久远的岩石剥蚀出的矿物碎屑构成，单种矿物晶体的年代尚可追溯，但要想知道碎屑何时堆积形成沉积岩则困难得多。正因如此，解读放射性同位素计年法的结果时还需结合其他从岩石中提取的线索，另外，挑选样本时也需小心谨慎。

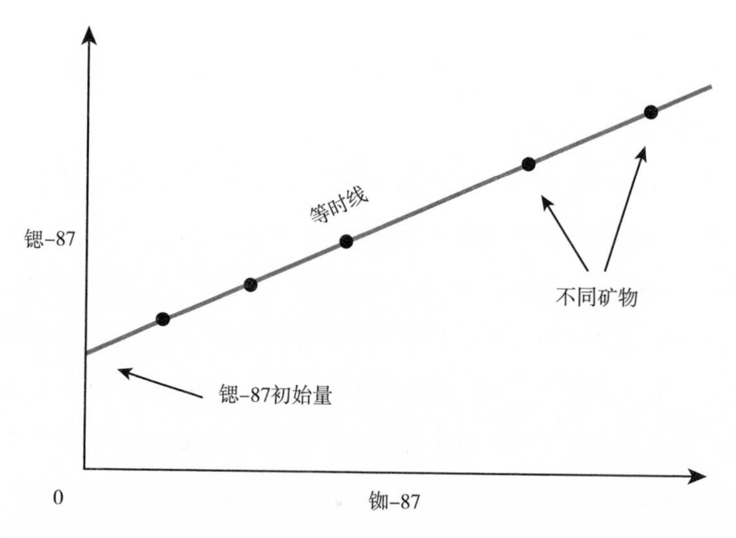

图 4-2　等时线示意图。本例中，对同一岩石样本中 5 种不同矿物里的放射性铷-87 和锶-87 的含量进行测定并与化学性质稳定的锶-86 进行了比较，将结果绘制在一个直角坐标系中便可得到岩石的年龄（如上文所述）。等时线的斜率越大，代表岩石的形成年代越久远

然而，这种放射性同位素计年法只能告诉我们地球上某块岩石的年龄，而非地球本身的年龄。要想知道地球形成的时间，需要取得地球史上最早形成的岩石的样本。但是地球是一颗地质活动活跃的行星，地球上的岩石无时无刻不在经历着毁灭和再生。就算是已探明的最古老的岩石的形成时间也被认为远远晚于地球的形成时间。

20 世纪 40 年代，有三名科学家不约而同地找到了解决方法。他们分别是苏联的 E. K. 格尔林（E. K. Gerling）、英国地质学家阿瑟·霍姆斯（Arthur Holmes）以及德国核物理学家弗里茨·G. 豪特曼斯（Fritz G. Houtermans）。三位科学家都发现铀有两种天然放射性同位素，且两种同位素的衰变产物均为铅。铀–235 衰变后变成铅–207，而铀–238 衰变后变成铅–206。巧的是，铅还有另一种同位素，即铅–204，它既不会通过放射性衰变生成，也不会衰变成其他同位素。两种铀同位素的半衰期互不相同，这意味着地球上的铅–207 和铅–206 的相对含量会随时间而改变。只要知道了这两种同位素的初始比例以及它们现今的总含量，就可以计算出地球的年龄，而不管岩石被熔化和重组了多少次。

尽管格尔林、霍姆斯和豪特曼斯三人使用的方法不尽相同，但他们都测定了三种铅的同位素在现代岩石里的总含量，并尝试估计了地球诞生之初三种同位素的初始比例。由于依据的假设不同，霍姆斯和豪特曼斯推算出地球的年龄为 30 亿年左右，而格尔林给出的答案为 40 亿年。更加准确的答案需要等到科学家确定铅同位素在地球刚形成时的初始含量后才能确定。

陨石是制胜关键

接下来要登场的人物就是克莱尔·C. 帕特森了（图 4–3）。豪特曼斯提出可以通过铁陨石来测定铅同位素的初始总含量。在第 5 章我们会讲到陨石来自小行星，它们从太阳系诞生至今变化甚微，因此应该可以借由它们了解太阳系最初的组成。帕特森继承了豪特曼斯的观点，他测出了迪亚布洛峡谷陨石的一块样本中铅同位素的含量，这块陨石是在大约 60 000 年前坠落到美国亚利桑那州的。该样本中的铀含量很少，因此从该陨石的母体小行星形成至今，它的铅的同位素含量几乎是恒定不变的。

帕特森假设这些铅的同位素的含量和初始含量一样，就此计算出该小行星的年龄，并于1953年发表了他的研究成果：该小行星的年龄为45.5亿年。不久以后，豪特曼斯得出了相似的测量结果，并总结出了几乎一模一样的结论。

图4-3 克莱尔·C. 帕特森勋章。该勋章每年由美国地球化学学会授予在同行评议期刊上发表的环境地球化学领域的最新重大创新突破（图片来源：the Geochemical Society）

一个关键的问题应运而生：地球和该小行星最开始的铅同位素比值一样吗？为了找出问题的答案，帕特森检测了位于太平洋海底深海沉积物的铅含量，他认为该沉积物中所有铅同位素的相对含量大体上接近地表含量。他发现，海底沉积物的结果与5块不同陨石的结果落在同一条等时线上。这表示构成地球和这些陨石所来自的小行星的原始成分包含相同的铅同位素。这条等时线显示地球的年龄为45.5亿年，这也是地球的真实年龄。

帕特森之后，其他科学家又陆续改良了放射性同位素计年法。他们对从月球、火星、小行星以及地球上采集的大量岩石样本进行了年龄测定，发现地球各洲都存在年龄超过35亿年的岩石。其中年代最为久远的地球岩石样本来自澳大利亚西部沉积岩中的锆石晶体，年龄介于 35 亿~44 亿年。这些晶体是地球上最古老的岩石遗迹，详情见第 11 章。而月球岩石的年龄则为 32 亿~40 亿年，最久远的形成于 44.5 亿年前。其中，年代最古老的样本是陨石，大多数陨石的形成时间为 44 亿~46 亿年前。

测出太阳系中不同天体样本的年龄参差不齐并不奇怪。行星、卫星和小行星的成长需要时间，而且许多天体在形成后还会进一步演化。有了放射性同位素计年法，我们不仅可以知道太阳系形成的时间，还可以得到太阳系早期发生事件的详细时间轴。

即使有些放射性同位素的寿命非常短暂且已经从地球上消失，它们的衰变产物仍可以为我们的探索工作提供重要线索。这些物质出现在陨石中，说明形成太阳系的原始物质中包括一些半衰期小于 1 亿年的放射性同位素。最可信的一个解释是，它们是太阳系形成不久前附近某个超新星爆炸的产物。比如镁–26 是铝–26 发生衰变后的产物，后者的半衰期为 700 000 年。在不同陨石的含镁矿物中所找到的镁–26 的含量各不相同，这有力说明了陨石来自形成年代不同的小行星。

现在我们已经知道，太阳系中最早存在的固态物形成于距今 45.66 亿年前，而绝大部分陨石所属小行星的形成年代比它晚了数百万年，不同小行星的形成时间又各不相同。火星同样形成于太阳系早期，可以确定的是它应形成于太阳系诞生后 2 000 万年内，而且极有可能比这更早。地球的形成时间显著晚于它们，而月球则最早形成于太阳系诞生 6 000 万年后。

显然，放射性同位素计年法在测定太阳系及太阳系天体的年代方面具有无可比拟的作用。但更幸运的是，我们还有另外一种独立的方法可以测定恒星包括太阳的年龄，从而检验这些数据的准确性。

太阳年龄之谜

恒星是一种由等离子体组成的巨大而炽热的球体，是相对来说比较容易理解的一类天体。运用基本的物理定律以及已知物质在各种温度压力条件下表现的属性，天文学家就能探知恒星内部深处的情况。一颗稳定的恒星，其等离子向外膨胀的力，和恒星物质在引力作用下向内部塌陷的力是基本相当的，两者达到一种平衡。由此可见，恒星内部物质的密度非常大。每层等离子体会以辐射或对流（指炽热的等离子体羽流不断流向温度较低的物质的现象）的方式向太阳表面源源不断地输送热量。利用这一线索，我们即可计算出太阳内部各圈层的温度。

20 世纪前几十年，英国天体物理学家亚瑟·斯坦利·爱丁顿（Arthur Stanley Eddington）奠定了这一方法在恒星天体物理学方面的应用基础，并且证明恒星的亮度与它们的质量大小存在着直接的关系。爱丁顿认识到恒星核心的温度必定高达数百万摄氏度，而且维持高温的能量来自恒星内部的核反应。20 世纪 30 年代，核物理学家证明了太阳的能量来自内部氢核变成氦核的核聚变反应。但恒星内的核燃料是有限的，恒星的质量越大，亮度越高，燃料也会越快耗尽。以太阳为例，太阳的寿命约等于 100 亿年，假设有一颗恒星的质量是太阳的 10 倍，那么它的寿命就可能只有数百万年。

尽管我们知道恒星的寿命取决于其质量，但它们的实际年龄测量起来仍出乎意料地难，这是因为恒星的外观在 90% 的生命历程中基本保持不变。天文学家将处于这一漫长青壮期的恒星称为主序星。恒星在主序阶段即将结束时会发生膨胀，亮度也比之前更高，成为一颗红巨星。恒星演化可以告诉我们不同质量的恒星会在何时膨胀，只要确定某颗恒星从主序星膨胀成为巨星的临界点，就能马上推算出它的实际年龄。

但是，单纯判断一颗恒星何时将到达临界点比较困难，一个更加简单易行的方法就是同时观察一群年龄相当的恒星。恒星总是成群结队诞生的，同一个恒星团里的恒星的质量可能会千差万别。当星团里质量较大的恒星发展成为红巨星时，我们便得到该星团中恒星从主序星变成红巨星的质量临界点，即小于该质量的恒星为主序星，大于该质量的为红巨星。只要确定这一质量，天文学家即可计算出整个星团的年龄。确定星团年龄对于我们理解整个银河系中恒星的诞生和演化史大有裨益。例如，它揭示了年代久远的恒星的重元素含量比新恒星的少。这一信息是我们探索行星形成的一大重要启示，我们会在第 7 章中详谈。遗憾的是，太阳并不属于任何一个星团，因此天文学家不得不另辟蹊径。

1960 年，这一问题迎来了突破性的进展。该年，加州理工学院教授罗伯特·莱顿（Robert Leighton）发现太阳在持续振荡，犹如一个摇晃着的巨大铃铛。振荡引起太阳表面气体有规律地起伏。他发现，研究这些振荡（日震）对于探测太阳内部的物理情况大有裨益。比如，天文学家只需观测太阳的一面，便可判断出无法探测的另一面是否存在太阳黑子。

太阳振荡的传播方式取决于太阳内部氢元素与氦元素的相对含量。天文学家知道最初构成太阳的物质中氢、氦元素各自的含量，根据太阳所产生的能量大小也能得知氢核转变成氦核的速度，然后将它们与日震数据结合起来，就能得出太阳的年龄。根据 2011 年公布的一个估算，太阳成为主序星的时间是在 46 亿年前，前后误差 0.4 亿年。这一结果与使用放射性同位素计年法所测出的最古老陨石的年龄几乎一模一样。正如前文所述，就算使用两种不同的测量方法得出相同的结果也不能确定它们就是对的。然而，有别于 19 世纪科学家使用的方法，放射性同位素计年法和日震法均建立在准确观测和扎实理论的基础上。到此，我们终于可以拍着胸脯说：太阳系年龄的神秘面纱终于被揭开了。

宇宙年龄再谈

现在只剩一个问题还悬而未决了，即太阳系的年龄相对于整个宇宙来讲处于什么水平？几十年来，天文学家不断改良哈勃测定宇宙膨胀的方法，希望借它找到这个问题的答案，这也是哈勃空间望远镜的设计目的之一。只要测出宇宙中星系之间的距离和退行速度，天文学家便可借助宇宙理论模型以及其他要素（如宇宙中物质和能量的密度）推算出宇宙的实际年龄。

而如何精确地测量出相隔较远天体间的距离，就成了这项工作中最富有挑战性的一部分。20 世纪 80 年代以来，天文学家都是通过观察星系中爆炸成为超新星的恒星来测量该星系与我们之间的距离的。超新星爆炸对于测量星系间的距离非常有用，因为它们可以从很远处观测到，且所有这类超新星的亮度基本相同，相差不到 10%。通过上述测量，天文学家终于算出了更加精确的宇宙大小和年龄数值。

20 世纪 90 年代，宇宙学家想出一种独立测定宇宙年龄的新方法，即利用宇宙微波背景。宇宙微波背景是在 1964 年被发现的，它指散布在宇宙空间各个方向的微弱辐射，是宇宙大爆炸遗留下来的产物。科学家起初认为所有方向的背景辐射都是一样的，但在 1992 年，宇宙背景探测器（COBE）发现宇宙不同方向的背景辐射事实上存在着细微的差异。天文学家发现，这些变化的大小与宇宙的年龄和它的演化情况有关。2001 年，更先进的威尔金森微波各向异性探测器（WMAP）发射升空，它的目标是找出宇宙微波背景辐射的微小差异。天文学家将新测量结果和超新星数据以及其他结果结合，计算出宇宙的年龄为 137.5（±0.13）亿年。[①]

---

① 根据欧洲空间局普朗克卫星 2015 年公布的数据，宇宙年龄的最新计算值为 137.99（±0.21）亿年。——编者注

银河系已知年龄最大的恒星形成于 132 亿年前，和宇宙的形成时间很接近。它的光谱显示它含有大量放射性元素铀和钍。所以，我们可以利用推算太阳系岩石年龄时所使用的放射性同位素计年法来计算它的年龄。这一方法同样适用于太阳自身年龄的测定，得到的结果和使用日震法和放射性同位素计年法一致。太阳目前的年龄为 45 亿年，它和太阳系在宇宙中只能算是初来乍到。

借助多种技术，我们终于摸清了宇宙史上的重大事件、银河系的形成过程和太阳系早期演变历程的年表。解开太阳系历史的核心在于陨石，这种来自太空的岩石碎片弥足珍贵，它将是我们下一章的主角。

第 5 章

陨石的故事

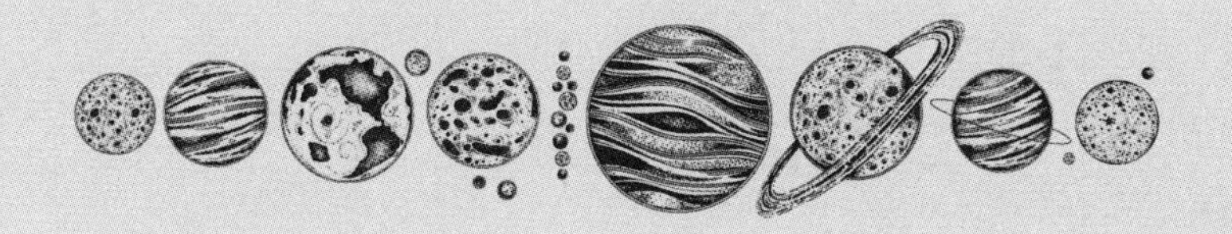

陨石震撼登场

1992年秋天的一个夜里，临近午夜时分，一颗比满月还亮的火球突然从美国的夜空划过。它朝东北方向奔去，一路上经过西弗吉尼亚州、马里兰州、宾夕法尼亚州和新泽西州，这一幕就发生在几百人的眼皮底下。火球浑身散发着明显的绿光，掠过时伴随着一阵阵尖锐的爆裂声，共有十几位民众拍摄到了它，包括几名当时正在观看周末橄榄球比赛的观众。从一些现场拍到的视频来看，它爆裂成了很多块碎片，在某个刹那可以看到至少有70多块。它最后消失在纽约州内，整个过程仅仅持续了40秒。

火球消失后不久，家住纽约州皮克斯基尔市的米歇尔·纳普（Michelle Knapp）被屋外突如其来的一声巨响吓了一大跳。她在出门寻找“肇事者”时，发现停在她家附近的一辆雪佛兰迈锐宝轿车已成了一堆废铁。车尾被撞得稀巴烂，后车厢的一边被砸开了一个大窟窿。车子旁边躺着一个篮球大小的石头，摸起来还带着温度。汽油不断地从车子的油箱里冒出来，随后，消防部门连同警察一同赶到了现场。起初，警察还以为这又是哪个捣蛋鬼的恶作剧，还将这块石头列为“物证”。事情很快水落石出了，这个石头还有车子的毁坏都和不久前几百人看到的那颗火球脱不了干系。

发生在皮克斯基尔市的这次事件，以及同一个星期五夜晚发生在其他地方的类似事件就是一次典型的陨石坠落事件。而砸毁皮克斯基尔市那辆轿车的石头，它的前身其实是一颗遨游在太空、如沙滩充气球般大小的圆石。当时它飞向地球的速度达到了每秒 15 千米。它在闯入地球大气层时与大气摩擦产生了巨大的热量，导致圆石外层受热达到白炽状态，进而挥发。所以从离它遥远的地面往上看，这颗发着光的石头和它的外表蒸发产生的气体就像一颗明亮的火球划过夜空。

每天都有不计其数的小石块从太空穿越重重阻碍造访地球，在空中和大气摩擦燃烧殆尽的就被称为流星。大部分流星比沙子还小，不出几秒的工夫就消失在上层大气中。而 1992 年那颗火球里的圆石比一般流星要大得多，因为它原来的质量太大，大到无法完全燃烧，所以没有完全燃烧的部分穿透了上层大气直达地面。当它到达空气密度最大的下层大气时，巨大的空气阻力将它撕裂成了碎片。解体时，它一边发出爆裂声，一边抛出一个个小火球，朝同一个方向飞去。落到地面的就成了陨石——从天而降的石头。

陨石的故乡

像皮克斯基尔市的这次事件，天文学家可以借助现场照片和视频，还原陨石在坠地前的活动轨迹。这些证据表明，大部分陨石都来自小行星带，难怪它们具有岩石的质地。天文学家认为，这种叫作流星体的碎石在空间中，特别是小行星带中还有几十亿颗，它们如同小型行星一样绕着太阳转动。每一年，它们中总有一小部分会撞向地球变成陨石。

在撞向其他天体之前，碎石在太空中游荡的时间是有限的。按理说，那些和太阳系同时期形成的流星体应该早已撞到不知哪个行星或小行星上并灰飞烟灭了。换言之，今天还存在着的一定是刚形成不久的，而且有证据证实了这一推测。流星体在太空中游荡时会受到宇宙射线的轰炸，宇宙射线是来自太阳和银河系其他部分的一种高能粒子。宇宙射线与流星体表层的原子核发生反应后会产生一些特征性的同位素，这些同位素可以在坠落到地球的流星体中检测到。流星体在太空游荡的时间越长，其表层积累的宇宙射线产物就越多。通过检测这些物质的含量我们知道，落到地球前，流星体在太空中最多只生存了几千万年。

宇宙射线只能到达岩质天体表面以下数米的深度。这意味着流星体原本应属于更大的小行星的一部分，只是埋藏较深，宇宙射线无法到达。那么它们是怎么离开母星进入太空的呢？最大的可能就是，它们是小行星相撞后的残骸。小行星一般以每秒几千米的速度向另一颗靠近，两颗小行星相遇的结果往往是毁灭性的。不久前，天文学家有幸发现了两个小行星相撞产生的遗留物。2010 年 1 月，林肯近地小行星研究（LINEAR）项目的一架巡天望远镜发现了小行星带中有一颗疑似彗星的朦胧天体。近距离观测后发现它实际上是一团由尘埃和碎石构成的云，显然，这是 2009 年年初两颗未知小行星相撞后形成的。2010 年 11 月，一颗 100 千米宽的小行星希拉（Scheila）被一个只有 30 米直径的天体偷袭，这次撞击共向太空喷射了 66 万吨尘埃。

小行星碰撞是流星体的稳定来源，但这不是故事的全部。小行星被撞击产生的碎片仍然会沿着母星的轨道运行，也就是流星体会一直留在小行星带中。所以，在它们驶向地球之前一定发生了什么事情使它们的轨道发生了改变。

柯克伍德空隙给出了一部分答案（图 5–1）。小行星带中存在着一些几乎空无一物的狭窄空隙，这些空隙是由美国天文学家丹尼尔・柯克伍德在 19 世纪发现的，因此以他的名字命名。柯克伍德空隙和一种叫作共振的特殊轨道活动有关。如果一颗小行星位于 3:1 共振位，这表示它的轨道周期是木星的 1/3。第 3 章中提过，行星的引力摄动可以潜移默化地改变太阳系所有天体的运行轨道，这些变化通常只是无伤大雅的小型振荡。然而，位于共振位的小行星则不同。它们每次经过木星时都会受到木星引力的轻微拉拽。因为共振，这颗小行星每次都会在它轨道的同一位置和木星相遇，所以木星的牵引力总是往一个方向拉拽小行星，于是它的轨道慢慢被拉得越来越长。麻省理工学院的行星科学家杰克·威兹德姆（Jack Wisdom）在 20 世纪 80 年代利用计算机计算出了处于共振位的小行星在数百万年来的变化情况。他发现它们的轨道很快变得非常狭长，并且还会和一个或更多行星的轨道相交。流星体也同理。进入共振位的流星体极有可能会在数百万年内撞向太阳或其中一颗行星，撞向地球的则变成陨石。

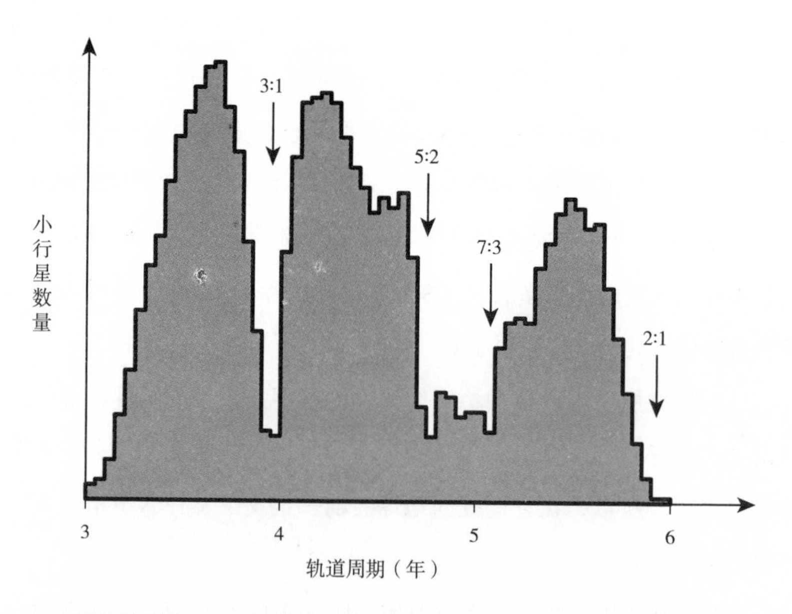

图 5–1　柯克伍德空隙。从这个简单的小行星数量和轨道周期关系图我们可以看到，但凡与木星轨道成共振的轨道周期处都出现了明显的凹槽（柯克伍德空隙）。举例来说，如果一颗小行星的轨道周期略小于 4 年，则它公转 3 圈相当于木星公转 1 圈，所以位于 3∶1 共振位

现在，只剩下一个问题就能解开谜题了，那就是：两颗小行星相撞产生的碎片是怎么进入共振位的呢？其实早在 100 多年前，一名叫作伊万·雅尔可夫斯基（Ivan Yarkovsky）的业余科学爱好者就已经给出了答案，只是在当时无人注意。更加糟糕的是，雅尔可夫斯基在将他的发现发表在一本小册子后不久便撒手人寰，于是他的研究成果也几乎一同葬送。50 多年后，爱沙尼亚著名天文学家恩斯特·奥皮克（Ernst Öpik）忆起他曾读过这本小册子且还记得大体细节，这才让雅尔可夫斯基的发现引起世人关注。

根据奥皮克的回忆，雅尔可夫斯基发现，流星体的运动不单受到引力的影响，还有太阳光。当流星体在太空游荡时，面向太阳的一面比背对太阳的一面温度高。然后，流星体以红外辐射的形式将热返回到太空中。大多数流星体都会自转，它们升温和降温也需要时间。当流星体受热的一面开始放出辐射时，这一面已经不再正对着太阳了（图 5–2）。地球也一样，这就是为什么太阳在天空的高度不变而地球下午一般比早晨温度

图 5–2　雅尔可夫斯基效应示意图。雅尔可夫斯基效应指小行星面朝太阳光照的一面因受热升温向外散发红外辐射，使小行星获得一个微弱的反方向的推力。随着时间的推移，此效应可明显改变小行星的公转轨道

高的原因。地球受到的太阳光照射以及地球释放到太空的辐射产生的效应仅仅是让地球变热和变冷而已，但对于体积较小的流星体而言，阳光微弱的推力及红外辐射的反向推力已经足以持续改变它的公转轨道了。

两颗小行星相撞数百万年后，碰撞产生的碎片可以飘浮到很远，甚至横穿小行星带并到达共振位，那里，木星的引力会迫使一些碎片撞向地球。这些碎片大多比较小，坠落后变成的陨石也很少造成伤害。然而，有些则大得多。地球轨道附近就潜伏着几千块直径达到几千米的小行星，一旦它们其中一颗与地球发生碰撞，就有可能给地球带来灾难性的后果。

铁陨石和石陨石

陨石分为两种基本类型。其中一类是比较容易辨认的金属陨石，即铁陨石。铁陨石的外表富有光泽，几乎全由铁、镍构成，也含有少量金、铂和其他稀有金属。将铁陨石切割、酸蚀和打磨，便可看到它光亮金属晶体里的网格纹路（图 5–3）。实验室实验证明，这些金属晶体是在熔融态金属缓慢冷却，凝结成铁、镍含量不等的矿物的过程中生成的，从成分可以看出它们形成于数百万年前。铁陨石所来自的小行星一定曾经因为受热升温，使铁熔化并下沉到小行星中心，从而形成一个金属内核。

在现实生活中铁陨石并不常见，只占坠地陨星的很少一部分。大多数陨星为含石量大的石陨石，石陨石由硅酸盐和其他岩石物质组成，金属含量极低或者为零。一块典型的石陨石中往往含有许多很小的球形岩石（图 5–4），比泡沫塑料中的小球稍小一点儿。这些岩质粒子被称为粒状体，由于其特征性极强，所以这类含有粒状体的陨石被称为球粒陨石。（有些球粒陨石虽然不含有粒状体，但由于与球粒陨石有许多共同之处，科学家也将其一并划入该分类中。）

图5-3 吉丙（Gibeon）铁陨石的一小块样本，经酸蚀和打磨后，可以看到它的网格状的晶体结构，这种纹路被称为维德曼交角花纹。此样本的宽度为4厘米（图片来源：J. Mitton）

图5-4 散开的粒状体的显微镜影像。每两个刻度间的距离为1毫米（图片来源：Vatican Observatory, Guy Consolmagno）

粒状体嵌于一种叫作“基质”的物质之中，这种基质由微小的尘埃粒子构成，这些尘埃粒子与镶嵌在它们附近的粒状体来源大不相同。基质中还含有少量的金刚石晶粒、碳化硅、氧化物和硅酸盐，这些成分与太阳系天体截然不同，所以它们很有可能来自太阳系以外的地方。这些“太阳前颗粒”很可能形成于巨恒星冰冷的外层大气或超新星爆炸中，然后千里迢迢来到我们所在的银河系，在太阳系形成时进入太阳系。除了粒状体和基质以外，球粒陨石中还含有一种叫作富钙铝包体（简称 CAI）的白色不规则粒子（图 5–5）。富钙铝包体的大小与粒状体差不多，但它们的成分几乎全是难熔的外来的类陶瓷物质。

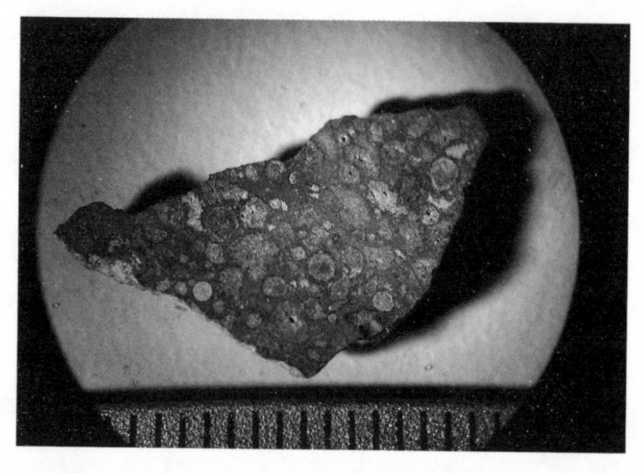

图 5–5　2001 年在非洲西北地区发现的 NWA 989 碳质球粒陨石样本在显微镜下的影像。它既有粒状体（图中圆形物质），又有富钙铝包体（白色，不规则）（图片来源：Vatican Observatory，Guy Consolmagno）

球粒陨石的种类多种多样。不用说，第一种，也是最常见的一种称为普通球粒陨石，这类陨石占了所有陨石的 4/5。普通球粒陨石的大部分成分为地球上可以找到的岩石矿物，特别是硅酸盐。第二类球粒陨石由于经常含有大量的碳，所以被称为碳质球粒陨石。普通球粒陨石一般比较干燥，但由于碳质的差异性，有时候会有大量水被锁在黏土矿物里面。某些碳质球粒陨石甚至还含有有机物质，包括氨基酸及生物体赖以生存的其他有机分子。第三种为顽辉球粒陨石，它也许是最特别的一种。它是在氧气非常稀少的环境中形成的。因此，它们还包含一些特别的物质，如氮化物以及天然二氧化硅等在氧气充足的环境（如地球）中绝不会自然出现的物质。

某些石陨石中含有极少的粒状体，但它们的基本化学结构与球粒陨石非常相似。这些无球粒陨石所来自的小行星在过去的某一时间应该曾经经历过高温，致使它们的粒状体熔化并融合在一起。而有些无球粒陨石则看起来像来自曾完全熔化并形成金属内核与岩石外壳（与地球地壳和地幔相似）的小行星的外层。

追根溯源

虽然我们已经知道大多数陨石的前身是小行星，但是要具体验明哪颗陨石来自哪颗小行星却比想象中难得多。航天器近距离拍摄到的小行星屈指可数，而且目前手头上只有一份小行星物质样本，即日本“隼鸟号”探测器从“丝川”（Itokawa）小行星上采集到的一小组尘埃粒子。

2008 年 10 月，天文学家幸运地提前观测到一颗很小的小行星将在大约 20 个小时后撞向地球，它后来的编号为 2008 TC3。这个直径只有 4 米的天外来客如一颗明亮的火球掠过苏丹的天空，最后在苏丹东北部的努比亚沙漠炸裂，科学家后来在此收集到了 280 多个陨石碎片。这些碎片表明，小行星 2008 TC3 的母体是一颗由不同天体岩石构成的罕见的小行星。2008 TC3 是目前已探明的第一颗坠落后成为陨石的小行星。

确定其他陨石来源的一个方法就是在实验室测量它们的光谱，把它们与望远镜观察到的不同小行星反射出的光的光谱进行比较。有一种情况比较容易。目前已找到的 HED 陨石（为三种无球粒陨石的总称，即古铜钙长无球粒陨石、钙长辉长无球粒陨石和奥长古铜无球粒陨石）有 1 000 多块，它们具有非常独特的光谱特征，与灶神星的光谱基本一致，灶神星是小行星带内部最大的小行星。天文学家还发现灶神星附近的一个小型小行星团的光谱也与灶神星的相似，看起来是很久以前灶神星的某次撞击后产生的碎片。这些碎片位于一个共振位附近，因此它们很有可能是HED陨石的直接母体，而灶神星则是它们的祖父母。

除了上面的成功例子外，寻找其他陨石母体却异常艰难。因为许多陨石的光谱与任何已知小行星都不匹配，而大多数小行星的光谱也与已发现的陨石不匹配。还好，现在我们终于找到了原因。太空的环境非常苛刻，没有大气层的小行星和其他天体会不断遭到宇宙射线、太阳风携带的粒子以及小陨星的攻击。小行星的最外层因受到持续的攻击而发生改变，它们的化学键发生断裂，金属原子逃逸出来并随后与周围岩石表面的物质结合。从“丝川”小行星上采集的尘埃粒子含有大量金属铁和铁的硫化物微粒，这些微粒改变了颗粒的外观。天文学家将这种效应称为太空风化。

太空风化会让小行星的颜色看起来更红并毁掉其光谱中的特征。陨星是小行星解体后的碎片，它们的表面受到太空风化作用的时间则不长。因此陨星看起来比小行星“新鲜”。同样的原理，地球岩石的外观随着时间和风化的作用也会改变，尽管它们的风化过程不同。地质学家分辨岩石时，通常会研究最近才刚刚暴露在外的那面，或者将岩石切开研究它原始的内部。但切割陨石并不是一个了解它们成分的实用途径。相反，科学家多选择不切割，而是在实验室人工风化这些陨石。这样一来，将陨石和小行星进行匹配就变得容易多了，而且还可以推测具体某块陨石来自哪一类小行星。

普通球粒陨石来自明亮的S型小行星，小行星带内部的很多小行星都是这种类型的。“丝川”小行星以及航天器造访过的几个小行星都属于这一类型，它们在最靠近太阳的小行星带内部普遍存在，这就可以解释为什么多数陨石都是普通球粒陨石。

而碳质球粒陨石则应该来自较为暗淡的C型小行星，它们分布在小行星带的中部和外部，它们的光谱显示，大多数这一类型的小行星都含有黏土状的含水矿物。奇怪的是，这类小行星似乎比较普遍，但碳质球粒陨石却非常罕见。然而，这类陨石比较易碎，这说明了当它们进入地球大气层时许多陨石发生破碎，因此它们的碎片无法到达地球地面。微陨石是所有陨石中最小的一种，它们往下穿过大气层的速度比较缓慢，因此哪怕是比较脆弱的天体，也能够保存下来。大多数微陨石看起来和碳质球粒陨石很像，而不像普通球粒陨石。

铁陨石则来自 M 型小行星，这类小行星相对比较罕见，而且它们的光谱非常黯淡。然而，一些 M 型小行星表面似乎也有含水矿物。这些矿物的存在与铁陨石母体曾经受热熔化的事实似乎互相矛盾，或许 M 型小行星代表的不仅是一种天体，也不只是一种陨石。

表 5-1　陨石基本分类

球粒陨石	碳质球粒陨石	
	普通球粒陨石	
	顽辉球粒陨石	
非球粒陨石	无球粒陨石	火星
		月球
		其他
	铁陨石	

月球陨石和火星陨石

几乎所有的陨石都来自小行星带，只有少数来自比小行星带更靠近地球的地方。约有 150 块石陨石的成分被证实与美国“阿波罗号”宇航员带回的月球样本的成分一致。这些来自月球的小岩石块是月球不久前与某颗小行星或彗星发生撞击时从月球表面被撞掉的。更加令人意外的是，有近100块陨石可能来自火星。这些岩石大多数形成于过去20亿年内，在此之前，最大的小行星已经冷却并成为地质学死亡星球。这些陨石一定来自某个地质活跃的行星，而火星的可能性非常大。更明显的证据是，这些陨石中含有少量气体，这些气体是岩石形成时被困在里面的，而且这些气体的种类与“维京号”火星着陆器测量到的火星大气层中的气体一致。

火星陨石的研究价值颇高，因为它让我们无须耗费巨资发送航天器就能得到其他行星的样本。由于这些陨石中的岩石的形成年代各异，所以通过它们我们就可以知道火星在几十亿年的历史长河中的情况。一块火星陨石中的矿物的年代几乎与火星一样古老，这说明它在火星比现在更像地球的时候就已经形成。月球陨石同样意义非凡。尽管“阿波罗号”带回了约382千克的月球岩石样本，但这些都来自月球正面几个特定的地方。而月球陨石则可能来自月球表面的任何地方，能够帮助我们更加全面地了解月球的历史和组成成分。

珍稀的资源

陨石具有重大的科学研究价值，因此科学家无疑都在努力寻找它们。它们又是那么稀有，所以寻找陨石是一项艰巨的工作。大部分的陨石在坠落地面时没有目击者，表面上很难将它们与地球上的其他岩石区分开来。然而，世界上有一个地方辨别起来就很容易（尽管采集很难），那就是南极洲，因为几乎整个南极洲都被数千米厚的冰层覆盖着。除了海岸边和高山顶部没有被冰雪覆盖之外，其他地方看到的岩石必为天上掉下来的陨石无疑。

南极洲幅员辽阔，一般来讲陨石的数量不多而且相隔距离遥远。所幸有几个得天独厚的位置可以收集陨石。数千年来，南极洲的冰雪犹如一条牙膏组成的“大河”，将所到之处的陨石一一带走。但在某些地方，当遇到阻碍（如山脉）时，冰雪的流动速度会减慢。随着时间的推移，冰的表面被风侵蚀了，陨石则露了出来。最后，陨石越积越多，直到方圆几千米范围内可以找到 10 多块。

过去 30 多年间，每年都有一小队科学家深入自然条件恶劣的南极洲腹地，不惧严寒、不畏孤独地在南极洲原始的生存条件下寻找陨石。他们驾着雪地摩托车，在冰雪上来来回回，给每块岩石做标记以便于拍照，随后打包运输到较暖和的地方。运气好的时候，他们在一个季节里可以找到 1 000 块或更多陨石。迄今，在南极洲已找到近 40 000 块陨石，比世界其他地方找到的陨石总数还多（图 5–6）。

图 5–6　1981 年在南极洲艾伦山地区发现的月球陨石，编号 ALHA81005，同时也是首块被鉴定出来的月球陨石。经检测，它的成分与美国“阿波罗号”宇航员从月球采集的岩石样本的成分几乎一模一样，因此科学家确定它来自月球古老的外壳。该陨石左侧的正方体边长为 1 厘米（图片来源：NASA/JSC）

指路的陨石

迄今人类已发现 40 000 多块陨石，但是科学家们仍在年复一年、煞费苦心地寻找更多陨石，难道这些还不够吗？大多数新发现的陨石确实与已知的如出一辙，听到“怎么又是普通球粒陨石”这样的感叹更是家常便饭。但是陨石的种类非常繁多，每年仍然会有新的种类被发现。更重要的是，陨石里隐藏着大量与太阳系早期情况有关的信息，每发现一块新陨石意味着太阳系这幅拼图又完整了一些。

地球上的岩石基本都经历过多次加热、熔化、风化、侵蚀和再生。地球早期形成的岩石很少能够幸存到今天，即便有，在经历过漫长岁月后也已经面目全非。更糟糕的是，诞生之初的地球温度极高，高到令所有在它形成前存在的物质都熔化殆尽。在地球上找寻古老物质的踪迹，在很多方面像在一座经反复挖掘以埋置地基、排水管道和地铁隧道的现代化城市中寻找考古遗迹一样艰难。

和地球岩石相反，陨石身上往往藏着太阳系早期事件的证据，尤其是球粒陨石，因为这种岩石来自还未完全熔化的小行星，所以保存着构成其母星的太空飘浮物质，就像地球上因沙土、碎石和黏土的混合物偶然沉积到海底而形成的沉积岩。

从球粒陨石里的大量粒状体中我们知道太阳系早期存在着大量的粒状体。它们是熔岩的滴液，所以呈球状，这显然说明了在过去它们曾经被高温加热至几乎完全熔化。同一块陨石里相邻的粒状体往往具有不同的物理和化学属性，这意味着当它们位于母星内部时未被加热过。因为如果曾被加热过，它们的物质会互相交换或融合成为均质体。据此推测，产生粒状体的加热事件是在太空中发生的，它们肯定是行星形成时宇宙环境的普遍特征。

太阳系诞生初期同样动荡不安，物质不断从一个地方混合交汇到另一个地方。这些充满水和易碎有机物的原始尘埃粒子是怎样被糅合到同一块陨石里，使得这块陨石里同时含有富钙铝包体和粒状体这两种都需要高温但是在不同环境下形成的陨石？

陨石并非自太阳系诞生以来就一成不变。许多球粒陨石的母体小行星在过去的某个时刻曾经被加热至数百摄氏度，导致它们发生了部分改变。这种加热并不足以使小行星发生熔化，但却改变了内部的岩石。有时候，来自同一颗行星的不同陨石被加热的程度不同，这说明这些陨石位于某颗大型小行星的不同深度处，这颗小行星核心的温度比表面高。随后，这颗小行星在一次碰撞中解体，于是来自不同深度的岩石被散落在太空中。

而有些陨石（特别是某些碳质球粒陨石）的母星则曾经被液态水改变过。原本组成它们的矿物质曾经在某些情况下被黏土及其他含水矿物质严重破坏和替代。这些陨石中似乎曾经含有一定量的冰，这些冰融化后与小行星内部的干燥岩石发生作用，从而产生了新的物质。

通过 HED 陨石我们可以知道，灶神星经历过许多与地球相同的地质过程，包括铁核的形成以及其表面的火山喷发。从某些方面来看，灶神星更像是一颗小型行星而不是小行星。我们今天所看到的铁陨石应该是过去数十个小行星燃烧熔化的产物，随后，它们被撞开并暴露出铁核。奇怪的是，这些小行星的大部分地幔岩已经不见，这个问题我们会在第 13 章中讨论。

陨石的最大贡献也许就是它的同位素计时作用，它告诉了我们太阳系自诞生以来所发生事件的时间轴。太阳系在初期含有许多放射性同位素，后成为粒状体和小行星的一部分，并最终成为陨石。正如第 4 章所述，我们可以通过放射性同位素的含量和分布情况了解陨石中不同成分的形成时间。这些同位素计时器的精确度有时极高，误差率只有万分之一，好比能回忆起 30 多年前某件事发生的具体日期。

根据同位素计时器，陨石里封存的富钙铝包体是构成太阳系的物质中最古老的，它们距今已有 45.7 亿年。正因为如此，科学家们往往将其作为太阳系年龄的参考系，尽管未来还有可能发现比它更加古老的物质。

许多富钙铝包体形成于 100 000 年的时空里，这只是浩瀚的太阳系历史长河中的一瞬，而粒状体的形成时间比它晚了 100 万~300 万年，并且年龄范围也要宽得多。从同一块陨石中发现这两种不同类型的颗粒说明富钙铝包体在与粒状体共同构成同一颗小行星之前，它已经在宇宙中游荡了数百万年。

通过研究铁陨石我们知道了曾被熔化过的小行星的过去。同位素计时器表明，这些小行星之中有许多是在富钙铝包体出现 100 万年后、在大部分粒状体形成前形成的。太阳系早期的某些短寿命放射性同位素，尤其是铝–26 在衰变时释放出大量热量。这些热量足以使太阳系诞生后 100 万~200 万年之间形成的小行星熔化，这就是铁陨石母星的形成过程。

而对于较晚形成的小行星，由于太阳系中大部分铝–26 已经完全衰变，所以它们被加热的程度较低，只够从热力上改变某些岩石和将冰化开，却不足以熔化整颗小行星。这些小行星成了球粒陨石的母体，它们的年龄通常比曾熔化过的小行星稍小一些。

陨石中还蕴藏着另外一种珍贵的信息：它们可以告知我们行星形成时太阳系中化学元素的比例。下一章，我们将近距离探讨这些化学元素，了解它们是如何在太阳系诞生前形成的。

第6章

宇宙中的化学元素

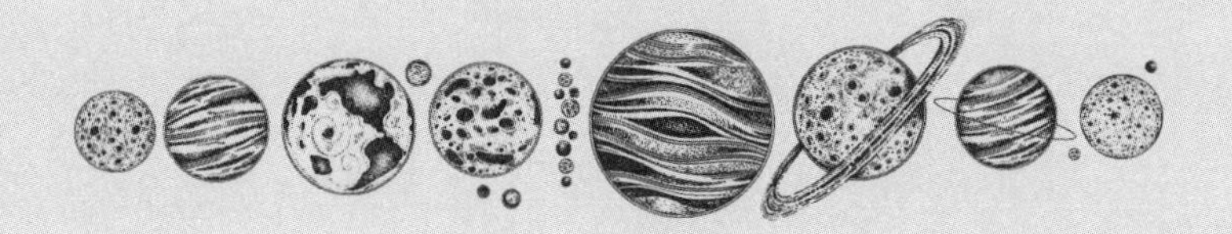

宇宙中存在着丰富的化学元素，它们是人类的生存之本。太阳系中的氢是太阳能量的来源，铁和硅是岩质行星的主要成分，而碳、氮、氧则是构成生命的三大元素。太阳系中存在着近100种数量不等的天然元素。有些元素，如氢、氧、铁的含量非常丰富，而有些元素，如金、银、铀则相对没那么常见。太阳系自从形成以来，除了太阳内核发生了变化以外，它的化学元素种类基本维持不变。本章，我们将共同探讨从宇宙大爆炸开始，宇宙中的一系列事件是如何形成太阳系的组成成分的。

失踪的43号元素

1869年，俄罗斯化学家德米特里·门捷列夫（Dimitri Mendeleyev）发表了著名的元素周期表，意在对当时已知的各种杂乱的元素进行分门别类。他按照原子量递增的顺序将所有元素进行排列，将具有相似化学性质的元素都放在同一横行。（今天的元素周期表则把化学性质相似的元素放在同一纵列。）

门捷列夫排列时所用的原子量与原子质量是两个全然不同的概念。大部分元素都存在至少两种稳定的同位素原子，任何一种元素的实验室样本中通常含有多种原子质量不同的同位素。以硅为例，硅有三种天然同位素，它们的原子质量分别是28、29和30，相对丰度分别为92%、5%和3%。原子质量较大的两种硅同位素，决定了自然界中的硅的平均原子量为28.09。而化学家在发现同位素之前就已经知道如何测定元素的原子量了。

门捷列夫按照元素在周期表中的顺序为元素编号，氢的序号为1。而对于原子序数的真正的重要性，科学家要到半个多世纪以后才意识到。事实上，门捷列夫并非首个编写元素周期表的人，只不过他的周期表更加注重反映元素的原子序数与化学性质之间的联系。为了把化学性质相近的元素排列在一起，他有意调换了几组元素，如镍和钴的顺序，而舍弃了按原子量排列的原则。和前人一样，他也为未发现的元素预留了一些空位。此举可以说非常有先见之明，因为19世纪末正是许多新元素接连被发现的时候。利用该表对比已知元素及其周围的空缺元素，门捷列夫预测出了空缺元素的性质。

接下来的几十年中，周期表上的空缺被一一补上，几乎接近完整，只剩下42号和44号元素（钼和钌）之间的空白，全世界的化学家们绞尽脑汁，也未能找到。如果找不到它，元素周期表的排列依据以及科学家对元素的理解都会受到影响。

1913年，一名年轻的英国化学家亨利·莫塞莱（Henry Moseley）打破了这一僵局。莫塞莱发现，元素受到电子撞击时会发射出X射线，而这些X射线的特征与元素的原子序数存在直接联系。几乎与此同时，科学家发现了绝大多数元素都存在一种以上的同位素，且同一元素同位素的原子序数和化学性质相同，但原子质量不同。这些发现表明了原子序数具有重要的物理意义，即元素的化学性质由其原子序数决定，而不是由原子量决定。由此可见，门捷列夫的周期表是准确的，即使是那几对被调换位置的元素也没有出错。所以，周期表中的空缺必然是真实存在的。于是，对43号元素的寻找工作又再次开始了。但可惜天妒英才，莫塞莱辉煌的事业在他 27 岁时就戛然而止。第一次世界大战爆发后，莫塞莱应征入伍，在 1915 年的一次行动中不幸阵亡。

43 号元素最终是在 1937 年被发现的，是意大利化学家卡洛·佩里埃（Carlo Perrier）和核物理学家及天文学家埃米利奥·塞格雷（Emilio Segrè）在鉴定从美国加州送来的粒子加速器样本时发现的。而它一直以来下落不明的原因也很快水落石出：原来，43 号元素具有放射性，在自然界中非常罕见。事实上，佩里埃和塞格雷发现的 43 号元素的样本也不是纯天然的——它是在粒子加速器中用亚原子微粒轰击天然钼原子而得到的。43 号元素因此得名“锝”，源于希腊文中表示“人造”的单词。科学家们早在几十年前就已经知道，重元素（如铀）的原子核在发生放射性衰变时会发生裂变，成为另一种元素。但是佩里埃和塞格雷发现，稳定的原子同样也可以生成新的元素。

15 年后，也就是 1952 年，天文学家保罗·梅里尔（Paul Merrill）发现，有重要证据表明恒星的大气层中存在锝。但是，即使衰变期最长的锝同位素发生完全衰变也仅需要几百万年，而这个时间远远小于恒星的年龄，所以那些和恒星同期形成的锝恐怕早已消失殆尽了。但梅里尔的发现证明了恒星可以和粒子加速器一样产生新的化学元素。

丰富多彩的元素

在第 1 章，我们了解到天文学家可以利用太阳光谱检测出太阳的成分。大部分稳定元素都能在太阳里面找到，许多元素的相对丰度都大于 10%。而其他稳定元素可能也存在，但因为数量太少，检测不到而已。在地球上，科学家也检测出了陨石的具体成分。太阳有一种成分和球粒陨石的相似度极高，球粒陨石是形成年代最古老的一类陨石，它们来自从太阳系诞生以来未曾改变（氢气、氦气等挥发性气体的逃逸除外）的小行星。与之相比，地球、月球以及火星的成分与太阳相差稍大一些，但它们的大体趋势是相同的。而发生这一巧合的最有可能的原因就是，太阳、行星以及小行星都是由同一物质构成的，这些物质和太阳系的形成物质是一样的。

结合对太阳和陨石的了解，我们可以更好地了解太阳系的组成成分和它的物质构成。奥地利地球化学家汉斯·聚斯（Hans Suess）和美国化学家哈罗德·尤里（Harold Urey）首次全面推算出了太阳系的成分，尤里于1934年凭借在同位素领域的杰出成就被授予诺贝尔奖。他们在1956年发布的数据中，不仅包含了对多个元素的数据的实际测量结果，也包含了基于原子核理论的合理猜测。此后，科学家又测量了更多元素，并对其他元素的估算进行了完善，但总体趋势维持不变。图6–1反映了太阳系中不同元素（横坐标为元素的原子序数）所对应的相对丰度（纵坐标）。由于相对丰度的最高与最低的数值相差悬殊，所以该图采用的是对数坐标，纵坐标表示10的几次方。

从图中的数据可以看出，重元素的丰度普遍比轻元素的低。曲线中频频出现急剧上升和下降，总体趋势呈一条弯弯折折的曲线。从左往右看，元素的相对丰度曲线在氦（原子序数为2）与相邻三个元素（锂、铍和硼）处出现低谷，然后又出现了两个丰度高峰。第一个高峰与我们所说的α元素密切相关，碳核、氧核、氖核等可完全通过α粒子（由两个质子和两个中子组成的氦核）聚变生成。第二个高峰的最高丰度为铁（原子序数为26），铬、镍、铜、锌等金属元素均在该高峰范围内。下面我们会谈到，只要了解了宇宙中元素的形成过程，便能理解所有这些特征。

先从氢和氦说起，它们是目前为止太阳以及大部分其他恒星中含量最高的元素，同时也是飘浮在星际空间的稀薄气体的主要成分。为什么这两种质量最轻的元素在宇宙中的含量如此之高？那得从宇宙大爆炸最初的瞬间说起。

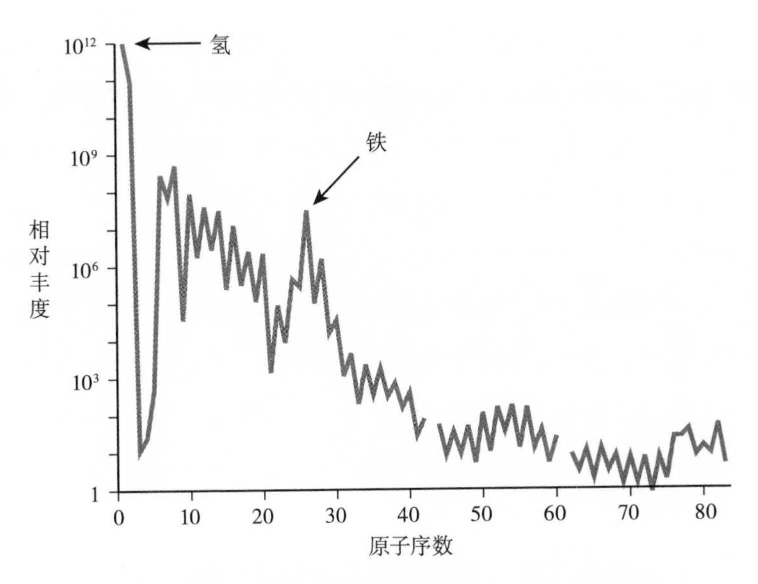

图 6–1　太阳系化学元素相对丰度曲线图。纵坐标为对数坐标轴［数据来源：N. Grevesse, M. Asplund, and A. J. Sauval, *Space Science Reviews* 130（2007）：105 –14］

宇宙混沌初开时

混沌初开的宇宙与我们今日所见的样子大为不同，那时，别说星系、恒星、行星和小行星，就连原子也没有。大爆炸后的宇宙最开始只是一团由亚原子粒子、带正电的质子、带负电的电子和中性的中子组成的旋涡云团。这些粒子以超高速在宇宙中横冲直撞，不断地对撞形成新的粒子。某些亚原子粒子不断地产生光子这种电磁辐射粒子，但又被其他粒子迅速吸收而消失。

这时的宇宙也在不断变化，它正在急剧膨胀和冷却。在大爆炸之后的第一秒，随着越来越多原始粒子相互对撞，质子相对于中子和电子的数量逐渐形成一定的比例。中子比质子重且较不稳定，因此更不容易形成，约 7 个质子形成后才会有一个中子出现。由于电性相反的电子和质子的数量相同，所以宇宙总体上呈电中性。

等到宇宙的温度稍微降低一点儿后，相互碰撞的质子和中子在强核力的吸引下结合到一起，它们的结合体以及剩余的质子最终形成了原子核。由于电子远比质子和中子轻，所以它的运行速度更快，快到无法在这个阶段与质子和中子进行深度接触。

最初形成的原子核在受到能量强大的质子撞击后，几乎马上被打回原形。它们就这样以极快的速度分分合合，每次总会回到附近的质子和中子旋涡云团。大约在宇宙大爆炸后的 3 分钟，宇宙已经冷却到一定程度，这时质子无法再撞裂原子核，于是后者开始变大。氘核是质子和中子结合得到的最初产物，它由两个粒子组成，即一个质子和一个中子。随后氘核不断吸引更多质子和中子成为更大的原子核。由于含有质子，所有原子核均带正电荷，这使得原子核之间存在着强大的斥力。然而，强大的撞击最终还是克服了斥力，使原子核紧靠在一起，短程的核力再次将质子和中子吸引到一起。

有些原子核要比其他原子核更稳定一些。质子数为偶数的原子核比质子数为奇数的原子核更趋于稳定，这点可以用于解释图 6–1 中的弯折曲线。更好的稳定性意味着更容易形成，并且在面临撞击破坏时具有更强的抵御能力。氦–4 的原子核（也叫作 α 粒子）由两个质子和两个中子组成，它的性质非常稳定。几乎所有中子都会很快与相等数量的质子先构成 α 粒子，这一过程后剩下大量质子。α 粒子中每加入一个质子，它的稳定性都将大打折扣，同样，两个 α 粒子的结合也会大大影响它们的稳定性。因此，这种情况下原子核几乎会停止增长，除非合成后的质子数和中子数总和刚好为 6 或 7。

短短几分钟后，宇宙的温度已经大大降低，带正电荷的原子核再也无法克服彼此间的斥力而结合，所有核反应到此为止。此时，未与中子结合的质子占宇宙总质量的 3/4 左右，α 粒子则占了剩下的 1/4 的绝大部分，另外还有少量的氘核和氦–3 核（只含有一个中子）。只有极少量

的物质存在于比 α 粒子更大的原子核中。

接下来的数十万年中，电子仍然置身宇宙演化之外，它的运行速度依然很快，无法与原子核密切接触。大约 40 万年后，宇宙的温度已经降低到几千摄氏度。此时，带正电荷的原子核终于得以和带负电荷的电子会合，使整体呈电中性。这些就是最早的原子。含有一个质子的原子成为氢，包括氘核所变成的氘，它又被称为“重氢”。而含有两个质子的原子，包括 α 粒子，则变成了氦。少数拥有三个质子的原子则成了锂。

初生的宇宙在很多方面确实很奇异，但从化学的角度来说，它非常单调。那时的宇宙只有三种元素存在，分别是氢、氦和锂。氦不与包括其本身在内的任何元素结合，而氢、锂与其他元素合成的化合物也非常有限。早期的宇宙既没有构成行星的铁或硅，和构成生物体的二氧化碳或氮，也没有供动物呼吸的氧气。这些元素要等到恒星诞生后才出现。

恒星熔炉里的试炼

恒星内部的环境与大爆炸后最初几分钟炽热、高密度的宇宙环境非常相似，这种环境比较少见。宇宙的核反应只维持了短短几分钟，但恒星内部如同一个巨大的核熔炉，可以燃烧数十亿年之久。这样的环境非常适合已有元素合成新元素。虽然新元素在恒星里的形成速度非常缓慢，但宇宙中还分布着几万亿颗恒星。130 亿年来，恒星就是以这样的方式稳定地制造着新元素。大质量恒星会产生更多的新元素。随着时间推移，恒星已经将宇宙中 2% 的氢和氦转变成了更重的元素。

那么恒星内部的新元素究竟是如何形成的呢？ 20 世纪 50 年代，核物理学家和天体物理学家开始正视和解决这个问题。弗雷德 · 霍伊尔便是其中的一员，他因强烈反对宇宙大爆炸理论而广为人知，但他的观点并没有受到重视。20 世纪 30 年代，还在剑桥大学攻读硕士研究生的霍伊尔开始了他的科研生涯。在转而研究恒星内部的化学元素之前，他已经取得了多项重大发现。1953 年，霍伊尔经美国核物理学家威利·福勒（Willy Fowler）介绍认识了玛格丽特·伯比奇（Margaret Burbidge）和杰弗里·伯比奇（Geoffrey Burbidge）夫妇，他们正在研究一个具有强磁场和强光谱且成分非常特别的恒星。伯比奇夫妇对粒子在恒星强磁力的加速作用下是否会产生新元素十分好奇。福勒对此也很感兴趣，于是提议 4 人一同探究恒星内部元素的形成（图 6–2）。

图 6–2　图中人物从左往右依次为：玛格丽特·伯比奇与杰弗里·伯比奇夫妇、威利·福勒和弗雷德·霍伊尔。照片中部为福勒在 1971 年某次会议中被赠予的 60 岁生日礼物——蒸汽火车模型。14 年前，他们共同在美国物理学会综述性期刊《现代物理评论》上发表了一篇以恒星内部的元素合成为主题的著名论文（图片来源：Donald Clayton）

1956 年聚斯和尤里发表了元素丰度表。隔年，福勒、伯比奇夫妇、霍伊尔 4 人（天文学家通常将他们合称为 B^2FH）在该表的基础上提出了一个全面的恒星核合成假说，解释了今日太阳系中的各种元素是如何形成的。

恒星中心之所以可以产生核反应，原因就在于恒星中心的压力和温度极高。在这种情况下，电子从原子上被剥离出来，只剩下由无电子的裸核和电子组成的等离子体，这种物质形态与大爆炸后最初的几分钟一样。粒子不断以超高速相互对撞。大多数时候，原子核的正电荷使它们互相排斥，这使它们无法真正结合在一起。尽管如此，每隔一会就会有两个原子核在核力的作用下克服了斥力，并紧靠在一起，从而结合成一个更大的原子核。核合成时会产生高能的 γ 辐射。γ 辐射不断向外扩散，经过反复多次吸收和再辐射后，它的能量也在此过程中被逐渐耗尽。几千年后，这些辐射到达了恒星表面，并转化为可见光，逃逸到宇宙空间中。这就是恒星会发光的原因。

大部分恒星将氢转化为氦产生能量，恒星内部合成氦的方式有两种。在质量相对较小的恒星（如太阳）中，氢核通过一个叫作质子–质子链（图 6–3）反应的核融合过程逐步产生氦核，每一步都要消耗一个氢核。第一步为两个氢核（质子）碰撞聚合成一个氘核，在此期间一个质子转化成了中子。氘核再接着和第 3 个、第 4 个质子分别进行同一反应，最后得到一个氦核。由于温度不够高无法继续形成更大的原子核，这个过程到此便结束了，至少暂时是这样。

质量比太阳大的恒星则以另一种方式生成氦。该反应的开端为一种最常见的碳同位素，即碳–12，碳–12 由 6 个质子和 6 个中子组成。4 个质子同时与 1 个碳–12 发生碰撞聚合，并最终得到 1 个含有 16 个质子和中子的不稳定的原子核，同时分裂成 1 个碳–12 和 1 个 α 粒子。它的最终结果和质子–质子链反应一样，都是 4 个氢核融合产生 1 个氦核。同时，由于原来的碳–12 原子核被重组了，所以它还可继续作为媒介，使核反应得以继续进行。由于这个中间反应由氮和氧产生，所以整个过程被称为碳氮氧循环。

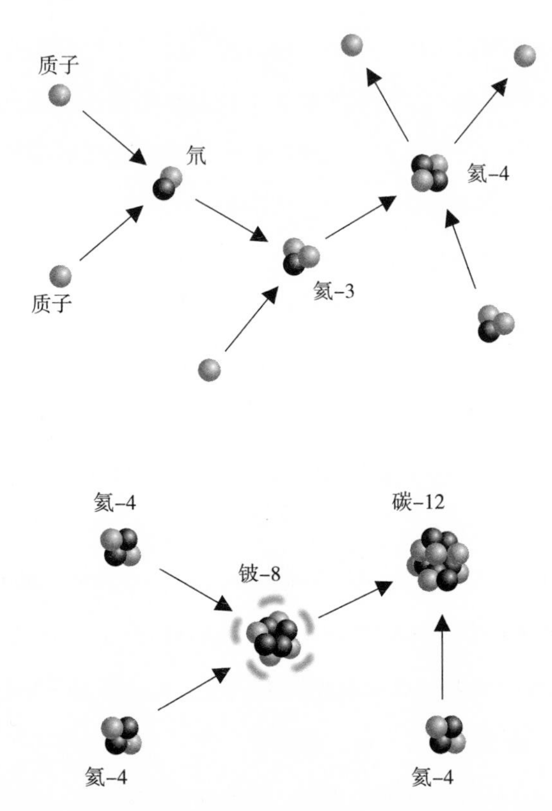

图 6–3　恒星内部两类主要核融合反应的简化示意图。上图为质子 – 质子链反应生成氦–4，下图为三个氦原子核合成一个碳–12（也被称为三 α 过程）

也许你会好奇最开始的碳 –12 是怎么来的。事实上，在很早的时候碳就已经存在于不同恒星的内部了，当恒星消亡时，碳就会被喷射到宇宙空间里。但第一颗恒星不可能通过碳氮氧循环燃烧氢，因为那时候宇宙中还没有碳。此后形成的恒星由于组成物质中含有碳元素，所以得以通过碳氮氧循环产生氦。

在恒星的整个生命历程中，向外膨胀和向内坍缩的两个力始终微妙地保持着平衡。恒星物质被恒星核心的核反应释放出的能量加热至几百万摄氏度，于是恒星内部压力增大而发生膨胀。如果没有其他力与之抗衡，这种巨大的压力足以使恒星爆炸。与此同时，恒星物质在本身强大引力的作用下不断向内部挤压，使物质的密度越来越高。大自然使这两种力互相制衡着彼此，谁也不能占上风。如果恒星开始收缩，核心物质的温度就会升高，核反应加速并释放出更多能量，从而使恒星再次膨胀。而当恒星过度向外膨胀时，核心变冷，核反应减慢，恒星在引力作用下就会再次收缩。

绝大多数恒星会维持这种平衡状态长达数十亿年。其间，恒星核心的氢逐渐被转化成氦，恒星的密度和温度也在逐渐增加和升高，但压力和引力始终保持着平衡。有一种叫作红矮星的小型恒星的寿命则长得多。一方面，它们的亮度不及太阳，所消耗的氢非常少；另一方面，它们不断地将外层的新鲜的氢融合到内部，替换反应后的物质。因此，最小的红矮星可以持续发光数万亿年，远大于目前宇宙的年龄。

恒星质量越大，亮度越高，氢的消耗速度也越快。最终，恒星核心的氢将耗尽。在恒星的生命将被耗尽时，核反应已经非常微弱，由于恒星内核变冷，向外膨胀的力无法再与来自外层物质向内的压力抗衡，所以恒星的内核在引力作用下向内坍缩，释放出来的引力使恒星核心周围的温度回升，于是含有大量氢元素的气体的核心周围又开始产生核反应。核反应产生的新能量使恒星外层物质受热升温，恒星由于压力增大膨胀到原来的几倍，最后发展成为一颗红巨星。

最终，由于温度和压力太高，恒星核心的氦核开始融合。第一步为两个氦核合成得到一个铍–8 核，但铍–8 核极不稳定，仅仅在 10^{24} 分之一秒后，铍–8 核便又分裂成两个 α 粒子。几乎每个铍–8 核在形成后又立即被打回原形，所以此过程中没有新元素产生。但偶尔会有另一个 α 粒子歪打正着撞到昙花一现的铍–8 核上，它们结合并形成了一个稳定的碳–12 核，同时释放出能量（图 6-3）。随着恒星核心在引力作用下继续收缩，原子核互相碰撞的速度越来越快，很快恒星开始以足够快的速度将氦聚变成碳，阻止恒星内部继续坍缩。

由于每生成 1 个碳核需要用到 3 个 α 粒子，所以天文学家将氦燃烧的过程称为“三 α 过程”。碳核有时会捕获一个 α 粒子而形成一个氧核。有趣的是，虽然铍–8 核的生命看似转瞬即逝，但三 α 过程还是在有效地进行着，这是因为氦核、铍核和碳核的性质存在着一个幸运的巧合，这个现象最早是由弗雷德·霍伊尔发现的。霍伊尔发现，只要当时的环境稍有改变，铍–8 核与 α 粒子结合的可能性都将大大减小，三 α 过程自然也无法进行。在那种宇宙环境中，碳、氧和其他所有元素统统无法形成，更别提生命了。

大多数恒星由于质量太小而无法将碳原子核和氧原子核融合生成原子量更大的元素。当恒星核心的氦耗尽时，核反应也随之终止。此时老化恒星的内核收缩，密度变大，粒子被紧紧压缩到极限，核反应转移到恒星核心外围的氦气和氢气层，反应所释放的能量使恒星进一步膨胀变大。恒星膨胀到一定程度时会将附近的行星吞没。50 亿年以后，太阳将演化到这一阶段，到时不仅水星和金星有很大可能会被太阳吞没，就连地球也可能无法幸免。

随着燃烧壳层里的氢和氦逐渐燃尽，核反应释放出的能量产生不稳定的脉冲振荡，就像汽车发动机在油箱快空时会发出“劈啪”声一样。这些脉冲振荡将核心以外的物质都抛离恒星本体进入太空，只残留下由碳和氧组成的内核——白矮星，即密度极高的死亡恒星，白矮星内部不再有物质进行核聚变反应。经过漫长的时间，白矮星将慢慢冷却并黯淡下来。

重元素的诞生

红巨星里的核反应有时会释放出中子流。中子由于呈电中性不受其他粒子的斥力作用，所以很容易被原子核捕获。通常情况下，原子核在吸收了一个外来中子后变得不稳定，一般会衰变成原子序数更高的元素，然后下一个中子再加入进来，元素的原子量就是以这种方式逐渐递增的。B^2FH 将这一过程称为“s 过程”，其中的英文字母“s”在这里是慢（slow）的意思。它是罕见重元素和锝的一大主要来源。

由于氦燃烧一阵一阵地出现，所以大部分红巨星在晚期都会经历几次膨胀。红巨星膨胀时会将内部的碳、氧及 s 过程中所产生的重元素携带到表层，这也是保罗·梅里尔能够从这样一颗恒星中找到锝的原因。随后，很多这些化学元素丰富的物质以气体和微粒的形式被吹到宇宙空间中，并再组成恒星。

质量比太阳大得多的恒星在生命末期并不会变成白矮星，它们的结局会更有戏剧性。在这些恒星的演化末期，随着内核压力和温度的增加，碳核和氧核开始融合，经过一系列反应后合成了原子量更大的 α 元素，如氖、镁、硅、氩和钙。而反应所产生的大量能量都被一种如同幽灵般的粒子，也就是中微子带走了，这类粒子很少与其他物质发生反应。大多数的中微子能够快速地从恒星内部穿过表面，然后携带着能量逃之夭夭。为了供应足够的能量对抗引力，恒星内核的核反应速度越来越快。随着新的核燃料被点燃，核燃烧的时间变得越来越短。最初的氢燃烧会持续数百万年，而核反应最后一个阶段（硅转化为铁和镍）只能延续几天。

此时的恒星陷入了危机。虽然目前为止恒星生成的每种元素都能在旧燃料耗尽后充当新燃料接力核燃烧进程，但是融合铁、镍以及原子量更大的元素所需的能量比它们产生时放出的能量还多，因此恒星失去了能量源。这时引力必然占据上风，使恒星的核心向内部坍缩。在巨大的压力下，恒星内核中的质子和电子紧挨在一起，最后合成中子。中子紧挨在一起时产生了阻力，如果恒星的质量不算太大的话，这种压力就能够与引力抗衡，使星体突然停止坍缩。恒星内核因此变成了一颗中子星，中子星的质量与太阳差不多，但直径只有约 20 千米。然而，如果恒星的质量太大，由于引力太强，那么连中子也无法与之抗衡。于是恒星只能进一步坍缩下去，变成一个黑洞。黑洞是一种密度和引力都巨大无比的天体，连光也无法从中逃逸出去。

超新星

大质量恒星的内核不断坍缩的同时，外层因受到中微子挤压会变热，温度、压力的剧增使这些层面爆发了强烈的核反应。这时它产生的能量强度，相当于这颗恒星在之前的全部生命中所产生的全部能量的总和。最终这种爆发式的能量使恒星发生剧烈爆炸，并完全解体，外层的残骸以接近光速的速度被抛出去，最终成为一颗超新星。

在爆炸过程中，大部分富含铁的元素仍然困在恒星内核中。但是，恒星的外壳在突然爆发的核反应中也产生了大量重元素，以铁元素居多，这些重元素以极快的速度被抛向太空。核反应还形成了大量中子，它们很快就被邻近的原子核俘获。这些新合成的原子核大多都不稳定，但由于中子的数量实在太多，原子核都还没来得及衰变就又吸收了其他中子进来，许多罕见元素和超重元素，包括铀和钚，就是这样产生的。B^2FH将这一过程称为“r 过程”，其中“r”是英文“快”（rapid）的缩写。

除此以外，还有一种情况同样可以触发超新星爆炸。宇宙中有很多恒星都属于双星系统，即两颗恒星绕着共同重心旋转。在一对双星中，质量较大的一颗演化得快些，所以也会最先燃尽氢燃料，进而成为红巨星或白矮星。等另一颗也发展成红巨星后，白矮星的引力会将红巨星的部分外层气体拉拽到自己身上，当白矮星的质量堆积得足够大后，已经熄灭了的核反应再次被点燃，核反应迸发出的强大能量使白矮星发生爆炸。r 过程中产生了重元素，然后超新星把这些元素都喷射进太空中，这个步骤和单颗恒星形成超新星的情况一样。

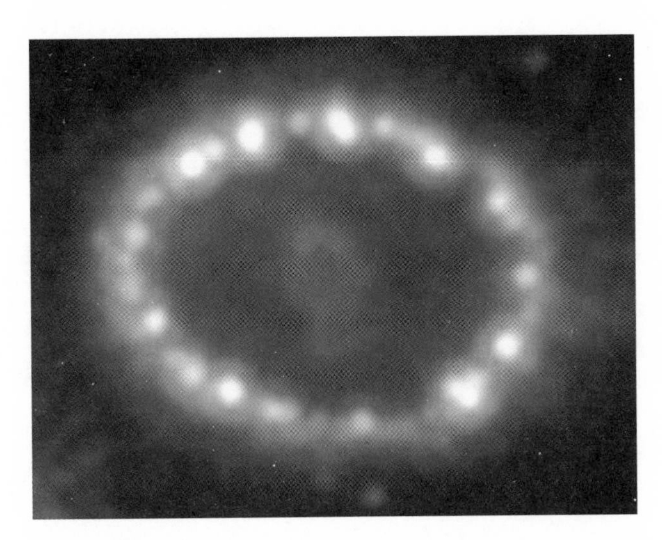

图6–4 2003年（超新星爆炸16年后），哈勃空间望远镜拍摄到的超新星SN 1987A的遗迹。它的四周围绕着一圈直径约一光年的明亮物质环，是由爆炸产生的冲击波强烈撞击该星在约20 000年前形成的气体环的结果。位于该环中心的那团黯淡的星云由喷出的尘埃构成，它正变得越来越大，并由于放射性同位素（主要是钛–44）的衰变而慢慢变热［图片来源：NASA, P. Challis, R. Kirshner（Harvard-Smithsonian Center for Astrophysics）and B. Sugerman（STScI）］

超新星非常罕见。过去400年间，天文学家没有在银河系中发现一颗超新星。1987年，随着一颗超新星出现在与我们银河系毗邻的大麦哲伦星系，天文学家收获了非常好（接近最好）的天文发现。这颗超新星的前身（一颗巨星）在此前的100多年里曾经被多次观测到，只是那时没有露出任何不寻常的迹象。一直到1987年2月23日，它突然在宇宙空间中迸发出强烈的光。与此同时，地球上的深埋式探测器显示有一股中微子正在穿过地球，这是中微子第一次在除太阳以外的宇宙星体中被探测到。

在接下来的三个月里，这颗超新星一直稳定地逐渐变亮，然后又再次变暗。最亮的时候，它可以用肉眼从南半球看到。它的光来自一团持续膨胀的气体云，这团气体云实际上是该恒星外层大气的残骸，以及超新星爆炸时形成的放射性元素钴和镍衰变所释放出的能量。几个月后，这团气体云已经大到可以看到它的内部。它的光谱清楚地表明，这团气体云里含有大量重元素，这有力地证明了恒星在消亡时，内部会合成新元素，并且会将这些元素喷射到太空中。

死亡恒星喷射出来的物质源源不断地滋养着气体云，然后气体云再孕育出新的恒星。太阳系形成时，银河系中已经有约 2% 的物质被转化成比氦更重的元素。下一章里，我们将看到太阳是如何由星际空间里的稀薄气体和尘埃演变而来的。

第 7 章

恒星的诞生

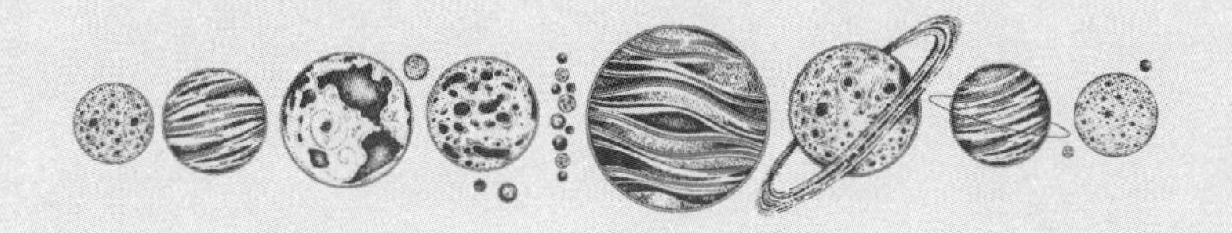

恒星配方：取 10^4 个太阳质量的分子气体，撒以大量碳、硅酸盐粉尘，佐以金属粉末，冷冻至 10 开氏度（–263 摄氏度）后，充分搅拌至起泡。敲打至团状，无须放入烤箱，恒星便会自动形成和升温。谨防高温气泡逸出。

——詹姆斯·卡勒（James Kaler）

《宇宙云》

银河之子

当我们仰望晴朗的星空时，可以看到一些熟悉的星座图案，它们其实是由离太阳最近、最璀璨夺目的几百颗恒星构成的。如果夜晚足够黑暗，我们可以凭借肉眼看到几千颗其他恒星和一条横跨整个苍穹的淡淡发光的亮带。这条由几十亿颗恒星组成的亮带正是我们所在的银河系。除此以外，宇宙中还存在几十亿颗肉眼无法看到的恒星，有的受尘埃遮挡或太过于遥远而显得黯淡。太阳就是这茫茫恒星中寻常的一颗。

银河系是宇宙中一个普通的星系。它从外面看是什么样子呢？这个问题还真不好回答。然而，天文学家花了几十年的时间，已经弄清了银河系的形状和成分。现在，我们有充足的理由相信，银河非常接近于宇宙中常见的棒旋星系。

银河的主体是一个长约 100 000 光年，但厚度仅有 1 000 光年的旋涡状恒星系统。我们从地球上看到的是银河的侧面，这就是为什么它看起来呈长带状的原因。恒星之间还弥漫着大量被称为星际介质的气体和微粒。银盘的厚度仅有约 1 000 光年，靠近中心的厚度较大。银河中心有一条由恒星汇聚而成的棒状核球，它围绕银河中心一个具有超大质量的黑洞运动。恒星盘被一团比它厚近 10 倍的巨型气团笼罩着。

银河最典型的特点就是从核球向外伸出的扫经银盘的旋涡状发光旋臂。旋臂并非一成不变，它是由扫过银盘的不计其数的恒星、气体和尘埃临时组成的，就像在体育馆里，几千名观众同时坐下、起立时形成的波浪形视觉效果一样。旋臂气体的密度极高，这里是孕育恒星的理想场所。旋臂上分布着的大量明亮的蓝白色区域就是大质量恒星，还有正在孕育新的恒星的氢云，氢云由于受到内部新形成恒星发出的强紫外线辐射，散发出粉红色的光芒。

如今，银河系每年孕育的恒星的质量加起来相当于一个太阳的质量。以银河系中最古老的成员作为参考标准，银河系从宇宙大爆炸后的不到 10 亿年开始孕育恒星，至今已经超过 130 亿年了。许多年代比较久远的恒星都集中在银晕处，银晕是指银河系外围的一个球状区域。它们之中的一颗已有 132 亿岁“高龄”，几乎是太阳年龄的三倍，它就是一颗编号为 HE0107–5340 的红巨星。银晕里的许多恒星都来自球状星团，球状星团是由成千上万颗恒星组成的外观呈球形的密集星团。它们的形成原因目前还是未知数。和银盘不同的是，球状星团里没有气体和尘埃，所以在很长的一段时间内，这里都没有恒星形成。

太阳系目前位于银河系其中一条旋臂的内侧边缘处，在银盘半径的一半以外一点点（图 7–1）。目前，太阳系正在穿过一片跨度大约为 300 光年的不寻常的“泡泡”，那里星际气体的密度低于平均水平的 1/5~1/10。旋臂每隔 1 亿年左右扫过太阳一次，耗时约 1 000 万年左右。同时太阳也在绕银河系运动，环绕一周需要大约 2.3 亿年。到目前为止，太阳已经围绕银河系转动了 20~30 次，进出旋臂 40~50 次了。显然，随着时间的推移，太阳的周边环境发生了巨大改变，因此要找到太阳系在银河系的具体诞生位置，几乎不太可能。尽管如此，通过研究今天的恒星形成区域，我们还是可以从侧面很好地了解太阳的出生环境以及太阳系的演化过程。

图 7–1　艺术家笔下的银河系结构概念图。太阳目前正位于其中一条小旋臂（称为猎户射电支）的内侧。两条主旋臂的新老恒星密度最高，其他旋臂主要由气体构成，而且分布着大量恒星形成区［图片来源：NASA/JPL -Caltech/R.Hurt（SSC -Caltech）］

其中被研究得最多的一个恒星摇篮是离地球 1 500 光年的猎户座。在构成我们熟悉的猎户座形状的那几颗明亮的前景星背后，隐藏着两个巨大的分子云，分子云在普通光下不可见，但利用红外探测器就能看到。分子云在银河系之中，无论是体积还是质量，都是最大的，随意一个的质量都是太阳的 1 万~100 万倍。和其他星际介质不同的是，分子云的主要成分是氢分子而不是氢原子，因此得名分子云。除了氢分子，分子云中还含有超过 100 种其他分子，包括一些复杂的有机化合物。

分子云是星际介质中温度最低、密度最大的部分。尘埃层挡住了外界的光和辐射，分子云的内部温度仅比绝对零度高 10 度（–263 摄氏度）左右。如果太阳处于一个分子云内部的话，我们就不可能看到其他恒星，因为外围的尘埃都把它们挡住了。分子云封闭的条件非常有利于原子组合成双原子、三原子分子和由更多原子组成的分子，它为这些恒星和行星构成物质增添了丰富多样的化学物质，冷暗的环境也是初生恒星绝佳的温床。

猎户座内大部分的“造星”活动都是在这些黯淡的分子云里进行的。我们可以利用能够探测到红外辐射或微波和毫米无线电波的望远镜来收集分子云的资料，因为这些辐射波可以穿透可见光无法穿透的粉尘。幸运的是，慷慨的大自然为我们打开了一扇明亮的窗户，透过它我们得以一窥恒星摇篮的一角，从而一睹熠熠生辉的猎户座星云和它里面的新生恒星。猎户座里还有一个跨度在 10 光年以内，由形成时间不超过 100 万年的几千颗恒星组成的星团。如果把处于壮年期的太阳比喻成一位 40 岁的成年人的话，那么猎户座里的这个星团就是一个挤满了刚出生 3 天的婴儿的托儿所。

猎户座中心有一个星团，其中的恒星形成时间只有 30 万年，在这个星团中心有 4 颗大质量的白热星，叫作猎户四边形恒星。最亮的那颗的质量是太阳的 40 倍，亮度是太阳的 20 万倍（图 7–2）。猎户四边形星团中的恒星产生的强风和强紫外线辐射将一片区域里的尘埃清空，形成了一片气泡一样的区域。这片区域在分子云前快速穿过，使我们看清了内部的情况。观察发现，气泡内部就是一座高产的“恒星工厂”，以发光气体为背景，形成了各种复杂的纹路图案。

猎户座分子云包含了数千颗年轻的恒星，最大的质量达到太阳的 40 倍，但并不是所有正在产生恒星的分子云都能产生质量这么大或数量这么多的恒星。距离我们 400 光年处，在金牛座和御夫座的方向，也有一片暗斑和纤维状物质点缀在明亮的恒星的背景之上，像是一座小小的恒星温床。更进一步的研究揭示出这里具备了形成恒星的所有特征，但并没有猎户座星团中那么大、那么亮的恒星。这个星团里的年轻恒星一般以小星团的形式存在，一个星团里只有 20~30 颗恒星，不像猎户座有几千颗。

图 7–2　近红外线下拍摄到的猎户四边形星团合成影像（图片来源：ESO）

恒星的形成与演化

分子云由湍急的磁化气体和尘埃粒子组成。在气体快速运动的过程中，物质有时会凝结成块状或纤维状的物体。物质成块后，引力也随之产生。它们之中有一些开始收缩，随着密度越来越大形成了“核”——气态的“种子”，恒星的雏形也就形成了。分子核以大大小小的群落分布着，群落的大小完全取决于所属分子云的大小、质量和密度。

分子核一般藏匿在暗分子云的内部，也有少数时候会暴露在外，比如一个距离地球 6 500 光年的恒星发源地——鹰状星云。1995 年，美国天文学家杰夫·赫斯特（Jeff Hester）和他的几名同事利用哈勃空间望远镜拍摄到该星云的一张局部近照，该影像后来成了最经典的哈勃影像之一，它就是有名的《创生之柱》（图 7–3）。照片名称中的“柱”是指分子云中伸出的圆柱形的尘埃和气体。它们在周围一群大质量的年轻恒星发出的灼热辐射的映衬下，呈现出黑暗的剪影。年轻恒星发出的紫外线辐射会慢慢穿透分子云，打散里面的分子，使电子脱离原子，最后分子变成灼热的等离子体逃逸到太空中。这个过程叫作光致蒸发，最后它会彻底摧毁整个分子云，打断恒星的孕育进程。光致蒸发同样也会影响年轻的行星系统，具体我们会在下文介绍。

图 7–3　哈勃空间望远镜拍摄到的鹰状星云中的柱形星云。柱形星云由密集的气体与尘埃组成，光致蒸发雕刻出了它如今的形状，其中最高的柱子有 4 光年高［图片来源：NASA, ESA, STScI, J. Hester and P. Scowen（Arizona State University）］

在分子云里，物质密度较大的区域抵抗光致蒸发的能力比物质稀薄的区域更强。以鹰状星云为例，那些气体稀薄的区域已经被侵蚀到只剩下尘埃柱和核，看上去就像一根根长满“瘤子”的柱子一样。天文学家将这些“瘤子”形象地称为“EGGS”（蛋），“EGGS”是英文“evaporating gaseous globules”（蒸发气体球状体）的缩写。这些“蛋”中有些已经孵化出了恒星，但由于光致蒸发带走了大量质量，有些可能永远也无法孵化出恒星。那些脱离了原来星云的“蛋”由于无法再次吸积气体，最终将完全蒸发掉。

可以肯定，太阳也是从一个由气体尘埃组成的大型球状物（类似于鹰状星云里的分子核）演变而来的。最初，太阳所在的分子云由于湍流运动形成了一个分子核，这个分子核刚开始的旋转速度很慢。随着引力的作用，物质开始往中间坍缩，气体因为受到挤压而生热。最开始的时候，大多数热量都以红外线辐射的形式逃逸到太空。而随着核中心的密度越来越大，一些辐射被困在里面，导致温度开始升高。随着核开始收缩，它的旋转速度越来越快。许多流入的物质进入核心并且与相反方向的物质相撞，在致密的核心周围形成了一个扁平的气体尘埃盘。

最终，核中心的气体温度达到了约 100 万摄氏度，由此触发了分子云中的第一个核反应。此时的温度还不足以发生氢融合，所以最先开始燃烧的是氘。氘燃烧释放出的能量使核中心的收缩停止（至少是暂时停止）。大概在核开始收缩的一万年以后，这个核变成了一颗原恒星，原恒星是成为一颗真正恒星的重要一步。由于氘原子非常稀少（约每 10 万个原子中只有一个氘原子），所以氘原子很快就耗尽了，于是，太阳的内核又再一次收缩。

就算那个时候有天文学家，他们也看不到这个处于婴儿期的太阳，因为那时候的太阳被一个 1 000~10 000 天文单位的稠密的物质盘包裹着，只能看到盘的外部。或许，他们还可以看到盘的另一边有气流喷出。处于成长阶段的恒星必须将流入它们的物质的 10% 喷出才能生存，否则，随着坍缩进程的进行，最终它将由于旋转速度越来越快而完全解体。在恒星磁场的影响下，一部分注入恒星的物质改变了方向，变成了向外高速喷射的喷流，同时也带走了恒星的大量转动能。

这种喷流事件经常在恒星成长区上演。天文学家已经在这些区域发现了数百次喷流，其中有几十次是发生在猎户座和金牛座－御夫座分子云中。喷流以超声速喷向宇宙，其最前端部分在撞到附近的星际气体时会产生冲击波。碰撞过程产生的热量形成了一个由气体组成的发光的星云块，一般呈子弹或圆锥形。这些星云被称为赫比格–阿罗天体（图 7–4），它们最早是由天文学家乔治·赫比格（George Herbig）和吉列尔莫·阿罗（Guillermo Haro）在 20 世纪 40 和 50 年代发现的，所以以二人的名字命名。最初，人们以为赫比格–阿罗天体是原恒星的所在地，直到 20 世纪 80 年代它们的真实身份才水落石出。尽管大部分气流在普通光下不可见，但由于它们能发射出波长极短的无线电波，所以它们的完整长度得以被测定。来自不同方向的两个喷流经常被追踪到来自同一源头，哪怕大部分时候喷流的源头都比较隐秘。

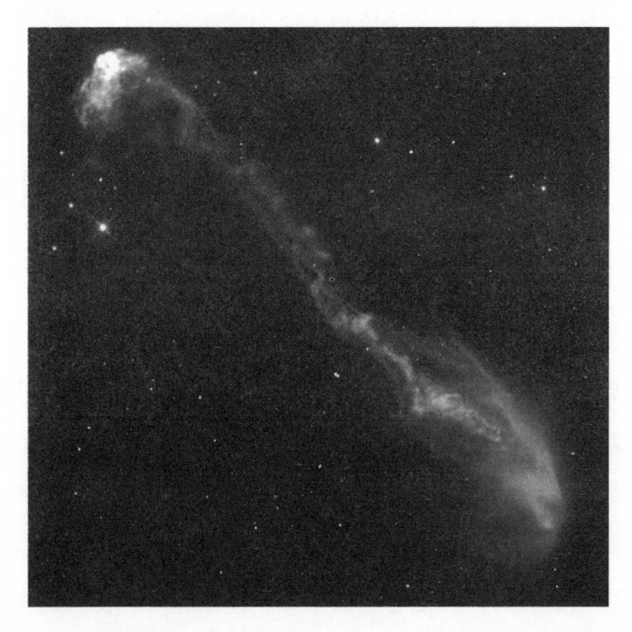

图 7–4　哈勃空间望远镜拍摄到的赫比格–阿罗天体 HH47。这团发光气体约有 0.5 光年长，是由隐藏在图片左下角的一团黑暗气体尘埃云中间的新生恒星喷射出来的［图片来源：J. Morse（STScI）and NASA］

大约 10 万年之后，年轻恒星周围的许多物质都已经被吸积到恒星或者恒星盘上，恒星的真容终于显露出来。今天，我们也可以在猎户座中看到许多这种恒星。1994 年，科学家给哈勃空间望远镜装上了校正光学系统，修补了原来反射镜面的缺陷，于是，猎户座星云成了它的第一个观测目标。在利用精度独一无二的哈勃空间望远镜观测了猎户座星云中的 110 颗年轻恒星后，天文学家罗伯特·奥戴尔（Robert O'Dell）发现，它们当中有 56 颗周围都环绕着黯淡的尘埃盘，他将它们称为原行星盘。猎户座的影像有力地证明了原行星盘是年轻恒星形成过程的一个自然部分。猎户座星云里的很多原行星盘的边缘都比较尖锐，而且被一层发光的气体包围着。显然，它们的外部正在受到周边恒星紫外线的侵蚀（图 7–5）。

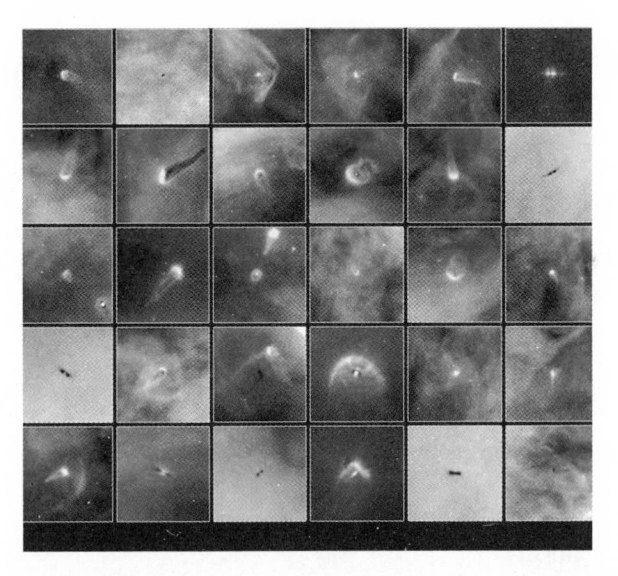

图 7–5　哈勃空间望远镜拍摄到的猎户座星云内的 30 个原行星盘。靠近猎户四边形星团中最亮恒星的原行星盘依靠着该星的强大辐射而发光，离它较远的盘则只能看到明亮星云背景衬托下的剪影［图片来源：NASA/ESA and L. Ricci（ESO）］

磁能在引发年轻恒星喷流的同时还产生了强光，这种光类似于我们今天看到的太阳耀斑，但规模要大得多，年轻恒星周围的剧烈活动还包括 X 射线和无线电波爆发，以及原行星盘物质偶尔落到恒星上引起的暂时性光爆发。金牛座－御夫座星云中含有数十颗这种动荡不安的新生行星，调节着它们不断改变的状态，因为其中一颗叫金牛 T 星，所以所有这类恒星都被称为金牛 T 型星。

随着金牛 T 型星逐渐收缩，它们的密度越来越大。它们的原行星盘中的物质向内流到恒星表面上，形成了行星，或者被磁辐射电离蒸发，消散在太空中。大多数原行星盘会在几百万年的时间后消散。过不了多久，恒星内核的温度将达到 600 万摄氏度，这时，普通的氢开始融合生成氦。这个强烈的反应标志着恒星已经告别青年期，进入漫长的成年期（图 7–6）。

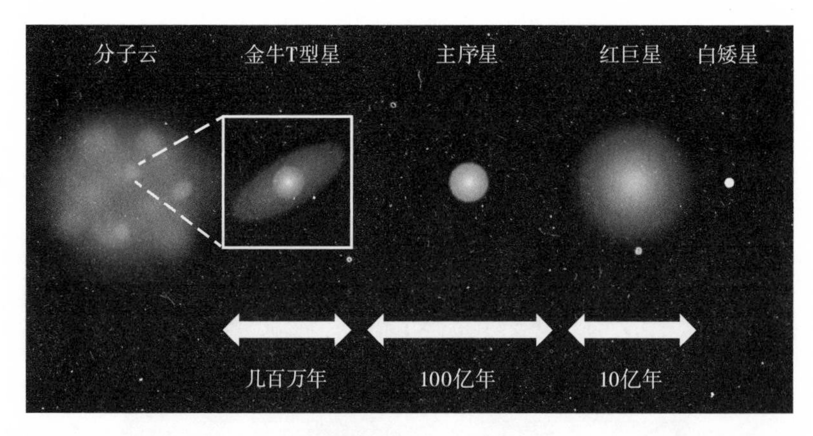

图 7–6　太阳从诞生到成为白矮星需要经历的几个主要阶段

太阳系形成的条件

太阳很可能和大多数恒星一样，都是从某个分子云星团里的成员演变而来的，但它在星团里生活的时间并不长。因为到了一定时候，恒星就会像幼鸟离巢般陆续离开孕育它们的星团，一般情况下，不出 1 000 万年，一个星团就会完全消散。只有大约 1% 的恒星会在它们诞生的星团里生活超过 1 亿年，但它们最后同样也会离开。分子云里的气体一旦消散，由于质量减少，它的引力再也无法将分子云凝聚在一起。计算机模拟显示，星团里的恒星只有在与另一颗恒星相遇时，才会离开星团。当两颗恒星相遇时，它们之间的引力加速度就会像一个弹弓，将其中的一个或两个弹到附近的星系。这是所有恒星迟早都要面对的共同命运，到最后星团也就解体了。

那么，太阳究竟是来自像猎户座星云这样有着大质量恒星的大星团，还是来自像金牛座－御夫座星云这样的小星团呢？太阳独特的诞生环境又是如何塑造出太阳系的呢？太阳诞生至今已经过去 45 亿年了，这些问题似乎已然无从回答。但如果你知道了思考方向的话，还是可以找到一些线索的。

第一条线索是塞德娜，它是海王星外侧的一颗冰质小行星。塞德娜的轨道异常狭长，近日点离太阳 76 天文单位，远日点离太阳 960 天文单位，关于它的更多细节我们会在第 14 章中介绍。它的轨道成因至今仍然是个谜。塞德娜形成的位置一定比如今更靠近太阳，要么位于柯伊伯带中，要么位于巨行星轨道之间。然而，将它从原来位置拉到今天所在位置的并不全是太阳和行星的引力，还有来自太阳系外某个天体的引力。

今天，太阳方圆 10 光年内只有不到 12 颗恒星，而在遥远的过去，情况则大不相同。假设太阳来自一个大星团，那么它的周围应该还有很多星体——像猎户座星云的四边形星团，这个只有 20 光年大小的区域就聚集了 2 000 颗恒星。在太阳所在的星团解散前，也许太阳曾经和几颗其他恒星相遇过。计算结果表明，奥尔特云里的小天体有可能都是受到相邻恒星的行星摄动和引力的合力，从太阳系拉过来的，只留下了几个以类似塞德娜的轨道运行的天体。可以肯定的是，它们没有运行到离太阳 100~200 天文单位的范围内，否则它们的引力肯定会使一些行星的轨道产生变化，而我们并没有看到这类变化。

遗憾的是，最新研究表明，单靠这些因素并不能帮助我们了解更多太阳诞生时所在星团的特征。还有一条线索就是太阳系今天存在的各种物质。第5章里,我们说到太阳系早期含有一些寿命短暂的放射性同位素,我们在陨石里找到了它们的衰变产物。其中有些衰变产物,像铁–60,只可能形成于超新星爆炸。这意味着,曾经有一颗超新星在刚形成的太阳系附近爆炸,并且它的物质被喷射到太阳所在的分子云的核心或原行星盘里。

这颗超新星的前身星与太阳前身来自同一个星团,它的质量很可能至少是太阳的25倍。它的质量如此之大,以至于它的寿命可能只有几百万年,太阳还在原行星盘里形成时,它也许早就爆炸了,甚至它可能还比太阳形成得更早一些。按理来说,如果太阳在大星团里形成,它附近应该至少有一个质量像该前身星那么大的恒星。我们甚至还可以推算出这个超新星和太阳的距离。超新星爆炸距离太阳太远的话,当它的放射性物质到达太阳时,浓度肯定已经急剧减小,我们今天就不会看到它们的产物了。而如果超新星爆炸距离太阳太近的话,它就会破坏太阳的原行星盘。权衡这些因素后,我们得出超新星爆炸的地方应距离太阳大约2/3光年。

深入分析数据后,我们推测出孕育太阳的星团里应该含有至少1 000颗恒星,而且实际数字可能比它大得多。这样一个星团里可能含有多个大质量的恒星,其中至少有一颗发展成了超新星。在短暂的生命历程里,这些大质量恒星产生了大量紫外线辐射。上文,我们已经介绍过了大质量恒星的紫外线是如何侵蚀鹰状星云的尘埃核心和猎户座中的原行星盘的。紫外线可能通过这种方式侵蚀掉了太阳原行星盘的外围区域。这就能够解释为什么太阳系的行星最远距离太阳才30天文单位,以及柯伊伯带的外缘比较锐利,而且距离最远的大行星也没多远。

紫外线辐射还会留下一些微弱的痕迹。紫外线在打散恒星的分子核或原行星盘里的一氧化碳分子时,会选择破坏那些含有稀有碳同位素和氧同位素的一氧化碳分子。挣脱出来的氧原子也许逃逸到了内太阳系,这也能够解释为什么今天有时我们会在陨石里找到氧同位素了。

对于太阳系形成时刚好有一颗超新星在它附近爆炸这一说法，一些天文学家持怀疑态度。还有一种可供选择的观点是，几颗超新星重叠的区域产生了膨胀的气泡，导致一个高密度的分子云坍缩，然后很快孕育出了很多恒星，太阳就是这样诞生的。虽然太阳诞生的确切环境是怎样我们还不得而知，不过有大量证据表明，太阳所诞生的星团应该像猎户座那么大，而不像金牛座－御夫座星云那么小。

关键的元素

通过第 6 章，我们知道了恒星的组成元素是如何逐渐丰富起来的。大部分恒星的主要成分是氢和氦，但是，当恒星进入成熟阶段时，它们就会经历爆炸或把外壳抛向太空，将比氢和氦重的元素喷射到星际介质中，这些元素是行星系统的关键组成元素。岩质行星（如地球）的主要组成元素大多是氧、硅、铁和镁。气态行星（如木星）极有可能是在一个固态岩质或冰质内核上积累而成的，它们的形成同样需要重元素。按理说，含有越多这些元素的恒星（它附近的物质自然也富含这些元素），就越容易孕育出行星。拿前面提过的那颗古老的红巨星 HE0107－5340 来说，太阳的重元素含量是它的 20 倍。由于它所在云团里没有足够的行星原材料，所以像它这么老的恒星孕育出行星的概率非常小。据此我们推断，银河系孕育行星的历史应该不长。

太阳诞生之时，比之更早诞生的恒星的遗迹已经在银河系中存在几十亿年了。那时，恒星、原行星盘和行星的必要组成物质已经存在，而这只是现代太阳系形成的第一步。下一章，我们将探讨太阳原行星盘中的物质是如何形成一个行星系统的。

第 8 章

行星的摇篮

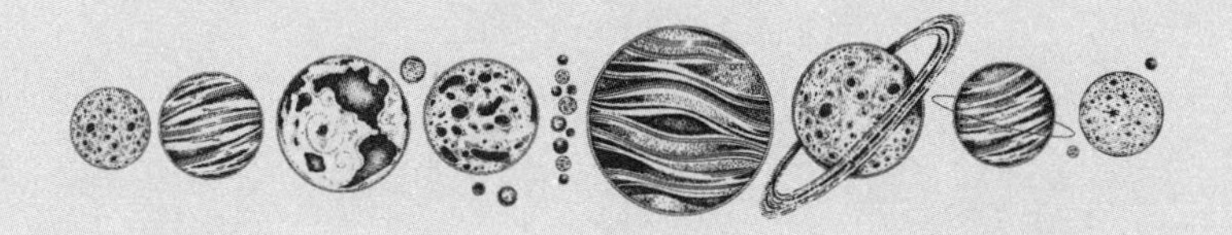

太阳系的绝大多数天体都分布在一个明显的二维平面上。八大行星的轨道也几乎位于同一平面上，倾斜角度不超过 7 度。小行星带和柯伊伯带里的天体分布范围更大一些，看起来就像一个压扁了的甜甜圈，和行星处于同一平面上。木星族彗星的分布情况也大同小异。太阳系中只有奥尔特云和长周期彗星呈真正的球状分布。

太阳系的这一特性早在两个多世纪以前就已经被康德与拉普拉斯注意到，并且构成了他们各自星云假说的理论基础。星云假说认为太阳系是由一个扁平的物质盘形成的。在前面一章，我们知道了新生恒星（比如猎户座星云里面的恒星）周围一般有一团盘状的气体尘埃云，天文学家将其称为原行星盘，并猜测它就是行星系统的雏形，就像康德和拉普拉斯假说里的星云。

尘埃盘的启示

猎户座的原行星盘由于与地球距离太远而无法看清。借助哈勃空间望远镜拍摄到的照片，我们知道了它们呈扁平状且主要成分是尘埃，但也仅此而已。想要进一步了解恒星周围的原行星盘，我们还可以借助恒星的光谱。在太阳系里，地球和其他行星都是通过吸收太阳可见光获得能量的，再以红外线的形式将能量反射出去。如果从远处看太阳系，你会看到太阳和行星的光交汇在一起，看起来就像只有一个光源。恒星的尘埃盘对恒星发出的光的拦截作用应该比行星系还要大得多。尽管尘埃的总质量也许很小，但表面积很大。同理，虽然地球上的云虚无缥缈，但它里面有上亿颗小水滴，足以挡住强烈的日光。如果恒星有星盘，它的存在相当于在恒星的可见光谱外加了红外辐射（图 8–1）。

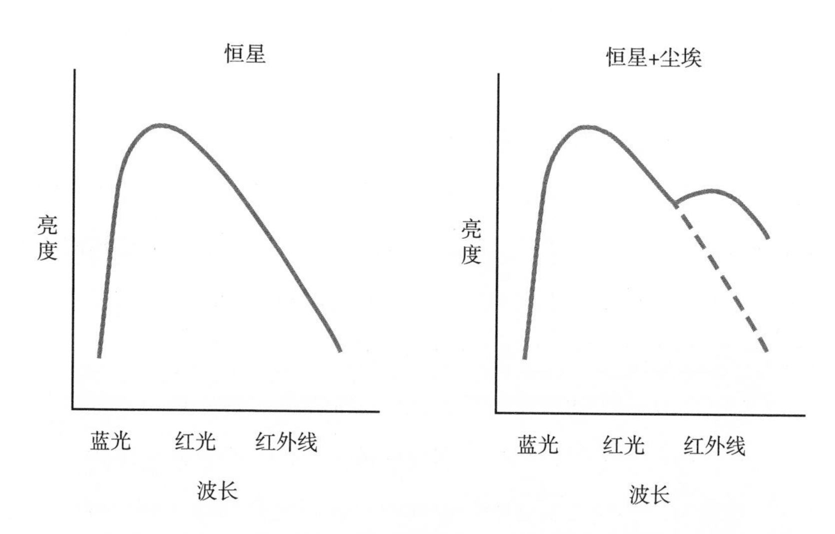

图 8–1　红外超。左图为典型恒星的连续光谱简图。右图为同一光谱，由于星盘的存在增加了红外线

1983 年，天文学家终于可以首次在红外线而非可见光下观察几乎整个天空了。这一年 1 月，一枚德尔塔火箭发射了一颗红外天文卫星（IRAS），这也是世界上首个在太空执行红外线观测的天文台。IRAS 采用液态氦作为冷却剂，将温度降低到略高于绝对零度，大致上消除了望远镜及其设备的热辐射。IRAS 位于地球大气上空，可以前所未有地捕捉到惊艳的宇宙景象。

IRAS 发现，有一部分年轻恒星可以发出大量可见光和红外线。织女星是夜空中最明亮的恒星之一，它所发出的红外线辐射的量至少是理论值的 10 倍。这部分“多出来的红外线”一定来自它周围的尘埃盘，而非织女星本身。IRAS 发现约有 20 颗恒星存在这种情况，而最新研究又发现了几百颗。研究这些红外超的波长后，我们知道了尘埃盘的温度以及其与中心恒星的距离。基本上，IRAS发现的每个尘埃盘都离它们的恒星几十或几百天文单位，大概相当于柯伊伯带与太阳之间的距离。

IRAS 发射一年后，天文学家布拉德福德·史密斯（Bradford Smith）和理查德·泰里莱（Richard Terrile）得到了这些尘埃盘的第一张照片。他们用地面望远镜观察了绘架座 β 星（已知有红外超的恒星之一）。他们通过遮挡该星本身的亮光，看到了它附近尘埃盘发出的微弱光芒。绘架座 β 星的尘埃盘的亮度比一般的高，而且从地球上看它的尘埃盘是侧立着的，因此相对容易观测到。这个尘埃盘非常巨大，半径超过 1 000 天文单位，是太阳系柯伊伯带体积的 20 倍。

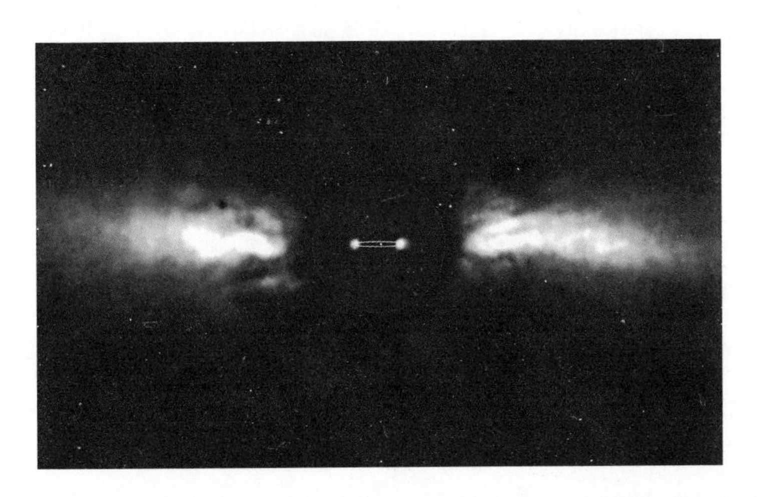

图 8-2　欧洲南方天文台拍摄的绘架座 β 星附近的尘埃盘，图中添加了该星的一颗已知行星的可能轨道。为了方便观看，我们将它的轨道画成一个椭圆形（实际上几乎完全是侧立的），并且在上方标记了该行星在 2003 年和 2009 年的实际位置，分别位于中心恒星的两侧（图片来源：ESO/A. -M. Lagrange）

在大型望远镜的帮助下，天文学家还直接观察到其他几十个尘埃盘。

其中包括北落师门（又称南鱼座 α 星，是南鱼座最亮的星）的尘埃盘，半径约有 130 天文单位，以及波江座 ε 星（又称天苑四，是离太阳最近的恒星之一）的尘埃盘，半径约有 50 天文单位。绘架座 β 星、波江座 ε 星和北落师门都可能存在行星（可能性依次递减），这意味着，尘埃盘与行星的形成这两件事之间存在着某种关联（图 8–2）。

寻找真正的原行星盘

但是，希望马上就破灭了。科学家很快发现，绘架座 β 星、织女星和 IRAS 发现的其他恒星盘都不是真正的原行星盘。尽管它们都含有大量尘埃，但还不足以构成行星系统，而且似乎也没有气体存在的迹象。太阳这类恒星的主要成分是氢和氦，当被压缩成盘状时，这些元素一般以气体的形态存在。既然恒星和原行星盘都是由同一个分子云的核同时形成的，那么它们的成分应该差不多，但 IRAS 观测到的恒星盘显然不同。虽然它们有足够多的尘埃形成岩质行星，但由于没有氢气和氦气，所以无法孕育出像木星一样的气态行星。

深入研究后，科学家还是没有在绘架座 β 星、北落师门和波江座 ε 星上发现气体。它们的成分似乎全是固态的细尘粒。由于缺乏气体，这些尘埃非常不稳定。因此，这些尘埃会经常和其他尘埃高速相撞，破碎变成更细的颗粒。随着时间的推移，恒星的光将改变细尘粒的轨道，它们或是被恒星吸积，或是被吹入星际空间。计算结果显示，绘架座 β 星和织女星的原始尘粒应该早就已经不在了。今天我们所看到的恒星盘一定是由第二代尘埃组成的，这些尘埃应该是最近才由小行星相撞后形成的，或者是从彗星脱落的。今天，天文学家将这些由小行星和彗星残骸组成的恒星盘称为碎屑盘，而它们里面很可能有行星形成时留下的残骸（图 8–3）。

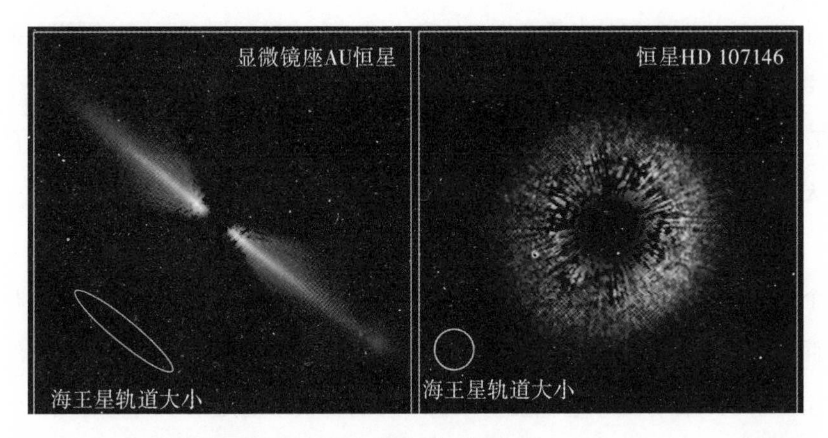

图 8–3　哈勃空间望远镜拍摄到的两颗恒星周围的碎屑盘，一个是侧立图，一个是正面图。左下角的椭圆和圆圈代表与碎屑盘同向旋转的海王星轨道的大小［图片来源：显微镜座 AU 恒星（左）：NASA, ESA, J. E. Krist（STScI/JPL）, D. R. Ardila（JHU）, D. A. Golimowski（JHU）, M. Clampin（NASA/GSFC）, H. C. Ford（JHU）, G. D. Illingworth（UCO -Lick）, G. F. Hartig（STScI）, and the ACS Science Team; 恒星 HD 107146（右）：NASA , ESA , D. R. Ardila（JHU）, D. A. Golimowski（JHU）, J. E. Krist（STScI/JPL）, M. Clampin（NASA/GSFC）, J. P. Williams（UH/IfA）, J. P. Blakeslee（JHU）, H. C. Ford（JHU）, G. F. Hartig（STScI）, G. D. Illingworth（UCO -Lick）, and the ACS Science Team］

虽然碎屑盘并不是原行星盘，但它们的体积大小、形状和尘埃成分都说明它们和原行星盘关系很大。有碎屑盘的恒星的年代一般比前一章提到的猎户座星云里的金牛 T 型星和金牛座 – 御夫座星云里的恒星更古老。最明显的解释就是，碎屑盘是由真正的原行星盘在早期失去气体后演化而来的。许多拥有碎屑盘的恒星都能孕育行星，但如果想亲眼见证它们是如何形成行星的，恐怕要穿越回几百万年前才行。

幸运的是，有可靠证据显示，尽管无法被直接观察到，但大部分金牛 T 型星都拥有气体盘。早在 20 世纪 40 年代，天文学家就已经知道这些年轻恒星的光谱里含有发射线——分布于某些固定离散波长处的过量可见光和紫外光，同时金牛 T 型星的亮度随时间的变化也非常大，这两个现象很可能是气体盘内沿的热气体掉落到恒星上所致。金牛 T 型星还经常有红外超，这说明它们的盘里含有气体和尘埃。和多数碎屑盘不同，围绕在金牛T型星周围的尘埃的温差很大，这说明尘埃盘很大。一般情况下，金牛T型星中的尘埃会从距离恒星零点几天文单位的地方延伸到几十乃至几百天文单位之远，其范围之大足以覆盖太阳系所有行星的轨道。

从金牛T型星光谱里的发射线强度来看，气体正在以每几百年一个地球质量的速度快速坠落到这些恒星上。这个气体吸积速度与诞生几百万年的恒星差不多。如果这么长时间以来，这些恒星一直以如此快的速度吸积气体，那么它们盘里最初含有的物质一定是木星质量的几十倍之多，这一数值和根据它们含有的尘埃数量推测出的总质量几乎一致，而这些材料已经足够形成太阳系的行星了。看来，金牛T型星的星盘应该和我们猜想已久的太阳星云一样，都是真正的原行星盘。

金牛T型星周围的气体因为高度透明而很难被看见。通过原行星盘光谱的可见光和红外光区域看到的氢气和氦气的特征寥寥无几，因此尤其难以探测。其他气体，如一氧化碳和氰化氢则比较容易探测到。目前，很多原行星盘都被发现存在这些气体。科学家借助射电望远镜观测一些星盘后发现，这些气体如料想一般绕着中央的恒星旋转。我们还可以通过分析这些恒星的光谱来确定星盘里尘粒的构成物质。岩石硅酸盐、石墨、冰、复杂有机物，甚至小颗的钻石，都是原行星盘中常见的物质。

揭秘太阳星云

通过观察其他原行星盘和从陨石和计算机模拟得到的信息，科学家现在已经对行星形成时期的太阳星云有了一个合理而清晰的认识。那时候的太阳星云应该是以太阳为中心的一团大致对称的盘状星际气尘。盘的中间最薄，离太阳越远，厚度越大。在它早期，有一股气体尘埃流源源不断地补充进来，这些物质来自附近的一个分子云，正是它们塑造了太阳系。盘里的气体和尘粒也在不停地绕太阳运动，并缓慢流向内部，被太阳吸积。

太阳星云里的气体非常稀薄，密度仅为地球大气层里大气的几千分之一，距离太阳越远，气体越稀薄。太阳星云里的气体大部分为氢气和氦气，只有极少量的惰性气体、水蒸气、一氧化碳和其他分子。细尘粒充斥着星云，挡住了新生太阳的大量可见光，只隐隐发出红外波长的弱光。星云里大部分都是直径不足 1 微米的细尘粒，比一般家庭里的尘埃还要小得多。

太阳星云中心的温度最高，那里受热最多，流向太阳的气体还会被太阳引力压缩。在太阳星云靠近太阳的区域，可能所有物质都曾经被完全蒸发，包括岩石和金属。太阳星云里的气压到处都很低，无法使液态物质稳定，因此里面的物质都是以固态或者气态形式存在。离太阳越远，气温越低，这使得物质得以凝结成固体。因此，太阳星云不同部分的尘粒成分也不同。太阳星云内部的尘埃含有耐高温物质，如硅酸盐和金属。外部则是柏油状的有机分子，再外一些是水冰，最后是其他物质结成的冰，如固态甲烷、一氧化碳和氮，这些只有在严寒的星云最外部才能保持稳定。

在离太阳几天文单位远的地方，温度低到足以形成水冰。天文学家将这个距离称为雪线，它是决定行星成分的一个重要因素。像地球这样的岩质行星很可能形成于雪线内侧较热的一边，水在那里以气态的形式存在，所以难以保持。这也是这些行星今天水分都比较少的原因。而巨行星和它们的卫星则形成于雪线以外的地方，所以它们能够形成大量水冰，它们的成分也富含水。

太阳星云里的气体可能会形成湍流，湍流可将气体引向太阳。一些直径几百万千米的巨型旋涡气流长年累月地以低速旋转，再逐渐分解成越来越小的旋涡，最后变成热量消散在太空里。湍流需要有一个能量源才能保持运动，否则湍急的气流便会减弱，气体的流动也会开始变得平稳。它们的能量源很可能是星云本身旋转产生的能量，而星云旋转的原因可能是星云磁场和带电粒子发生互相作用所致，具体细节尚不明确。

由于许多陨石都含有大量粒状体，所以太阳星云里一定存在大量粒状体。很明显，这些毫米大小的岩质颗粒物曾经在过去某个时间点，在太阳星云里经历过高温。从它们的晶体质地可知，它们的冷却速度极慢，一直持续了几个小时，因此它们必定形成于一个致密的大集合（至少直径有几百千米），如此一来它们的热量才能保存较久。粒状体里还保留着一些挥发性元素（如硫），如果它们被加热时间太久的话，这些元素便会挥发出去。这说明，除加热阶段以外，太阳星云中形成粒状体的区域的温度相对较低。

遗憾的是，形成粒状体的加热事件的发生原因至今仍然不得而知。有些粒状体里面还包含着年代更加久远的粒状体碎块，这说明加热事件肯定发生过不止一次，可能是很多次。球粒陨石丰富的种类和不同年代也说明过去曾经发生过多次加热事件，每次都影响到星云的一部分。有一个说法认为，生长中的行星或致密气团的引力摄动会在星云里产生冲击波。围绕太阳运行的小颗粒遇到冲击波背后致密的气体后，速度会减慢。与这些气体的摩擦力将尘埃加热至熔点，这个温度会一直持续到冲击波产生的所有热量消散为止。还有一种观点认为，尘粒经过无数次碰撞后，产生了类似地球上雷雨云中的强电压。电压释放时会产生闪电，于是闪电将太阳星云一小部分区域里的气体加热至几千摄氏度的高温，该温度远远超过了周边任何尘粒的熔点。

许多陨石里都含有富钙铝包体，它是一种大小和粒状体差不多但成分为类陶瓷矿物的粒子。富钙铝包体形成于极高温环境，但从它们的质地来看，它们有着和粒状体不同的形成方式。从富钙铝包体的矿物组成以及不含挥发性物质的情况来看，它们应该位于靠近太阳的太阳星云中温度最高的区域里，是最早凝结成固体的物质之一。此观点也与富钙铝包体的同位素年龄相符，富钙铝包体的同位素年龄显示，它们是太阳系中已知形成时间最早的物质。在富钙铝包体形成后，它们可能随湍急的气流移动到太阳外部。有些会被生长中的行星吸收，其他的可能流入了太阳，但也有很多去了小行星带，之后它们在那里又被集中到粒状体里，还有一些则被吹到外太阳系。近来，科学家在从“怀尔德 2 号”（Wild 2）彗星带回的一份尘埃样本中发现了富钙铝包体。

星际间的尘埃凝聚

大多数科学家都认为，如同在原行星盘里所见到的一般，太阳系行星的形成是从细尘粒开始的。这些尘粒慢慢地聚拢到一起，然后发展成越来越大的物体，直到和行星一样大。然而，成为像地球一样大的行星需要巨大数量的尘埃：1 后面再加 40 个 0！这说明一定发生了什么重大的转变，毕竟太阳星云存在的时间很可能只有几百万年而已。

了解细尘粒究竟是如何凝聚成一个和行星一般大的物体的，是一个困扰了科学家几十年的难题。在实验室里创造一个行星来检验各种理论是不现实的。话虽如此，但科学家还是可以用做实验的方法来检验尘埃凝聚的初期阶段。引力是研究者们面临的最棘手的难题之一。太阳星云里的尘粒以自由落体的方式落到太阳上，所以尘埃凝聚是在失重的条件下才会发生的。在地球上或者地球附近找到相似的环境难度非常大。科学家曾经在绕地球飞行的 NASA 航天飞机里做过几次模拟尘埃凝聚的实验。在其中一次实验中，研究人员在一个小型容器中注入了惰性气体和大小类似原行星盘尘埃的尘粒，航天飞机进入轨道之后，天文学家往容器中喷射一股空气将尘埃分离。几秒后，尘粒开始慢慢地互相碰撞，并聚在一起，形成由几十个颗粒组成的长丝。

在第二个实验中，科学家用直径约 2.5 厘米、移动速度各异的石英颗粒轰击细沙。低速移动的颗粒埋进了沙里，而高速的则再次弹起，把一部分沙子变得更松散。这两个实验说明，太阳星云里的尘埃球可能是由细尘粒构成的，但尘埃球只有在慢慢相撞的情况下才能形成。强大的撞击只会将尘埃球打散，而不会使它们增大。

在太空中进行实验代价非常高昂，科学家通常会使用一些成本更低的替代方法，比如高高的“落塔”。颗粒从 100 米或以上高度的落塔上掉落到地面的过程中，会经历几秒钟的失重。一些飞行高度不足以绕行的小型低成本火箭也会经历几分钟的微重力。

用于尘埃凝聚实验的最不寻常的装置之一是 NASA 的 KC135 航空器，搭乘过它的人都将它称为“呕吐彗星”。登上这架航空器的不幸的飞行员需要一次次爬上 10 000 米高空，减速，然后再从天上掉下来，最后还要阻止它急速下降，从而避免灾难的发生。在这如过山车般的运动过程中，下降时，飞机上的人经历了微重力，上升时，所有东西的重量又比平时重了一倍。NASA 的艾姆斯研究中心利用这一临时失重实验室观察了一个装满气体的透明小容器里的尘粒的增长情况。当一股空气将容器里的尘埃打散后，它们马上又聚到一起，在几秒钟内形成一个几厘米大的集合体。太阳星云里的尘埃会飘散得更远，因此增长速度也更慢。但这一实验戏剧性地证明，尘埃是可以自发聚合成更大的结构的。

所有这些实验的结果都证实了 NASA 航天飞机上的发现。低速碰撞的尘粒会聚在一起，形成蓬松的集合体；速度加快一点儿的话，尘埃仍然会聚在一起，但所形成的集合体会更为结实；剧烈的撞击会使尘埃互相弹开，而不是聚在一起，这个过程通常会把单个尘埃弹开。高速碰撞会将尘埃球粉碎成小碎片，而不会使它们变大。

如果行星和小行星只是简单地由细尘粒逐渐堆积而来，那么我们可以认为，球粒陨石完全是由尘埃构成的。毫无疑问，单个尘埃会通过撞击和受到母小行星的引力而聚在一起，但是，它们应该幸存了下来并保留着它们的性质。然而，这和我们常见的事实不符。粒状体中的确含有细尘粒，但尘埃只不过是其中的一小部分成分而已。这些陨石的主要成分是粒状体和富钙铝包体，它们的个头比我们在原行星盘里看到的最小的尘粒还要大得多。

粒状体之间的碰撞和微尘之间的碰撞又极为不同。实验显示，粒状体相撞时会将彼此弹走而不会聚在一起。高速碰撞通常会将粒状体撞成碎片，所以粒状体相撞的结果是体积减小，而非变大。陨石里的粒状体一般被细尘围绕着，这些细尘可能是它们从太阳星云里吸积的。如果这圈细尘最初和航天飞机凝聚实验所得到的长丝一样蓬松，那么它们就可以改变粒状体撞击的方式。尤其是，蓬松的尘埃会吸收撞击产生的大量能量，从而使粒状体聚在一起的概率增大。不幸的是，一些撞击最终只会造成分离而非结合，而且尘埃层会很快变得结实，失去黏着力。计算结果显示，哪怕它们有蓬松的尘埃层，粒状体团块也不可能变得比鹅卵石大。

显然，除了简单的黏着外，粒状体累积成比小团块更大的东西还需要另一个过程。事实上，在下文我们会讲到，黏着力造成的成长在只含有细尘粒、没有粒状体的区域势必会停止。

气体的作用

当尘埃形成行星时，太阳星云里的气体也没有闲着。相反，它们对经过它们的固态粒子产生了巨大的影响。气体主要通过拉拽的方式影响小型固体，就像地球上的风阻力。随着时间的推移，尘粒和尘埃球倾向于向太阳星云的中部移动，因为太阳引力把它们拉向中心，但它们的轨道运动又阻止它们掉入太阳。在粒子进入星云中部的过程中，气体减慢了它们的速度，因此每个物体都以一种稳定的速度运行着，就像地球上的跳伞运动员不管从多高的地方下落，最终都会达到某个特定的最高速度一样。这一速度取决于粒子的大小和形状。较大的粒子下落速度更快，并且在下落过程中会捕获速度较慢的较小粒子。当它们到达太阳星云的中部后，它们之中的最大粒子可能已经成长到和粒状体一样大。靠近中部时，气体的湍流运动抑制了它们的下坠，并使它们再度上升。粒子不断上下运动，就像雷雨云里的水滴和冰晶一样。

离太阳越远，太阳星云里的气压就越低。因此，太阳星云里某个地方的气体感受到了一个轻微向外的压力，这个压力部分抵消了太阳引力对太阳星云的向内的推力。这意味着，太阳周围气体的运动速度要稍小于固体。尘粒、粒状体和其他固态粒子在穿过气体绕太阳运动时都受到了逆风，这个逆风渐渐减慢了它们的前进过程。能量的不断流失使得固态粒子朝向太阳做螺旋运动。圆石般大小的物体受到的影响最大，直径在 1 米左右的物体每几百年就会靠近太阳 1 天文单位。

固态粒子经常被湍急的气流困住。较小的粒子毫无障碍地被气流带进旋涡，而较大的粒子的运动则更加难以预测。这些湍流运动和粒子向太阳的旋涡运动结合起来，造成不同大小粒子间的高速碰撞——速度高达每小时 150 千米。这些高速碰撞更可能使它们弹开或者粉碎，而不是聚合在一起。这一现象和圆石大小的物体由于向内飘移而寿命极短的现象都说明，理论上，大小介于鹅卵石和圆石之间的物体发生碰撞时，它们的生长就会不可避免地终止。科学家通常将这一问题称为“一米生长障碍”。

星子的形成

科学家一直在寻找大自然突然克服一米成长障碍，让大量小粒子形成小行星甚至行星大小的天体的办法。一些最早深入研究该问题的人认为，他们已经找到克服该障碍的完美方法。

1969 年，苏联科学家维克托・萨夫罗诺夫发现，假如太阳星云的中部平面有一个薄层，里面聚集了足够多的固态粒子，那么这些粒子共同产生的引力会使得该薄层变得不稳定。用不了多久，这些粒子便会自发地形成松散的团块，它们聚在一起完全是因为引力。它们在自身引力作用下进一步收缩，最后变成了直径几千米的固体。萨夫罗诺夫将这些物体称为星子。他马上意识到，星子是构成行星的理想基石，因为它们的体积太大，受到来自星云气体的逆风的影响，它们无法向内螺旋移动，它们的引力也会使它们紧紧吸住与其他物体碰撞时产生的碎片。几年后，美国科学家彼得・戈德赖希（Peter Goldreich）和威廉・沃德（William Ward）也独立得出了这一推论，一米成长障碍的问题一度似乎被解决了。

但这个想法其实存在一个问题。现在我们知道原行星盘里的气体可能是湍流，而即使是最小的湍流，也足以破坏萨夫罗诺夫提出的引力不稳定性。随着粒子向太阳星云的中部平面移动，气体湍流会充分搅动它们，使它们稀薄到无法形成薄薄的引力不稳定层。

尽管如此，但科学家还是没有放弃寻找克服该障碍的方法。科学家最近提出了两个新理论，两个理论都认为湍流是本质，而非需要回避的问题。有一个理论认为，湍急的波动势必偶尔使一个地方的圆石大小的粒子集聚，哪怕只是暂时性的。随着圆石越来越多，它们会互相保护彼此免受来自星云气体的逆风的影响，就像鸟群中间的鸟受到的风阻较小一样。离星云中心较远的圆石和之前一样继续向内做螺旋运动，所以它们自然会在一些圆石较多的区域累积。计算机模拟显示，这样的累积应该持续到圆石的引力足够使它们聚合在一起为止，那时，圆石已收缩形成了一个星子。

另一个理论是以实验室实验为依据的，在实验中，湍流里的小粒子倾向于向旋涡之间的停滞区聚集。在太阳星云里，这种湍流聚集暂时会使粒子比平时更加紧密地聚集，它们可能会形成团块，在自身引力作用下聚集并收缩，最终成为星子。湍流聚集只对特定大小的粒子有用。该理论尤其有说服力的一点是，在太阳星云里，这一特定直径约为 1 毫米，这个大小和粒状体陨石的主要成分——粒状体一模一样。

目前，究竟哪个理论才是正确的仍没有定论，也有可能两个都是错的，星子的形成过程仍然有待发现。虽然星子的形成细节仍不确定，但是太阳系行星和小行星的存在揭示了星子一定是在太阳星云里形成的。同样，年轻恒星周围普遍存在的碎屑盘告诉我们，宇宙其他地方也普遍有星子的存在。

原行星盘的消亡

和恒星相比，原行星盘的寿命很短。天文学研究表明，大部分新生恒星都拥有一个巨大的气体尘埃盘，但它们中大约有一半会在大约 300 万年后消散。和人一样，原行星盘的寿命各不相同。有些很快便消散了，有些也会存在相当长一段时间。然而，年龄超过 1 000 万年的恒星里很少还保留着原行星盘。

天文学家显然无法见证任何原行星盘的整个生命周期。在观察了不同恒星周围、处于不同演化阶段的原行星盘的照片后，我们对它们的演化过程进行了推测。在最初的几百万年里，恒星的年龄和其原行星盘的性质的联系并不大。原行星盘里的尘埃物质流到恒星上面，使盘的质量慢慢减少。与此同时，原行星盘里的尘埃也会逐渐汇聚成星子。然而，这时原行星盘的外形并没有发生太大的变化。

然后，另外一些事情发生了。靠近恒星的温度较高的尘埃似乎消失了，而温度较低的则保存了下来。这些原行星盘的红外光谱显示，它们的中心，也就是恒星周围的区域有一个洞，里面不存在任何尘埃。天文学家将这样的盘称为过渡盘，因为它们的性质介于大质量、气体丰富的原行星盘与小质量、气体稀薄的尘埃盘之间。过渡盘相对来说比较罕见，这说明过渡阶段很短暂，小于 100 万年。

高温尘埃的消失可能是行星形成的结果。随着尘埃积聚成更大的物体，它们暴露在外的表面积减少，比相同质量的细尘埃要小得多。这时，恒星的红外超可能会黯淡得不可见。若形成一颗巨行星，它的引力摄动会使盘里的一个环形区域空无一物。当几个行星同时存在时，它们的引力会很快将盘内部的物质全部清除。

恒星散发出来的光通过光致蒸发，同样可能会在盘里形成一个洞。年轻恒星会发出大量紫外线辐射。星盘表层的气体原子吸收了这些辐射后，将做高速运动。离恒星近的气体被恒星引力紧紧束缚在盘内，但离恒星几天文单位开外的气体的速度就快到足够逃离该系统而进入太空。假如光致蒸发导致的流失速度超过星盘气体流入恒星的速度，则会形成一个空隙，迅速在恒星周围形成一个大空洞。

来自周围大质量恒星的紫外线辐射也可以从外面侵蚀原行星盘。这看起来正是猎户四边形星团里许多原行星盘的最终命运。低质量恒星由于引力较弱，很难留住它们的气体，而且它们最初的原行星盘比较小，所以这些原行星盘尤其容易失去。

并非所有恒星都会经历过渡盘阶段。一些较老的星盘内部从未形成过空洞，它们当中各处的气体和尘埃似乎都在缓慢流失。这说明星盘有两种演化方式，天文学家还不清楚这其中的原因。也许它取决于恒星释放的紫外线辐射的量的多少，或者在星盘存在的时间内是否有较大的行星形成。

但是不管是以哪种方式，原行星盘的存在时间都很短。它遗留下的气体也不复存在：有的流动到了恒星上，有的被巨行星吸积，有的被光致蒸发驱散。一些尘埃累积成了星子，但大部分尘埃因受气体拉拽而随气体流失了。有一小部分尘埃仍然待在温度较低的星盘外部，而星子碰撞产生的尘埃也在源源不断地对它进行补充。于是，原行星盘变成一个碎屑盘。

太阳星云在行星的早期形成阶段起到了一个庇护所的作用。星云里的气体减慢了尘埃的相对速度，减少了摩擦碰撞，从而有助于它们成长为更大的物体和粒状体。气体的湍流运动可能帮助许多粒子集合到一些小区域，进而在引力的作用下将粒子变成星子。

如果太阳的情况和其他恒星一样，那么太阳星云的存在时间也不长，大概只存在 500 万～1 000 万年左右而已。然而，一旦星子形成并达到一定大小，它们的生长便不再需要太阳星云了。这些原行星已经准备好离开这个孕育它们的地方，并迈入成为一个真正行星的下一段征程。下一章，我们会介绍太阳星云内部的几个幸运的原行星是如何最后成为类地行星的。

第 9 章

分道扬镳的类地行星

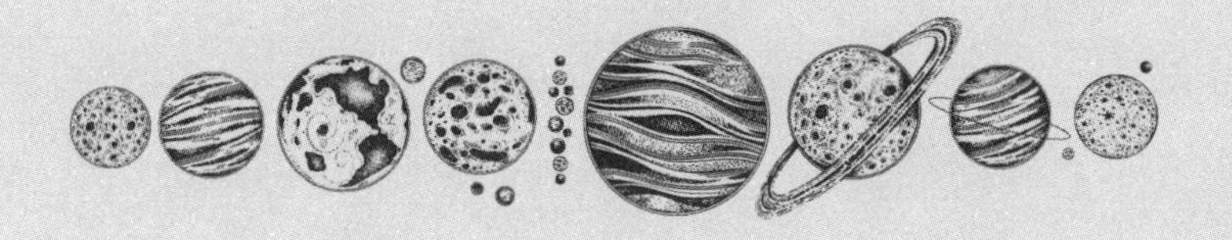

熟悉又陌生的金星

从表面上看，地球和与它距离最近的行星——金星有着许多相似之处。比如，它们的体积相近，而且都处于太阳系的同一个区域；它们的主要成分都是岩石物质，都有相对比较薄的大气层等。但是，它们仍旧存在一些明显的差异。比如，地球有磁场，而金星没有；金星大气的主要成分是二氧化碳，而地球的大气成分是氮气和氧气；地球的自转速度很快，每 24 个小时自转一次，而金星的自转速度则比地球慢得多，它的自转周期比绕日公转周期还长。

即使在大口径天文望远镜出现后的很长一段时间里，金星的表面仍是一个谜，它终年被笼罩在一层不透光的云层之下。有人猜测，金星早期也许也和地球一样温暖，生机勃勃。20 世纪 60—70 年代期间，随着美国和苏联发射了一系列金星探测器，这一幻想破灭了。他们发现金星的环境非常恶劣：烤炉般的高温，比地球高 100 倍的大气压强，遍布硫酸云的天空……

针对这些情况，苏联工程师专门设计了一系列能够承受金星恶劣环境的金星探测器，哪怕只能停留一会儿也好。这些外形酷似坦克的探测器经过高度加固后足以承受金星上极高的大气压强，并且搭载了设计精良的冷却系统。1975 年发射的“金星 9 号”（Venera 9）探测器当数其中的佼佼者。该探测器在到达目的地后分离成两个部分，一个轨道飞行器和一个着陆器，前者在分离后开始环绕金星飞行，后者则去往金星表面。

在安全穿过金星的云层后，“金星 9 号”的着陆器释放出一个空气制动器，并徐徐降落到金星表面。很快，它传回了金星的第一批照片，这是人类史上首次拍到除地球以外的行星的照片，这些照片通过无线电波逐个像素地艰难传输给轨道飞行器，再传输回地球。照片中的金星十分荒凉，火山岩一直延伸至天际。和地球岩石不同，金星的岩石扁平而且棱角分明，没有经历过风化的迹象。虽然金星比地球更靠近太阳，但它的表面看起来却很阴暗，那是因为大部分阳光都被它上方厚厚的云层反射出去了。除了光线晦暗以外，金星的表面温度超过 460 摄氏度。53 分钟后，“金星 9 号”的轨道飞行器飞出了设定范围，无线电波随即被断开。科学家再也没能收到着陆器的信号，但它至少证明了金星是一个和地球极为不同的星球。

虽然地球和金星的体积几乎相同，但它们之间其实有着天壤之别。海洋、陆地、磁场、生命，这些金星统统都没有。过去，金星和地球被认为是一对“双胞胎”，如今它们却成了对比研究的对象。太阳系的其他岩质行星（火星和水星）都和地球非常不同，而且各有特色。本章，我们将一起来了解太阳系的 4 颗类地行星是如何从相同的起点走上不同道路的。

看不见的星子

上一章里，我们了解了太阳星云里的数万亿个微粒和碎片是如何凝结成块，从而形成一群类似小行星的星子的。我们还了解了研究其他原行星盘能如何帮助我们了解太阳系行星的最初形态。从这一点来看，其他星系对我们的帮助非常少。围绕其他恒星公转的星子由于太小和过于黯淡而无法从地球上用望远镜观测到。同时，星子拦截的太阳光太少，因此也无法从恒星的光谱中检测到红外超。总之，星子这一行星的雏形，我们是完全看不到的。

诞生伊始的星子也许是一些由当时存在于太阳星云里的各种尘埃、粒状体以及其他碎片混合而成的松散的物体。今天，粒状体陨石里的粒状体和其他粒子黏合得非常牢固，需要外力才能将它们分开。这说明，在星子形成后，其中的物质曾经被挤压过。但由于星子太小，它的引力并不足以将其挤压到这种程度。只有星子间的相互碰撞才能产生足够大的力。随着时间的推移，碰撞会逐渐将松散的星子压实形成坚石。

放射性衰变产生的热量极大地改变了一些星子的成分。随着温度的升高，挥发性物质（比如冰和有机焦油）熔化并蒸发，到达星子表面并最终逃向太空。位于温度更低的太阳星云外部区域的星子的主要成分是冰。部分冰的融化和蒸发可能起到了使星子保持低温、防止大部分挥发性物质逃逸到太空的作用。岩石和水也发生了一些反应，但温度没有上升到足以使岩石物质熔化的程度。太阳星云内部的冰和焦油较少，因此它们的降温效果很有限。这些挥发性物质几乎全都逃逸到太空，只剩下完全由岩石和金属构成的已熔化的星子。

星子在围绕太阳运行的过程中，彼此之间频繁发生摩擦，发生碰撞也难以避免。计算机模拟显示，早期的星子碰撞释放出的能量大到足以使它们解体和碎裂，但一般情况下，不会使它们的碎片分散。一般星子的引力能够将许多碎片维持在一起，至少是在这个阶段。它们最终会形成更大的物体，也会逃逸出一些碎屑。

每发生一次碰撞，背后都有更多未能碰撞的近距离接触。在每次近距离接触时，星子在引力的相互作用下向彼此靠拢，然后动量再将它们分开。虽然避免了相撞，但是这样的接触也留下了痕迹——改变了星子绕太阳的运行轨迹。

多次的近距离摩擦使得大型星子在太阳星云平面里的运行轨迹呈近圆形。这一效果叫作动力摩擦。虽然没有发生真实摩擦，但多次引力相互作用的效果就像摩擦力，起到了防止大型星子在太阳星云平面里的轨迹偏离简单圆形过多的作用。对比起来，小型星子则比较容易被推向周围比它大的物体，最终发展成倾斜而扁长的轨道。

较大的星子拥有近圆形的共面轨道，这对它们的生长速度将产生重大的影响。当两颗大型星子靠近彼此时，它们的轨道形状可以确保它们在平行的轨迹上以相近的速度运行。因此，它们的相遇时间维持得比较长——一般来说为几周或几个月。这段时间已经足够两颗星子相互吸引，将它们的轨道拉拽向彼此，从而增加它们最后相撞和融合的可能（图 9–1）。

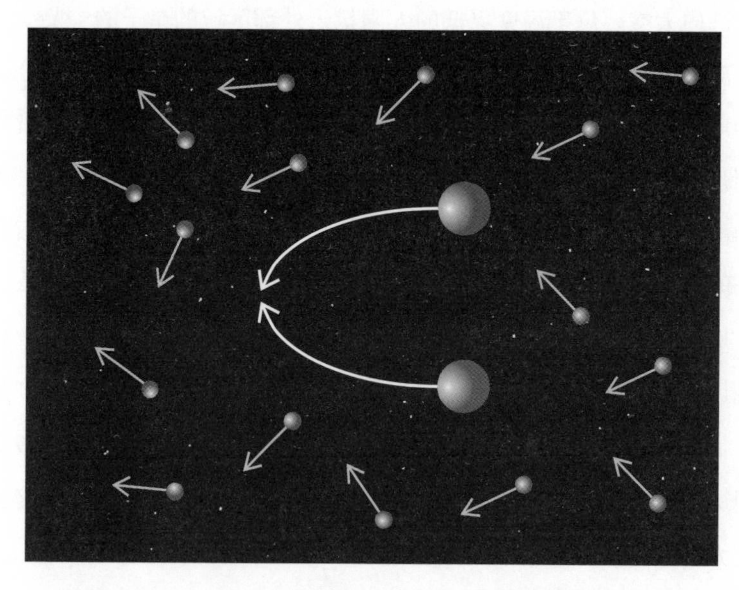

图 9–1　引力聚焦。沿几乎平行的轨道以相近速度运行的两颗大型星子有充足的时间互相吸引，这增加了它们相撞的可能性

小型星子更有可能发展出倾斜而扁长的轨道，它们通常会高速靠近彼此。它们的相遇非常短暂，几乎没有前面所说的“引力聚焦”过程。因此，小型星子很少会互相碰撞。当它们相撞时，它们极高的相对速度通常会使它们发生灾难性的解体，而不是生长。

动力摩擦和引力聚焦的合力导致了一种叫作失控式生长的过程：最大的星子急速增大，而其他星子慢速生长，甚至停止生长。

行星胚胎接管

不受控制的失控式生长不会持续太久。很快，最大的一颗星子变得大到足以摄动大部分比它小的星子，使它们的轨道变得倾斜而扁长。随着引力聚焦的减弱，大型星子也更难撞上小型星子。一旦有一颗较大星子吸积掉周围的所有大型物体，它的生长难免就会减慢，因为它随后还要去追逐更加难以捉摸的小星子。

这时，一种新的模式建立起来了。太阳星云的各部分都被一个大型星子统治着，这颗星子已经将它的对手吸收了。由于它们之中至少有几个最终将变成真正的行星，所以这些大物体被称为行星胚胎。动力摩擦让行星胚胎沿着近圆形的轨道运动，并且很少接近彼此。两颗行星胚胎只有在少数情况下才会相遇，它们的引力很快会使它们融合在一起，或使它们快速经过彼此并再次远离。

每个行星胚胎都在一群星子里运行，这个范围成为该行星胚胎的引力俘获区，它会吞食掉所有过于靠近它的星子，因此会增大。星子同样会相撞，但它们的速度非常高，所以很少结合在一起，而是分开。天文学家玩世不恭地将其称为寡头式生长，源自少数人统治多数人的政治制度（图 9–2）。

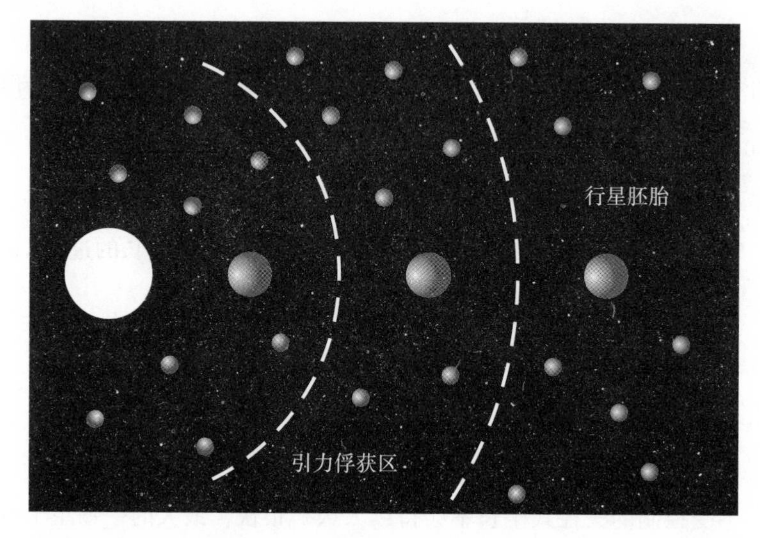

图 9–2　寡头式生长。随着较大行星胚胎的生长，它们有了各自掌管的引力俘获区，通过吸收附近比它们小的星子而长大

寡头式生长是一个自我调节的过程。假如有一颗行星胚胎由于吸积过多星子而成长过快，其强大的引力会迅速地搅动引力俘获区里星子的轨道。星子相撞的概率变得越来越小，寡头式生长也随之停止。因此，相邻行星胚胎的生长速度相近。由于行星胚胎的大部分质量都来自其引力俘获区，所以太阳星云里不同部分的行星胚胎的成分也各不相同，它们的成分反映了它们所在区域的星子的构成成分。

计算机模拟显示，从星子开始大量出现时算起，寡头式生长的持续时间约为 100 万年。只要寡头式生长没有结束，行星胚胎就会不断增大，而星子则减少。相近行星胚胎之间的引力相互作用也会随着时间变得越来越强，而星子造成的动力摩擦则减少。最后，行星胚胎之间的引力大到动力摩擦也无法约束它们的地步，这时，它们之间的摄动力就会使它们的轨道变成椭圆形的倾斜轨道，远离它们的引力俘获区。随着行星胚胎和星子之间的引力聚焦大幅度减弱，寡头式生长也至此结束。到这个阶段，行星胚胎已经清空掉它们附近几乎一半的物质。然而，行星胚胎仍然只有月球或火星般大小，而这距离它们变成像地球和金星一般大小的行星仍有一段时间。

现在，行星的形成进入最后一个漫长的阶段，这个阶段由漫长的不活跃期夹杂着几段短暂的重创期组成。随着行星胚胎的轨道开始相互交错，它们之间发生碰撞将在所难免。但是，行星胚胎倾斜而扁长的轨道意味着引力聚焦非常小，所以碰撞事件并不多。行星胚胎的近距离接触继续改变着它们的轨道，时不时地将它们拉近或拖离太阳。在这个阶段，行星系中仍然存在着大量星子。它们的轨道同样是倾斜而扁长的，这些星子后来都被行星胚胎清空了。这一时期发生的碰撞事件抹去了部分寡头式生长期造成的成分差异。

行星胚胎强大的引力意味着它们与其他天体的相撞一般都会导致少量尘埃融合，这一过程只会逸出相对较少的碎屑。有时，行星胚胎运行速度过快或斜着碰撞，则无法形成一个整体。在这种情况下，行星胚胎会相撞，滑过彼此，然后再分开，逃离，并在这个过程中交换物质。行星科学家将该类碰撞称为“逃逸碰撞”。

哪怕是它们结合在一起的情况，行星胚胎一般也都是以一个角度相撞，而不是正面相撞。它们携带的动量被转移到了新生的天体上，让该天体绕着一个轴快速自转，轴的角度与行星入射轨迹有关。行星刚形成时，它们的自转速度可能很快，每几小时旋转一次。有些可能受到最近的一次大碰撞的影响，会侧身旋转。

计算机模拟显示，地球花了约一亿年时间才达到目前的大小，并清空掉它附近的所有剩下的星子。这个时间长度几乎和利用放射性同位素计年法得出的估值一样。随着行星胚胎相互结合在一起，吸收掉剩余的星子，或将它们驱逐到太阳中或外太阳系，内太阳系发生碰撞的次数逐渐减少。

4 个幸存天体

最后，只剩下 4 个天体，即我们今天看到的 4 个类地行星。它们的轨道没有互相交错，而且它们之间的距离足够远，足以防止它们在太阳的生命期间发生碰撞。表 9–1 为 4 个类地行星和月球的物理性质对比。显然，它们之间千差万别。地球和金星的大小相当，而水星和火星则要小得多；地球和火星的自转速度快，而水星和金星则慢得多；地球和水星上有磁场，而其他则没有；所有类地行星都有大气，但金星上的大气厚度比地球厚近 100 倍，而水星的大气非常稀薄，几乎没有。类地行星的密度同样千差万别，这说明它们的成分并不相同。将各行星的引力产生的挤压力纳入考虑后，我们得出"非挤压密度"。显然，水星的密度比其他 3 个类地行星要高。

表 9–1　类地行星物理性质一览表

行星名称	质量（地球 =1）	平均密度（水 =1）	非挤压密度（地球 =1）	自转周期（天）	磁场	大气压强（地球 =1）
水星	0.06	5.4	1.2	59	弱	稀薄
金星	0.82	5.2	1.0	243	无	93
地球	1.00	5.5	1.0	1.0	强	1.0
火星	0.11	3.9	0.9	1.0	无	0.006
月球	0.01	3.3	0.8	27	无	无

4 个类地行星都形成于太阳星云内部，是从同一批星子成长而来的。在行星形成时和形成后，撞击、引力、内部加热和与太阳的距离对每个行星造成了不同的影响。与巨行星的接近可能也产生了一些影响，这点下文会讲到。这些力的相互作用共同塑造了这 4 个截然不同的星球。下面，我们将一起来了解每个行星是如何产生它们独一无二的特性的。先从我们最熟悉的地球说起。

地球的构造

了解地球的构造有助于理解它的演变过程。地质学家的明显劣势在于无法像天文学家观察宇宙一样直接看到地球的内部，但是，测震学帮助他们了解了地球内部的很多情况。地震发生时会释放出地震波，随后这种波动会向地球表层及内层各处传播开去。地震波的传播范围覆盖全球，利用全球分布的地震计网络就可以追踪到它们的行踪。地震波的传播速度取决于它们穿过的岩石的密度，因此只要测得地震波到达不同地方的时间，就有可能计算出地球内部不同深度的岩石的密度。

地球由一系列不同圈层构成，各圈层间的密度各不相同（图 9–3）。地球的最外层是一层薄薄的地壳，地壳下面是密度比它大的地幔岩，地幔岩占了地球总体积的绝大部分。地壳岩和地幔岩的成分和密度一般相同，例如，地幔岩的镁含量比地壳岩高，而地壳岩的硅含量又比地幔岩高。地幔岩下方是一个致密的地核，它占据了地球一半直径的空间，质量将近地球总质量的 30%。虽然地质学家还没有得到任何直接的地心样本，但是可以肯定，地心的密度非常大，且铁和其他金属占了 90%，只有 10% 是较轻的元素。

从另一个角度我们也可以说,地球的中心是一个铁核。一些元素如金、铂和铱对铁具有很强的化学亲和力。研究发现，这些亲铁元素在地壳岩和地幔岩中的含量比预期的要少，看来它们是在和地球中的大量铁发生化学反应后沉入了地心。实际上，模拟地球内部深处环境状况的实验表明，地壳和地幔中亲铁元素的实际含量甚至超出了理论水平。如果地心形成后地球又增加了一些质量，那么这个差异就说得过去。这个“后增薄层”大约共占地球质量的 0.5%，地表岩石中发现的大部分亲铁元素都是它带来的。

地核很可能是随着地球的形成而不断发展的。形成地核需要大量热量，只有当天体的大部分处于熔融状态时，铁和其他密度大的物质才能从岩石中分离并沉入地心。在第 5 章中我提到，铁陨石所来自的小行星的内核，很可能是由于短寿命同位素（如铝–26）释放出热能导致其熔化而形成的。但等到地球发展成为一个大行星胚胎时，大部分短寿命同位素都已经完全衰变，且衰变释放出的热量也已经大大减少了。但很多情况下，行星胚胎之间碰撞产生的热量也足以造成天体熔融，促成内核和地幔岩的形成。与其他行星胚胎的撞击也促进了地核的成长，因为每次行星胚胎撞向地球时，它们重重的内核都会嵌入地球，穿过地幔和地核结合在一起。

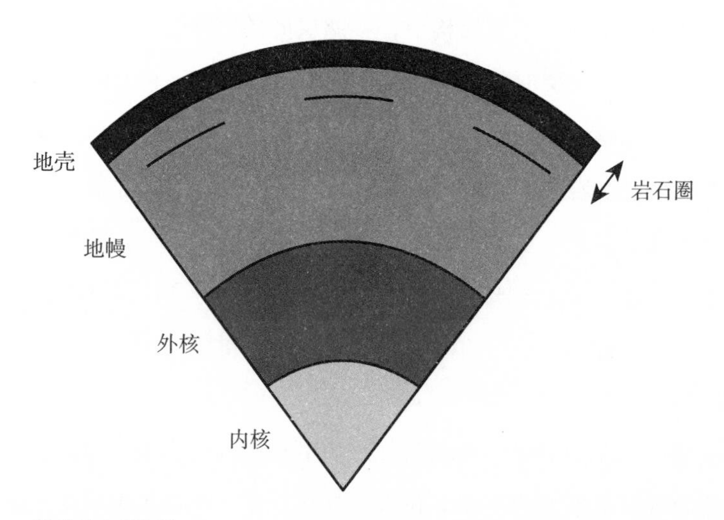

图 9–3　地球的内部构造

通过放射性同位素计年法我们知道了地核的大致形成时间，它也揭示了地球演化到今天所用的时间。半衰期长达 900 万年左右的短寿命同位素铪–182，在放射性同位素计年法中有着相当出色的表现。铪是一种亲石元素，常见于行星的地幔岩中，而它的子同位素——钨–182 是一种亲铁元素，更倾向于和铁结合沉入熔融的行星内核。今天，地球的地幔中含有超量的钨–182，说明在所有铪–182 衰变完前，地球和地核就已经开始形成。而月球则没有钨-182 超量的情况，因此月球极有可能是在太阳系形成后的至少 6 000 万年才形成的，接近地球成长后期。月球的形成过程我们会在下一章里详细阐述。

地球的铁核一般被认为包括两层。外核集中了地球形成时释放出的大量热量，因此外核的温度非常高，能使铁熔化。外核以内是内核，来自上面圈层的巨大压力将内核里的铁挤压成了高温固态。随着时间的推移，地球的内部逐渐冷却，固态的内核开始扩大，而外核开始变小。大部分热量都以对流的方式逃走，对流是指液态核中温度高、密度低的部分向上升并释放出热量，在密度变大之后又下降的过程。地核里的液态金属的流动产生了电流，强大的电流又形成了一个大磁场，这个过程叫作“发电机效应”。地球的自转会使不同的对流流体趋于同向，磁场出现简单的南北向结构，大致方向与行星的自转轴一致。今天，地球磁场在保护大气免受太阳释放出的能量粒子侵蚀方面扮演着重要的作用。

通常我们认为地球是由海洋组成的，水和冰其实只占据地球总质量的 0.02%。而就算只有这么多，我们也应该知足了。地球很可能是在太阳星云一个温度很高的区域形成的，在这一区域，水冰根本不可能保持稳定。星子和行星胚胎要想获得水，一定是以水蒸气的形式获得的。近来的计算结果表明，即便是在太阳星云内部这样的高温环境下，水蒸气分子也会和尘埃粒子聚在一起，因此这些尘埃粒子所组成的星子（至少是在刚形成的时候）都相当湿润，只不过，这些水分很可能很快就再次流失。前面提到，放射性同位素衰变和碰撞产生的热量会使星子和行星胚胎的温度升高，从而使水和其他挥发性物质挥发成气体，而星子微弱的引力不足以留住气体，所以气体最终逃逸到了太空。

因此可以推断，大部分位于太阳星云内部的星子含水量都很少，这一猜测从母体为曾被高温加热过的小行星的陨石的干燥特性那里得到了印证。然而，在远离太阳的地方，低温使水凝结成冰。水冰是小行星带外部及更远地方的星子和行星胚胎的主要成分。它们的水分有些由于受到辐射热量的加热而逃逸。但许多碳质球粒陨石富含水这一特征告诉我们，太阳星云低温区的星子都还保留着一定量的水分。

看来，地球上的水有可能来自离太阳较远的含水星子和行星胚胎。处于失控和寡头式生长阶段的行星胚胎会清空掉其附近的几乎所有星子，所以，太阳星云不同区域间发生交换的物质应该不多。寡头式生长结束后，所有物质都已改变。此时，星子和行星胚胎已经形成了极其扁长的轨道，它们在太阳系中的活动范围也更大了。巨行星木星和土星成形后，它们的引力使太阳系其他天体的轨道发生了改变，进一步扰乱了整个太阳系。

一些来自太阳系低温区的含有大量水分的星子和行星胚胎在向太阳移动的过程中，不可避免会撞到还没成形的地球。碰撞产生的能量会使撞击天体里的水分外溢，一些逃逸到了太空，更多的则很快就被当时处于部分熔融状态的地球地幔岩给吸收了。这些碰撞大多数是在地球的快速成长期发生的，那时地核和地幔还没有完全分开，离地球形成一层薄薄的富含亲铁元素的圈层也还有一定时间。随后，经过几百万年的时间，地球逐渐冷却，地幔中的水蒸气和其他蒸发性物质慢慢地以火山喷发的形式流失，并形成了大气层。最终，温度下降使水蒸气凝结并汇聚成为地球上的海洋。海洋中的水对地球生命的出现和生存起到了关键作用，这点我们会留到第 11 章再详细阐述。

今天，我们可以根据密度将地球划分为几个圈层，也可以根据岩石的状态进行划分。地球的最外层是岩石圈，由地壳和上地幔构成。地球坚硬的岩石圈由几个板块组成，每块跟一个大洲差不多大。岩石圈下方的地幔呈固态，但并非完全坚硬不动，而是像黏稠的糖浆一样，它们已经在地底下蠕动几百万年了。地幔深处的热能使岩石熔化形成了岩浆柱，岩浆柱深入周围密度较大的岩石，一直延伸到岩石圈底部。在这里，岩浆柱向周边蔓延并冷却，释放出地球内部圈层的热量。

有些板块岩石的密度会比底下地幔的密度大。出现这种情况的板块会下沉或“俯冲”到地幔深处，并将温度较低的物质一同带进地球内部。因此，地球的表面无时无刻不在经历着破坏，不断被海底和其他地方的新地壳代替。板块活动会重塑和移动大陆，其能量都来自从地球内部逃出的热量。随着时间推移，大型的板块构造以及风和水的作用大大改变了地球的外貌，严重改变了地球的早期地貌。

与太阳最近的水星

水星是最靠近太阳的行星，它和地球形成了鲜明对比。水星的体积比地球小得多，但在引力压缩作用下，它的密度却比地球还要大一些。水星上几乎不存在大气、海洋，且大部分表面的年代都很久远。水星的自转速度极慢，每公转两周，才完成三周的自转。

水星的许多特性都要归因于它体积小和距离太阳近。水星为什么比离它最近的金星和地球小这么多，这个问题至今还没有答案。第一种可能的原因是，形成水星的那部分太阳星云相对比较稀薄（星云内沿的物质流入太阳）。遗憾的是，即便利用现代天文望远镜，我们也无法看清楚其他原行星盘的内部情况，所以只能靠猜测。第二种可能的原因是，太阳星云的物质足够在水星目前的位置形成一个大行星，只是星子和行星胚胎的成长速度不够快。离太阳这么近的天体的公转速度会非常快，因此它们的碰撞速度也非常快，但许多碰撞会导致侵蚀而非成长，因此妨碍了水星的成长。

第三种可能的原因是，也许水星根本就是在其他地方形成的。它的成分看起来和顽辉球粒陨石很像，而顽辉球粒陨石来自内小行星带。假如水星和火星一样，也是在离太阳更远的地方形成的（这点会在稍后提到），只是后来才移动到今天所在的位置，那么它体积小的原因就说得通了。

引力收缩作用使水星成了所有行星中密度最大的一个。一个显而易见的原因是，它有一个和它体积差不多大的内核，还有一层和其他类地行星相比较薄的地幔岩。“信使号”水星探测器于2011年3月到达水星的轨道，它采集到的数据证实了这一解释。这些数据表明，水星的地壳岩和地幔岩加起来只有400千米厚，而位于它们下方的内核的半径却达到2 000千米。

科学家曾经认为，水星地幔如此薄是因为太阳高温加热使水星上部圈层的物质蒸发到太空。蒸发改变了水星的成分，最先蒸发的是一些容易挥发的元素，如钠和钾，最后剩下的都是一些难熔的元素，如镁和铝。然而，水星的大气非常稀薄，而且含有大量钠和钾，大气不断流向太空，因此那些从水星表面岩石逃出的原子进入了大气。由此可见，这些岩石中仍然含有大量钠和钾。“信使号”最终确认，水星表面的岩石中含有大量挥发性元素，甚至包括大量硫，这一点令人大跌眼镜。所以，水星密度高是由于太阳加热的可能性算是排除了。

还有一个可信度更高的解释：水星在形成后期曾经遭到一次重大碰撞。计算机模拟显示，假如当时水星的内核已经形成，那么一个行星胚胎高速撞击它时会将水星的大量地幔岩抛向太空，只有内核完好无损。也许后来有一部分岩石碎片又落到水星上面，但很多都已经被其他行星胚胎清空了。一些持有这种假说的人还提出一个有趣的想法，那就是一颗比水星大的行星曾经斜着撞击它，这次偏斜撞击造成水星的大量地幔被剥离，幸免于难的内核和剩下的地幔形成了今天的水星。像这种大碰撞一般会产生大量热量，但不清楚这是否就是今天的水星遗留下了挥发性物质的原因。

水星在行星中是一个特殊的存在，它的天和年形成一个简单的固定比率。从太空中一个固定的点看，水星自转三周与公转两周所用的时间相等，这样的比例源自太阳的引力摄动。当水星刚形成时，它的自转速度可能和地球一样快。由于受到太阳的引力作用，水星面对太阳的一面向外隆起，它自转时，潮汐隆起慢慢往太阳的方向移动。太阳的引力不断拉着隆起，从而减慢了水星的自转速度。假如水星的轨道以前是圆形的，这一效应最终会导致它的一面总是对着太阳，就像月球的一面总是朝着地球一样。但事实上水星的轨道非常扁长，这才造成了今天我们所见到的更加复杂的局面。

水星的自转轴几乎与它的轨道平面垂直，但这一情况在行星形成过程中出现的概率极低。看来，水星自转轴的倾斜度可能与它的自转速度一样，也曾经被慢慢改变过。没有悬念，罪魁祸首还是太阳引力，水星今天的自转轴是太阳引力以及水星内核与地幔的摩擦力共同作用的结果。由于水星的倾角很小，所以它上面没有季节之分，而地球的黄赤交角为 23 度，所以有四季之分。水星的两极终年寒冷，而赤道地区的昼夜温差则很大。

别看水星这么小，它却存在磁场（虽然只有地球磁场的 1%），这一点比较令人意外。这说明它的铁核至少有一部分处于熔融状态，这个猜测在深入观察水星的自转后得到了证实。水星的体积这么小，假如它的成分和地球一样的话，它应该早就已经冷却凝固了。水星的内核仍然处于部分熔融状态的事实说明，它除了铁以外，还含有大量轻元素，因此降低了内核的冰点。这些轻元素中很可能包括硫，这和“信使号”发现的水星表面含有大量硫的特征相符。

乍一看，水星和月球很像，但它们其实有着千差万别（图 9–4）。水星的表面同样遍布陨击坑，其中包括几个直径超过 1 000 千米的陨击盆地，但它所受到的撞击程度不像月球高地那么严重。水星的北半球以地势相对平缓的平原为主，这是熔岩浆淹没该地区后凝固而成的。有些地方还可以看到一些被淹没的大型陨击坑的环形痕迹。除了环形山外，水星的表面还有一些几百千米长的陡坡，很明显这是水星逐渐冷却收缩形成的。

水星的大部分表面还保留着许多远古的状态，但“信使号”也发现了一些近期才形成的特征：水星上有几千个叫作“凹地”的神秘洼地，这是水星独有的特征。它们的大小从几米到几千米不等，而且形成时间似乎比周边平原要近。这些凹地可能还在继续形成，但它们是如何形成的，至今仍然是一个谜。无疑，水星给了我们几个惊喜，但它也不像一些人所想的，是一个放大版的月球。

图 9-4 “信使号”水星探测器首次掠过水星时拍摄的水星全景图（图片来源：NASA/Johns Hopkins University Applied Physics Laboratory/Carnegie Institution of Washington）

水星过去的火山活动释放出一些气体，但是水星今天的大气含量却低到无法测量的程度。行星留住大气的能力受到几个因素的影响，但无一适用于水星。水星低引力和高表面温度的条件，使得它上面的气体比地球上的更容易蒸发到太空。水星离太阳很近，任何撞到水星的小行星和彗星都会在太阳引力下加速。强烈的撞击或许在早期就吹走了水星的大量大气。不像地球，水星的磁场不能保护它的大气免遭来自太阳粒子风暴的侵袭。碰撞后剩下的大气很可能在接触这些粒子后就消失了。

走上陌路的金星

金星诠释了两个原本相似的天体是如何走上陌路的。金星的早期演化情况很可能和地球差不多：都是由一颗行星胚胎经过一系列大碰撞后长大形成的。和地球一样，金星也可能捕获过一些挥发性强的星子和行星胚胎，从而获得了水。只不过金星受到太阳加热的程度比地球更深，因此蒸发到大气中的水也更多。水蒸气是一种强温室气体，大气中的水会使金星表面的温度升高，从而令更多的水蒸发。这个失控的过程产生的结果是形成了一层由水蒸气组成的厚厚的大气层。太阳的紫外线辐射将高层大气里的水分子拆散成氧和氢。氢非常轻，于是逃逸到太空，金星的水分就这样永久地流失了。今天，金星大气里存在的少量水分还残存着这些事件发生过的痕迹。这些水里含有大量氘，氘没有氢那么容易逃向太空，说明金星流失的水量足够在整个星球表面形成一个 3 米深，或者更深的海洋。

水分流失给金星带来了重大影响。在地球上，水是降低大气层中二氧化碳含量的化学反应的关键原料。二氧化碳也是一种温室气体，存在于地球的底层大气中，它使地球的温度在其形成历史的大部分时间得以保持温和，这点我们会在接下来的第 11 章中谈到。金星失去水分后，二氧化碳已无法离开大气，因此它随着一阵阵火山爆发在大气中稳定地积聚。今天，金星大气中的二氧化碳含量和地球地壳的二氧化碳含量相近，这说明金星的二氧化碳几乎都被封锁在大气里。金星的大气压强比地球大了将近 100 倍，由于大气中含有大量二氧化碳，所以金星上面的温室效应非常强烈，它的表面温度保持在 460 摄氏度左右。

缺少水是金星区别于地球的另一大特征。在地球上，水削弱了岩石圈的硬度，使它分裂成了多个板块，并在地球表面漂移。金星的情况则大为不同。金星的岩石圈比较干燥，且比地球坚硬，无法分裂成多个板块，它就像一整块罩在金星地幔顶部的“静止盖层”。因此，金星表面没有地球表面因板块运动而产生的狭长的山脉，或是海脊等其他地貌。金星大部分表面的高低起伏不超过 1 千米，这与地球形成了鲜明对比——地球表面受到板块构造的影响，被分成了低洼的大洋底和高海拔的陆地。关于金星表面最高质量的地图是在 1992—1994 年间由“麦哲伦号”金星探测器绘制的，它用雷达穿透了金星厚厚的云层，绘出了金星表面的形状。金星表面分布着火山和熔岩平原（图 9–5）。虽然目前还没有看过金星表面的火山有喷发现象，但是它的大气却并没有达到化学平衡，这说明金星的大气不断受到活火山喷发出的气体的影响。金星的表面还分布着无数直径达几百千米的被称为“冕状物”的圆形地貌特征，看起来像是热点，在那里高温物质从金星的内部深处涌上来，从而破坏了地壳。地球也有一些类似的现象，比如形成了夏威夷群岛的热点，但金星上的热点似乎更多。

经发现，金星表面有约 1 000 个陨击坑，直径均大于几千米，这说明较小的小行星和彗星在到达金星地表前，已经和金星的大气摩擦而粉身碎骨了。科学家可以通过计算坑洞的数量以及估算撞击事件的频率得知金星表面的形成年代。结果显示，金星表面的平均年龄只有几亿年，远小于太阳系的年龄，但接近地球表面的平均年龄。这说明金星表面在近期曾经被改变过，原因很可能是火山活动。根据一些科学家的推测，金星曾经在大约 5 亿年前经历过一次“浩劫”，它的表面被那次灾难完全改变了。困在金星内部的热能使金星的整个地壳沉入表面以下，并且被地幔的新物质代替。而其他没有这么激烈的假说同样也能够解释金星表面陨击坑的分布情况，但也不排除金星表面是慢速改变至此的可能性。

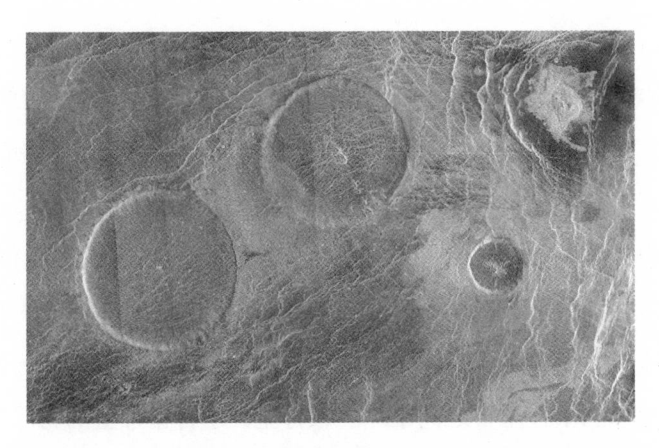

图 9-5　金星表面的“薄饼状穹丘”。上图为“麦哲伦号”金星探测器拍到的金星部分表面雷达影像。图中有几个平顶的火山丘，其中最大的两个直径有 65 千米，高度小于 1 千米。“薄饼状穹丘”是金星上独有的地形（图片来源：NASA/JPL）

和地球不同的是，金星没有磁场，这很可能是因为它的内核中没有足够的对流。确切的原因至今尚不明确，但这也许和它的其他特征一样，都和它缺水和没有板块构造这两个因素有关。今天，金星释放内热的速度比地球慢，这起到了降低核内温度梯度和防止磁发电机形成的作用。

和水星一样，太阳的引力作用和金星内核与地幔的摩擦力都改变了金星的自转。金星致密的大气层使情况变得更加复杂了。金星向着太阳的一面温度最高，这使该区域内的大气压强增大，造成气体流向金星的其他地方，因此金星面对太阳的一面密度较低。加上金星的自转作用，产生的总效应和它表面的潮汐隆起效应相反。于是，大气加热造成金星自转速度加快，而潮汐隆起又减小了它的自转速度。在它们的共同作用下，金星开始非常缓慢地向后自转，自转轴几乎和它的轨道垂直。

移居火星？

火星是距离太阳最远的岩质行星，它拥有太阳系中最大的火山（奥林匹斯山）和最长的峡谷（水手谷），而且还是最高点和最低点高度差最大的天体——火星最高点与最低点之间相差30千米。多个轨道航天器和着陆器，包括4辆登上火星表面的探测车绘制出了火星的整体地图，并对它进行了全面研究。由于火星表面和地球有很多相似之处，且火星是太阳系中为数不多可能存在生命的地方，所以关于火星的话题仍然令人很好奇，且需要仔细研究。但是，地球和火星还是存在本质上的不同。

和地球相比，火星的体积非常小，这是它最令人困惑的谜团之一。火星是地球和小行星带之间唯一一颗行星，小行星带里的物质非常多，而火星的质量却只有地球的1/9。计算机模拟表明，最可能的原因是在火星形成时，位于太阳星云该位置的固体物质很少。2009年，行星科学家布拉德·汉森（Brad Hansen）发现，假如他假设形成行星所需的所有行星胚胎最初都位于距离太阳0.7~1.1天文单位的一个圆环里（完全在火星轨道内），那么他就可以很好地还原出4个类地行星的大小。这个圆环里的大多数行星胚胎最终都成了地球或金星的一部分，只有一小部分被驱逐出这个圆环，到达了火星和水星今天的轨道。

为什么地球和小行星带之间的物质质量这么小呢？行星科学家凯文·沃尔什（Kevin Walsh）和他的合作者近来提出了一个可信度高的解释。系外行星的发现说明行星具有高度的移动性。巨行星，比如木星，倾向于在物质的引力相互作用下在整个原行星盘范围内迁徙。一般来说，巨行星会朝向它的恒星迁徙。但计算机模拟表明，如果该行星更远的地方有一颗较小的巨行星，如土星，它就会向相反的方向迁徙。沃尔什提出，木星是太阳系中最早形成的巨行星，它在形成后又向内移动，穿过了小行星带。当木星到达离太阳1.5天文单位的位置时，土星已经成长到足够逆转木星的迁徙的程度，这使木星又往回穿过小行星带，然后退到现在的位置。这个猜想被称为“大转向假说”，“转向”是一个航海术语，用于指船相对风的方向改变航向。

这个假说的重点是，木星在太阳星云内迁徙的过程中，它的引力会给星云内其他天体带来灾难性的后果。小行星带中的大部分星子和行星胚胎可能都和木星碰撞过或被抛向太阳系的其他部分。位于今天火星所在区域的许多天体可能也经历了相似的命运。最终结果就是，如今木星和火星所在的区域都失去了形成行星所需的大部分物质，只够形成“发育不良”的火星，小行星带里的物质则更少。木星的来回迁移可能扰乱了星子的轨道，并将含有大量水和碳的其他星子从外太阳系抛到小行星带。除了可以解释火星和小行星带的低质量外，它还可以解释今天的小行星为何成分如此多种多样。

但大转向假说为人们所诟病的一点是，它对时间的要求非常苛刻。它要求土星的形成时间既不能太早，也不能太晚：太早形成则木星无法进入小行星带；太晚形成则地球和金星今天所在的区域会被木星扰乱，从而使类地大行星不复存在。也许，太阳系只是歪打正着罢了。宇宙中像太阳系这样的星系非常少，这使得火星变成一个“怪胎”。或许再过几年，随着大量系外岩质行星被天文学家发现，大转向假说的合理性才会显现出来。

火星有两个小卫星，分别是火卫一（Phobos）和火卫二（Deimos），它们都拥有不规则的形状，平均直径分别只有 22 千米和 13 千米，看起来像两颗长满陨击坑的大圆石。它们的起源至今仍然成谜。有一个说法是，它们可能是被火星俘获的小行星，因为它们看起来也很像小行星。而另一个说法是，火卫一和火卫二是由火星被撞击后抛出的物质构成的。

和其他类地行星一样，火星也有不同的圈层结构。火星的两颗卫星的轨道运动说明，火星的中心有一个致密的内核，很可能含有大量铁。科学家在研究了来自火星的陨石后也得出了相同的结论，火星陨石为火星成分的研究提供了宝贵的信息。和地球上的岩石一样，火星陨石中的亲铁元素（容易和铁发生反应的元素）也非常少，这说明火星中的大多数铁也和地球一样存在于内核中。和地球的情况一样，火星上的亲铁元素的总体含量也比想象中高，因此在内核形成后，它们一定又增加了一层物质。

通过测量同位素钨-182的含量便可以测定出火星内核的形成时间，地球内核的形成时间也是通过这种方法推算出来的。火星陨石中的钨-182含量比地球岩石高出不少，这说明火星的成长速度比较快，它的内核形成时间比地球更早。根据火星的钨含量推测，火星的形成时间一定是在太阳系形成之后的2 000万年内，它的成长时间可能只有200万年。如果它真的只花了200万年就成形的话，那么火星在它的寡头式生长阶段应该就已经达到当前的规模了，所以它更像是一颗剩下的行星胚胎，而不像是地球这样的行星。

火星表面主要由两种截然不同的地形组成。它的南半球以布满撞击坑的高地为主，北半球海拔较低，撞击坑也比较少，因此地势相对平缓。火星高地撞击坑的大小和月球、水星表面的很像，因此推测它们极有可能是同时形成的。火星的北半球在过去的某个时候一定也布满了坑洞，但在大碰撞事件后，北半球被岩浆淹没了。火星也有几个比较大的撞击坑，比如南半球的希腊盆地（Hellas Basin），它的直径达到2 000千米以上。形成该盆地的撞击将大量碎片抛向周围，这就可以解释火星南北半球的许多差异了。它们的差异也有可能是由火星形成后不久经历的一次更大的撞击造成的。

火星的赤道附近有一大块高高隆起的区域，里面有多座大火山，包括约30千米高的奥林匹斯山，它是太阳系中最大的火山。这些火山看起来都已有几十亿年的历史了，且都位于热点（火星地幔物质向上涌出的地方）上方。虽然地球上也有热点，但地球表面的板块运动使得热点上的火山不会发展得太大。而火星上的火山从表面看是静止的，但由于没有板块构造，火山会一直位于同一个热点上面，并逐渐变大。火星火山周围的熔岩流很少有撞击坑，这说明这些表面是刚形成的，这也是这些火山如今仍然活跃的标志。许多火星陨石同样可能来自近期活跃过的火山地区。

火星今天虽然没有全球性磁场，但它早期肯定有。火星轨道探测器发现火星地壳中某些区域的岩石具有强磁性。它们是岩浆凝固时熔岩里的含铁矿物被火星磁场磁化而形成的。目前已发现的磁化岩石都来自火星上经历过众多撞击的古老区域或是最古老的火星陨石。这说明火星的磁性早在它的早期，也就是大约 40 亿年前时就已经消失了，原因可能是在火星冷却到一定程度后，它的内核已无法维持发电机效应。

火星的岩石圈和金星一样是一整块，不像地球被划分成了多个板块。火星是否有过板块构造目前仍是一个未知数。有趣的是，磁化区一般都位于互相平行的带状区域，这说明在很久以前，火星的表面是从一个地方蔓延形成的，就像地球的洋中脊形成海底一样，这点我们会在第 11 章介绍。早期活跃的板块运动也许能够解释火星南北极的某些差异。但是，火星体积小、散热快或许决定了它无法形成稳定的板块构造。火星的表面在火星形成以来的大部分时间里一直都处于静止状态。

火星和地球一样，两极都有极冠，但和地球由纯冰构成的极冠不同，火星极冠的主要成分是水冰和结了冰的二氧化碳。目前，火星的极冠含有的水已经足够形成一个几十米深的全球海洋。在远离火星赤道的高海拔地区的地表下也存在大量冰。火星上有几个地方的迹象表明，它的表面在近期曾经存在过少量水，但时间不长——今天火星表面的水从来没有稳定过，在低大气压强条件下，它们会迅速结冰或蒸发。

然而，有许多迹象表明火星表面在早期曾经存在过大量水（图 9–6）。经发现，火星上年代久远的表面存在类似地球的山谷网络。通过周围岩石中被刻蚀出的河道判断，这些山谷在很长一段时间里有水流动。另外，在一些较新形成的地区发现了一种不同的山谷类型，看起来像是由突发的洪水形成的，也可能是地下水突然爆发或冰雪突然融化形成的（图9–6）。火星表面有几个地方被发现存在矿物，它们应该是盐水湖或小海洋逐渐蒸发后形成的。比如，NASA 的“机遇号”（Opportunity）火星探测车在 2011 年发现了一处石膏矿脉，石膏即硫酸钙的水合物，因此几乎可以断定它是水沉积后形成的。

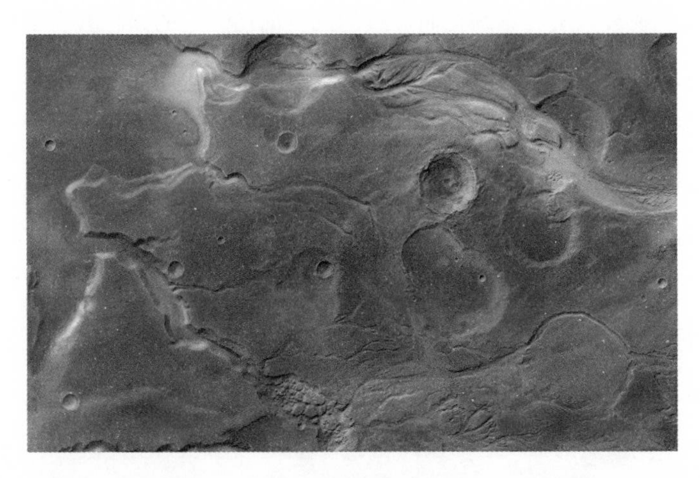

图 9–6　火星的曼加拉谷地区。该河道网络被认为是液态水（很可能是地下水）淹没火星表面后形成的。该图片由欧洲南方天文台的“火星快车号”（Mars Express）空间探测器拍摄［图片来源：ESA/DLR/FU（G. Neukum）］

火星距离太阳较远以及上面的大气较稀薄都意味着，它的表面温度比地球今天的温度低得多。在很长一段时间里，火星的地表水只是昙花一现，因撞击或火山活动使一小部分区域短暂升温造成的。但也不排除火星过去比现在暖和的可能，也就是说，火星过去的大气比今天的厚，而且含有大量诸如二氧化碳和甲烷等温室气体。

火星早期的火山活动应该释放了大量气体，形成了一层厚厚的大气。但是，以它今天的同位素种类来看，这些气体大部分应该都已经逃到太空去了。火星体积小，因此引力和水星一样都比较低，撞击可能将它的大量大气蒸发到太空。而来自年轻太阳的强紫外线辐射和太阳风的作用则削弱了火星的大气，特别是在火星的磁场消失后。如果火星曾经拥有一个厚厚的大气层，那它可能是在火星形成后的 10 亿年内消散的。自那以后，板块构造和地壳循环不再发生，这说明火山活动太少，不足以补充大气。

今天，火星稀薄的大气很难起到保温作用。火星表面几乎永远处于冰冻、干燥和布满尘埃的状态。由于缺少臭氧层，太阳的紫外线可以一路畅通无阻地到达地面，使地面形成高度氧化的化学物质，并破坏有机物。难怪，今天火星表面没有生命存在。也许火星的地下有生命存在，但目前还没有证据可以证明。火星是所有类地行星中唯一一个有可能存在生命的星球，可能是过去，也可能是现在。但和地球相比，火星较小的体积以及它特殊的历史，都使它难以成为一个宜居地。

撞击、引力、放射性发热以及与太阳和巨行星的相互作用，造就了太阳系四大岩质行星各不相同的历史。除了它们以外，内太阳系中还有另一颗大岩质天体，它和上面提到的行星既有许多共同之处，又有所不同。下一章，让我们一起来了解月球是如何演变的。

第10章

月球的由来

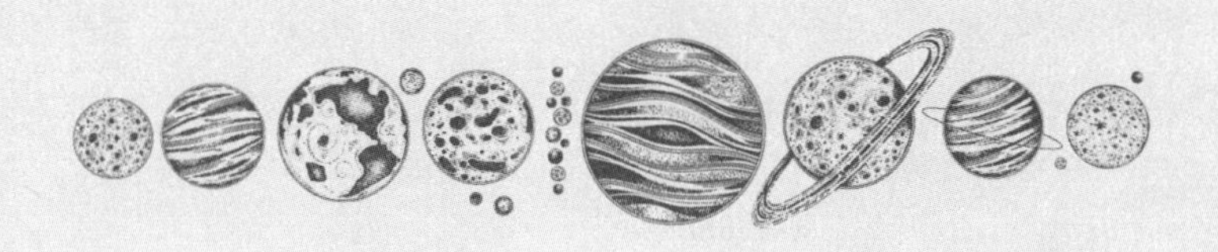

月球是地球在太空中最近的邻居，但是在相当长的一段时间里，我们对它的了解并不多。只凭肉眼，我们就可以看到月球表面的明暗区域。利用普通的双筒望远镜就能看到月球上的山峦、平原和坑洞。但在太空时代来临之前，我们只能看到月球的一半：永远朝着地球的正面。月球的大部分区域我们仍无法企及，对于地球上的观察者来说，观察月球比观察离地球最远的行星还要难。而且，单单是面向地球的这面就已经让人费解了：那些被早期月球绘图者称作“月海”的黑暗区域到底是什么？为什么月球表面布满坑洞？月球是迷你版的地球，还是一种和地球完全不同的天体？

月球是内太阳系唯一一颗大卫星，它的存在就是一个谜。月球的体积非常大，要不是它围绕地球而不是太阳旋转，我们甚至可以把它当作行星。虽然木星和土星有几颗卫星比月球还要大一些，但和它们的主星相比还是很渺小。月球的体积如此之大，这使它在地球的发展史上一定扮演着重要的角色。既然月球本身的体积这么大，它为什么要围绕地球转呢？

今天的月球

今天，我们对月球的很多了解都来源于太空任务，人类对月球的太空探索是从20世纪60年代到70年代初期开始的。在此期间，美国的阿波罗计划曾6次成功登月，每次有两名宇航员登上月球。苏联的三个“月球号”无人月球探测器也成功在月球着陆，并返回地球。此后经过了一段长时间的空白期，直到20世纪90年代NASA的“克莱芒蒂娜号”和“月球勘探者号”进入月球轨道，人类才再次开始了对月球的探索。近来，欧洲空间局、日本、中国、印度和NASA纷纷开启了探索月球的太空任务，人类探索月球的步伐有所加快。

这些航天器不仅对月球表面进行了详细的摄影测量，还测量了月球的地形、表面成分和重力场。NASA的“阿波罗号”和苏联的“月球号”探测器都把月岩带回了地球。这些样本以及约150块来自月球的陨石，使我们得以深入了解月球的化学元素。时至今日，我们对月球的了解已经比对太阳系除地球以外的其他天体要多。

月球的表面有两种不同的地形（图10–1）。它的大部分表面相对比较明亮且凹凸不平，这些区域习惯上被称为高地。月球正面（面朝地球的一面）的1/3是一种被称为月海的地形，而背面却很少有这种地形。和高地相比，月海的环形山比较少，通常是比较低洼的平原。从月海带回的样本表明，它们是岩浆喷出月球表面后形成的。而从月海明显黯淡的颜色和与月球高地周围岩石迥异的成分推断，这些物质很可能来自月球的内部深处。

月球表面布满了环形山和大面积的圆形洼地（盆地）。在太空时代之前，科学家一直在争论月球表面环形山的成因到底是火山喷发还是小行星和彗星的撞击。通过航天器拍摄的近距离照片和带回的月岩样本，答案一目了然，月球表面的环形山和盆地是由于撞击形成的。环形山的数量之多说明月球曾经遭受过狂轰滥炸。许多环形山和盆地已经被后来的撞击部分掩盖。其中最大的是南极–艾特肯盆地（South Pole–Aitken basin），它的直径达到2 500千米，直到20世纪90年代，它的地形结构才得到完全确认。而月球长时间没有经历风化和地质作用，意味着月球陨石坑比地球上的陨石坑保存得更久。

图 10–1　月海（左图）和月球高地（右图）对比图。左图是“阿波罗 15 号”飞船宇航员从月球轨道拍摄到的风暴洋（月球最大的月海）的一部分，右图是“阿波罗 10 号”飞船拍摄到的月球背面的高地远景图。月海区域的地势相对平缓，有几个分散的看似刚形成的环形山。而高地区域则高低不平，而且布满环形山，新的环形山掩盖住了旧的环形山（图片来源：NASA/JSC）

一系列的撞击造成月球表面以下几米深的地壳被粉碎和破坏，变成了细碎粉末和碎石混杂而成的风化层。月球的大部分岩石均为角砾岩，角砾岩是经撞击压实而成的碎屑岩石。角砾岩层在高地区域尤其厚，因为高地经历过的撞击比月海更多。“阿波罗号”飞船和苏联的“月球号”探测器带回的所有样本都属于角砾岩，这些样本在形成后已变得面目全非。

月球的成分

月岩的构成物质第一眼看上去和地球差不多，但实际上有着很大的区别。与地球岩石相比，月球上非常缺乏可以构成岩石的挥发性元素，比如钾。月球高地的岩石中含有大量斜长石（含钙、钠的铝硅酸盐），如果月球经历的火山活动和地球类似，那它绝不会形成如此多的斜长石。斜长石比其他矿物轻，这说明，月球的地壳顶部曾经处于熔融状态，使含有大量斜长石的物质浮到表面，并从此固定下来。月球地壳中的斜长石含量表示，月球表面曾经存在一个深度至少达到几百千米的液态岩浆洋。

和包括地球在内的其他行星一样，月球是一个两极稍扁、赤道略鼓（因为自转）的天体。但以月球目前的自转速度来看，月球赤道区隆起的程度偏高。这也许是因为月球的形状在它的一部分仍然处于高温熔融状态时就已经固定了，而且它在过去的自转速度比今天更快。

岩石的主要成分之一是氧，氧一共有三种同位素，它们在太阳系不同天体中的相对比例均不相同。比如，地球和火星的氧同位素比不同，而且大部分陨石的氧同位素比也不同。奇怪的是，地球和月球的氧同位素比却是相同的。目前科学家正在努力研究这一发现背后的重要意义。也许，这意味着地球和月球诞生于太阳系的同一个地方，且两者是由相同的材料构成的。或者说，它们在形成后曾经交换了大量物质。

就在不久之前，月球还被认为几乎完全不存在水，十分干燥。然而，航天器测量后发现，月球北极附近将近 40 个环形山下方深处（至少两米深）存在水冰。这些环形山均位于太阳辐射无法到达的阴暗处，因此水冰不会被蒸发。对阿波罗计划带回样本的最新分析表明，月球内部含有大量水分，都被锁在矿物里，它的内部可能曾经和地球内部一样湿润。

月球的平均密度比地球和其他类地行星低得多，因此几乎可以肯定月球的铁含量相对比较低，可能只占总质量的 10%，只有地球的 1/3。月球的大部分铁都被困在硅酸盐矿物中，不过，月球的重力场表明月球中心可能存在一个小小的富含铁的核。和地球岩石一样，月岩同样严重缺乏亲铁元素。假如这些元素是在月球发展初期与铁结合后沉入内核的，那一切就说得通了。

阿波罗计划曾 4 次在月球表面放置了地震仪，让科学家能够直接监测月球内部的地震情况。月球和地球一样都会经历地震，只是月震的强度要更弱。收集到的地震数据和轨道飞行器测量到的月球引力结果显示，月球有一层几十千米厚的地壳，地壳下面是密度比它大的地幔岩。月球的地壳厚度极度不均，面向地球的一面总体来说比背向地球的一面更薄。因为较薄的地壳更容易被液态岩浆穿透，所以月海都集中在月球正面，但月球两面的差异性仍然无法解释。

月球的轨道

相对于地月系统的总质量而言，这一系统所包含的角动量出乎意料地大。如果将地球和月球合并在一起成为单个天体，它自转一周只需要 4 个小时，比太阳系中任何其他行星都快得多。这点人们早在太空飞行时代来临之前就已经知道了，并极大地影响了后来的月球起源论，这些理论我们在后文会提到。

美国阿波罗计划的宇航员在月球表面放置了多种仪器，其中包括一个小型月面反射镜（图 10–2）。只要在地球上将激光对准月球上的反射镜，通过测量光返回地球的时间，科学家就能以极高的精度测量出月球和地球的准确距离。几十年的测量结果显示，月球正在以每年大约 4 厘米的速度慢慢远离地球。

早在几个世纪前，埃德蒙·哈雷就曾提出月球轨道正在慢慢改变的观点。用一个方法就可以检验它是否正确，那就是检验过去记录的月食时间，看它是否和由月球目前轨道得出的预测结果匹配。第一个这么做的人是英国 18 世纪天文学家理查德·邓索恩（Richard Dunthorne），他提出月球绕地球转动的速度正在逐渐加快。现在我们知道，邓索恩发现的大部分效应都是由地球自转变慢造成的。然而，邓索恩的测量结果使人们坚信月球轨道正在随时间慢慢改变。

图 10-2 “阿波罗 14 号”飞船宇航员放置在月球表面的反射镜（图片来源：NASA/JSC）

德国哲学家康德意识到，引力潮作用会导致月球后退，同时改变地球的自转。月球引力导致地球面向月球的一面稍稍向外隆起，这块隆起反过来也会拉拽月球。不过，地球的自转和内部摩擦力使隆起的位置总是在月球正面的前方一点儿。由于它不是和地月连线完全对齐，所以地球的膨胀会推动月球，使月球绕行速度加快，导致它远离地球。同时，月球反过来也作用于隆起的部分，减慢地球的自转速度。19 世纪中期，罗伯特 · 迈耶（Robert Mayer）和威廉 · 费雷尔（William Ferrell）进一步阐释了这一概念，他们证明潮汐力确实曾经减慢了月球的自转，直到它对着地球的一面固定不变为止。

分裂说

这个合乎逻辑的结论得到了乔治 · 达尔文（见第 4 章）的推崇。假如月球真的是在远离地球的话，这说明地球和月亮过去的距离一定比今天更短。说不定它们曾经都是同一个液态天体的一部分，后来这个天体一分为二才形成了地月系统。靠近地球赤道的物体最有可能被地球自转产生的离心力甩出去，从而形成月球。但达尔文意识到，就算地球每4小时自转一圈，单凭离心力也不足以将物体甩离地球。他认为，太阳引力使地球表面的物体发生垂直振动。随着振幅越来越大，部分物体由于离地球太远而进入太空。根据他的“分裂说”理论，今天的地球和月球就是这样被分裂出来的。

就在达尔文于1879年发表他的理论后不久，英国地质学家奥斯蒙德·费希尔（Osmond Fischer）提出了一个补充意见：假如真的有物质被甩离地球的话，一定会在地球上留下一些如今还能见到的蛛丝马迹。费希尔认为，太平洋盆地可能就是其中一个证据，它的存在提醒我们地球在很久以前曾经经历过一些重大变化。哈罗德·杰弗里斯也认同该观点，他指出，从月球的形状推测，月球形成和冷却的地方一定比今天的位置更靠近地球。

杰弗里斯后来证明，地球内部的摩擦力起到了减缓垂直振动的作用，使其不足以将物质甩到太空。这是对达尔文的模型的致命一击，但并没有对分裂说本身宣判死刑。到20世纪60年代，澳大利亚的阿尔弗雷德·林伍德（Alfred Ringwood）重新拾起了这一观点，他认为地球最开始的自转周期是两小时，比达尔文估计的快了一倍。他还认为，地球上的物质最初是均匀分布的，随着时间的推移，铁和其他金属慢慢沉到了地核，使地球的自转速度越来越快，最终它产生的离心力将地球表面的物质甩了出去。

同时，林伍德的观点还带来了额外的好处。它解释了为什么月球的铁含量极少。它也解释了为什么地球与月球的氧同位素比率相同：它们是由相同的物质组成的。但林伍德的理论也有一处硬伤：如果地球过去真的是每两小时自转一次，那么地月系统今天的角动量应该比实际情况要大才对。况且，目前还没有任何一个机制能够解释，地球的自转速度是如何在太阳系形成以来这段时间内大幅减小的。

俘获说

分裂说的破灭使得科学家不得不另辟蹊径。“俘获说”的支持者认为，月球今天的位置并不是它的形成位置，它是后来才被俘获到地球附近的。巨行星的某些轨道逆行的卫星，比如海卫一，必然也是后来才被俘获到当前位置的，这么说来，俘获事件在太阳系是有先例可循的。假如月球被俘获之前离地球非常遥远，这就可以解释地球和月球的成分为何不同了，但却无法解释它们的氧同位素为何相同。

但是，俘获卫星并非易事。假如月球最初有足够的动能接近地球，那它同样也有足够的动能逃离。只有当月球失去一部分能量时，它才有可能无法逃离。潮汐作用、与其他围绕地球运行物体的碰撞或者掠过地球的大气层，这些情况都有可能使月球损失部分能量，但是仅仅掠过一次就被地球俘获的可能性很小。

如果月球以特定的轨道来到地球附近，那它有可能会被暂时俘获到地球附近的不稳定轨道。这种情况只有在非常特殊的条件下才会发生，但月球能够逃离的机会也很小。因此，月球在大部分时间都应围绕地球运转，直到它们分开为止。在此期间，各种作用会消耗掉月球的能量，使它被永远俘获而无法逃离。也许实际情况就是如此，只不过可能性非常小。出于这个原因，大部分科学家对俘获说并不满意，于是俘获说也被大多数人摒弃了。

同源说

第二个可以与达尔文的分裂说相提并论的月球起源假说主张，月球实际上是在地球形成的同时，由围绕在其周围的物质慢慢聚集而成的，这一说法被科学家称为“同源说”。在第 3 章我们介绍了拉普拉斯的太阳系起源学说，拉普拉斯认为太阳在快速转动的过程中抛出了气体环，行星就是由这些气体环收缩而成的。1873 年，法国天文学家爱德华·洛希（Édouard Roche）提出，类似的事件也在地球上发生过。地球在刚形成时抛出了一个气体环，后来这个气体环演变成了月球。对于许多科学家来说，这不失为一个解释巨行星形成卫星的可信说法，但是它却很难解释为何岩质行星中只有地球形成了月球这么大的卫星。

20 世纪 60 年代，苏联科学家叶夫根尼亚·鲁斯科尔（Evgenia Ruskol）提出了一个更加严谨的同源说版本。在第 9 章我们提到，当地球还没完全成形时，太阳周围围绕着几百万颗如小行星般大小的星子，而它们之中必定有很多曾经近距离掠过地球。鲁斯科尔认为，时不时就会有两颗星子在地球附近相撞然后解体，解体后形成的大量残骸游荡在地球轨道附近，最后汇聚成一个碎屑盘。随着时间的推移，有更多掠过的星子撞向碎屑盘，碎屑盘的质量越来越大，然后它开始合并成更大的物体，有可能最后形成了月球。

但一个新的问题产生了：假如月球和地球都是由同一批星子演变来的，那为什么月球上的铁元素这么少？发现这个问题后，鲁斯科尔修改了他的理论，他认为，较脆弱的岩质星子比较容易被侵蚀，成为地球周围的碎屑盘，而含铁丰富的较坚硬的岩石则会穿过碎屑盘。虽然这个问题是解决了，但同源说最后还是栽在和分裂说一样的问题上：深入计算证明，同源说所形成的地月系统的角动量远远小于实际情况。

究竟哪一个模型才是月球起源的正解，直到 20 世纪 60 年代这个问题还没有定论。解决这个问题后来成了阿波罗计划的主要科学目标之一。尽管阿波罗计划后来采集到了大量与月球的物理和化学性质有关的数据，但它们还是不足以确定哪个现有理论才是对的。然而，在这些资料的基础上，一个全新的观点诞生了。

大碰撞说

两组科学家在 20 世纪 70 年代提出了一个观点：地球在初期阶段曾经遭到一个和行星一般大小天体的撞击，月球就是由撞击产生的碎片合成的。这一观点后来被称为“大碰撞说”。威廉·哈特曼（William Hartman）和唐纳德·戴维斯（Donald Davis）提出，地球在分层成铁核和地幔岩后，曾经被一颗质量和月球相当的天体撞击过。撞击产生的能量将超过一个月球质量的地球地幔物质抛离地球，挥发性较强的物质在此过程中逃向了太空。留下的碎屑后来合并成了月球，这个假说解释了月球上为何缺少铁和挥发性元素。

阿拉斯泰尔·卡梅伦（Alastair Cameron）和威廉·沃德（William Ward）也提出了一个类似但有着重要区别的假想。他们认为撞击地球的应该是一个质量和火星差不多的大天体。这样形成的地月系统的角动量就和地球和月球今天的差不多，如此，一直以来扳倒众多假说的难题便迎刃而解了。不仅如此，卡梅伦和沃德还深入研究了撞击带来的影响。大碰撞说隐藏着一个问题，即被抛向太空的碎屑很可能在到达最高处后又落回地球上。他们猜测该次撞击的能量必定非常大，并导致大量被抛出的物质蒸发，气体膨胀产生的压力使一定量的剩余碎片在地球周围旋转，最终形成了月球。

尽管大碰撞说有如此多明显吸引人的特点，但它在问世后的近 10 年内一直没有得到重视。1984 年，一次讨论月球起源的科学会议在夏威夷召开，大碰撞说这才迎来了突破性进展。在该次会议上展示的几篇科学论文证明了之前的所有月球起源模型都大错特错，同时，新一代计算机及计算方法已经能够详细检验大碰撞说模型。经过一系列演示，科学家证明了大碰撞说可以解释月球的所有主要特征。会议结束后，大碰撞说脱颖而出，成了科学界的新宠。

大约 30 年后，新的科学发现和最先进的计算机模拟的出现，填补了当年夏威夷会议上没有厘清的细节。现在我们知道，在行星形成的最后阶段，行星胚胎之间发生过多次大碰撞事件，因此，认为月球是在一次大碰撞后产生的观点，具有较高的可信度。碰撞产生的热量导致行星胚胎内部分异成铁核和地幔岩，这是大碰撞说的一个关键点。

邂逅忒伊亚

根据大碰撞说，地球曾经在形成末期遭受到来自金星和火星轨道之间一个类似火星的大天体的撞击（图 10–3），后来科学家把这颗淘气的天体用希腊女神的名字——忒伊亚（Theia，即月亮女神的母亲）命名。忒伊亚斜向撞向地球后，它的大量物质与地球合并到一起。它的铁核穿过地球的地幔，并很快和地球的内核融合到一起。同时，撞击使忒伊亚离地球最远一端的地幔被剥离了出来，并继续它的轨迹。很快，地球引力改变了它们的方向，使它们围绕地球转动，然后在那里被强大的潮汐力撕裂成小碎片。短短几小时内，地球吞没了忒伊亚 4/5 的质量，忒伊亚剩下的部分成了围绕地球的一圈碎屑盘。

地球碎屑盘的大部分物质都来源于忒伊亚，只有小部分来自地球本身，而这小部分中又有大部分来自地幔而非内核，这就是月球上缺乏铁元素的原因。碰撞产生了巨大的热能，由此碎屑盘的主要成分是与圆石一般大小的熔岩，以及气体。一些水分和其他挥发性物质在碰撞过程中蒸发而逃向太空，只剩下含有大量难熔元素和一些水分的岩石。

大碰撞发生后，碎屑盘开始将热量辐射到太空，并逐渐冷却。与此同时，碎屑盘里的引力相互作用使它的范围变得越来越大。碎屑盘内部的物质流向地球，而外部的物质则向外流。在几十年里，碎屑盘里的物质冷却并凝固，最终在地球的周围形成一个由岩石组成、比地球半径大几倍的碎屑盘。盘里的湍流和引力相互作用造成盘内不同区域的物质不断混合以及气体在盘内沿和地球大气之间来回运动，这很可能就是地球和月球有着相似的氧同位素的原因。

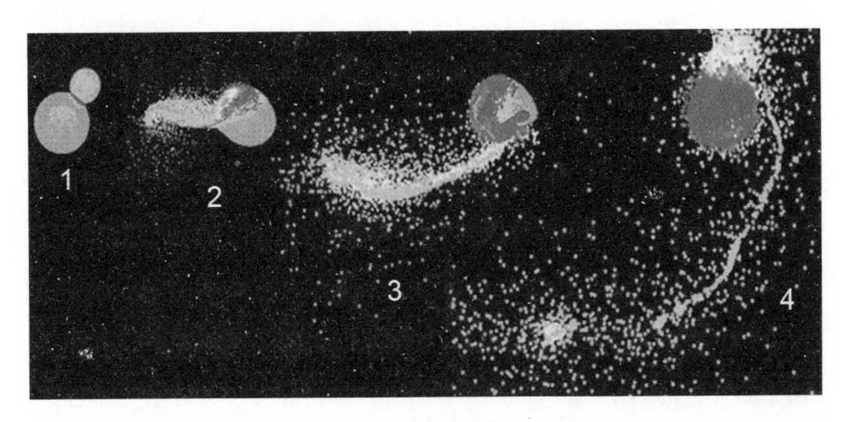

图 10-3　地球经历大碰撞事件后，月球的形成模拟图：1. 大碰撞后 6 分钟；2. 大碰撞后 52 分钟；3. 大碰撞后 2 小时 9 分钟；4. 大碰撞后 4 小时 51 分钟（图片来源：Adapted from a computer simulation by Robin Canup, Southwest Research Institute）

围绕地球转动的岩石颗粒被紧紧压缩到一起，发生了频繁碰撞，但并不是所有碰撞都会使天体合并。在靠近地球的地方，潮汐力会将较大的熔融天体撕碎并阻止颗粒合并在一起。只有在离地球 3 倍半径范围外的粒子才能克服潮汐力的影响，合并成更大的天体。这个距离被称为洛希极限，以前文提到的法国天文学家爱德华・洛希的名字命名。随着碎屑盘的冷却和扩张，固态物质在洛希极限外积累并很快合并成更大的天体。

但也不排除月球是单个天体清空碎屑盘物质后直接形成的可能性。而这个过程中有可能还产生了许多个超小卫星，但这些超小卫星并没有存在多久。地球和碎屑盘的潮汐力会迫使它们向外移动，而较大的超小卫星移动得更快。来自地球和碎屑盘的潮汐力很快导致它们合并在一起或坠落到地球。最多几千年后，就只剩下月球了。

地球、月球和潮汐力

大碰撞假说认为，月球最初是在离地球不远的地方形成的。然而，今天月球离地球非常遥远，约 384 400 千米，相当于地球半径的 60 倍。月球位置的改变可能是因为潮汐力使月球轨道变大，同时减慢了地球的自转速度造成的。潮汐力引起的演化刚开始很快，仅在短短 10 000 年内，月球的轨道就扩大了一倍。在不到 1 亿年的时间里，月球从洛希极限附近逐渐外移，与地球的距离达到地球半径的 20 倍（即目前地月距离的 1/3），同时，月球的自转速度急剧减慢。今天，月球永远只有一面对着地球（即同步自转）的局面很可能在月球早期就已经形成了。

随着时间的推移，月球逐渐后退，月球和地球间的引力相互作用逐渐减弱，潮汐演化也逐渐减慢。潮汐相互作用的大小很可能取决于地球表面大陆的位置，因为和潮汐演化有关的大部分能量损耗发生在浅海。大陆位置发生细微改变有可能使月球的后退速度显著加快或减慢。我们可以通过化石里的信息了解地球自转的长期变化情况。比如，有些石化海贝中含有叠层，每天增加一层。通过计算这些叠层的数量，科学家发现在 3.5 亿年前，地球的一年有 400 天，比今天多了 35 天。

自乔治・达尔文后，科学家一直尝试倒推过去，计算很久以前月球距离地球较近时的轨道。结果表明，月球的轨道在形成后不久就和地球赤道形成了一个 10 度的夹角。大碰撞说和多数其他月球起源论均认为月球的轨道和地球赤道成一条直线。这个“倾斜问题”目前仍然悬而未决，显然科学家还没完全弄清楚月球的潮汐演化。月球轨道的倾斜可能是碎屑盘剩余物质的引力相互作用造成的。也有可能是在月球形成后，地球经历过另一次大碰撞，这次碰撞同时还使地球的自转轴发生了倾斜。

另外，潮汐作用还造成了另一个影响，它使地球赤道和它的公转轨道之间的夹角越来越大。这个夹角被称为黄赤交角，黄赤交角决定了地球的季节变换。随着地球黄赤交角的增大，地球夏季和冬季的区别将变得愈加明显。同时，月球在维持地球短期气候稳定方面也扮演了重要角色。太阳、月球和行星的引力拖拽，使地球的自转轴发生摇摆（又称进动），地轴的进动周期为 26 000 年。这些引力摄动还造成地球轨道平面的进动，但这种进动的周期比地轴进动周期长得多。由于这两类进动速度相差很大，两种运动成为完全独立的两个过程，所以黄赤交角会随着月球的后退而逐渐变大，但总体来说基本保持恒定。和地球相比，火星没有大卫星，它的轨道和自转轴进动速度就差不多。这样一来火星的倾斜度变化非常大，在短短几百万年的时间内，就改变了几十度。这些变化造成了气候的剧烈波动，具体表现在火星极冠的周期性扩张和后退。

地球今天的美好光景并不会永远持续下去。未来，月球将继续远离地球，它的引力作用会越来越弱，因此地球自转轴的进动速度也会变慢。在未来 20 亿年里，月球的影响将小到使地球的倾斜度发生大幅度变化（和火星的情况一样），到时候气候将变得极其不稳定。再往后看，如果地球在太阳变成红巨星（见第 6 章）后仍然存在，那么到时地球的自转将变得非常慢，有一面永远对着月球。到那个时候，月球将停止后退，转而开始朝着地球移动，最终，月球将以它当初形成的方式，即大碰撞，结束它的生命。

晚期重轰击期

阿波罗计划的众多目标中，有一个是要寻找所谓的“创世岩”，创世岩就是指 44.5 亿年前形成的、几乎和月球同龄的岩石。分析这些岩石有助于我们了解月球的形成过程和它的早期历史。阿波罗计划带回的月岩中最古老的就是这个时期形成的，只比太阳系的形成时间晚约 1 亿年，几乎和月球同龄。这些创世岩是月球上的岩浆洋冷却凝固后形成的。随着温度下降，在不同的阶段形成了不同的矿物质。最先形成的是含有铁的矿物质，这些物质由于密度比岩浆大，所以都沉到下面。大部分岩浆在不到 1 亿年的时间里都结晶了，而密度较小的矿物质则上升到表面的 3/4 处，形成了地壳。

遗憾的是，阿波罗计划带回的样本中很少包含完好无损的创世岩。相反，带回地球的岩石大部分都是被大碰撞严重改变了的较古老岩石的碎片。撞击不仅将岩石撞成碎片，而且还使部分物质熔化，将矿物混合在一起，释放岩石里的气体，因而改变了我们用于测定年代的放射性时钟，这点我们在第 4 章说过。撞击熔融岩石可以帮助我们很好地了解撞击事件的发生时间，但对于了解月球的形成却毫无帮助。

阿波罗计划采集到的熔融岩石样本的年龄都集中在 39 亿年前，比月球的年龄小 5 亿年。相比起来，年龄大于 40 亿年的撞击熔融物则非常少。一些已被测年的月岩样本可以追溯到来自哪些盆地，因而可以推知这些盆地的形成时间。通过研究从一个盆地喷出的物质是如何覆盖到其他盆地上去的，天文学家还推算出了盆地的形成事件顺序。这些信息都说明，月球在不到 1 亿年的时间里就形成了至少 6 个陨击盆地，这个时间只是月球历史的很短一段时间。

撞击熔融物更容易在发生大碰撞时形成，因此通过研究撞击熔融物的样本，应该就能知道形成盆地的撞击的发生时间。小型撞击的发生频率则可以通过计算已知年龄的区域内的陨击坑的数量进行估计。有些高地区的陨击坑数量已经达到饱和，以至于后来的撞击都得在之前的陨击坑的基础上发生，从而形成新陨击坑。而月海里的陨击坑则要少得多，尽管月海区的样本显示它们是在陨击盆地形成几亿年后就形成了。显然，月球中期的撞击事件大幅度减少。科学家猜测，30亿~39亿年前这段时间，陨击坑形成的速度减少到原来的1/100，甚至更小。

总的来说，大部分撞击熔融物的年龄都在39亿年左右，更古老的撞击熔融物较为罕见，但在那之后，陨击坑的数量大幅度减少，这意味着在月球形成后5亿年时曾经发生过一次短暂又激烈的撞击事件，这一事件被称为“晚期重轰击”——“晚期”是相对于比它更早发生的一次更大的轰击事件来说的，行星就是在那次轰击中产生的。

随着轰击事件逐渐减少，火山作用成了改变月球外观的主要因素。熔岩在月球的表面四处流动，淹没了陨击盆地，而火山的大爆发将物质喷飞到几百千米的高空。在30亿~35亿年前这段时间，火山活动达到了顶峰，但也有部分火山岩看起来是在10亿年前才形成的。

水星和火星很久以前的表面也和月球一样布满陨击坑。虽然不知道它们的形成时间，但它们的大小分布和月球高地上的差不多。坑洞的大小和造成该坑洞的撞击物的大小有着直接的关系，这说明水星、火星和月球都是被同一类小天体撞击的。含有撞击熔融物的几类陨石的年龄大体都在39亿年左右，这意味着晚期重轰击还波及了小行星带。说不定当时的地球和金星也遭受了多次撞击，只不过撞击产生的坑洞都被地质作用侵蚀了。

造成晚期重轰击的罪魁祸首究竟是什么至今还不清楚，但有几个理论可供参考。行星形成后剩余的部分星子可能围绕太阳运转了几百万年后，最终撞向了月球和行星，但计算结果表明，晚期重轰击发生时，这些物质大部分已经消失了。撞击事件的突然增加可能是由类似谷神星的小行星所造成的，撞击产生的碎片充斥着内太阳系。但这种事件发生的可能性非常小。

可信度最高的解释是，在大约 39 亿年前，行星的轨道突然发生改变。我们会在第 14 章介绍，有一个理论推测出了这一改变，它改变了许多小行星和彗星的轨道，使它们之中有一部分撞向了月球和行星。月球高地上的陨击坑的大小佐证了这一观点，这些陨击坑表明撞击物体来自小行星带。

尽管造成晚期重轰击的原因仍不清楚，但月球表面清晰可见的痕迹表明太阳系早期曾经经历过一次大动荡时期。几乎可以肯定，那次产生月球盆地的轰击事件也波及了地球，并且对地球上的生命造成了深远的影响，具体见下一章。

第 11 章

生命的摇篮——地球

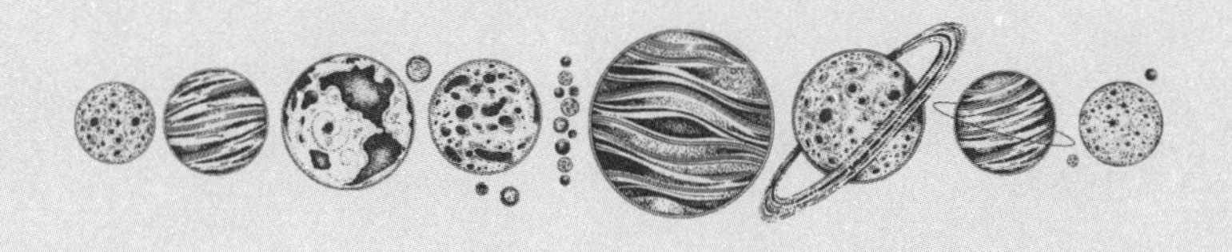

冥古宙时的地球

在遭受了形成月球的那次大碰撞后，地球必定也在顷刻间陷入险境。撞击产生的大量冲击波以撞击点为中心向四处蔓延，它们从地球内部穿过再汇聚在另一端，并将地球的大量大气蒸发到太空。撞击释放出了巨大的能量，造成地球的外部圈层熔化，熔岩和固态岩石的混合物形成了一个 1 000 多千米深的岩浆海洋。如果当时的地球存在海洋的话，该次撞击所爆发的热量将足以使海洋的水瞬间沸腾。在大碰撞发生的几小时到几天后，地球上空形成了一层由蒸汽和蒸发的岩石组成的稠密的大气。水和其他挥发性物质在大气和岩浆海洋之间不停地来回移动，融入热岩后进入地球内部。

随着地球将热量辐射到太空，地球的温度也很快开始下降。不到几千年的时间，蒸发到大气里的岩石又重新凝结到地表，岩浆海洋开始从内向外凝固。往后的 100 万年里，大气里的水蒸气凝结在一起，以雨滴的形式落到地表后汇聚成了海洋。经过这次事件后，地球上空开始形成一层由二氧化碳、痕量氮气和其他气体组成的厚厚的大气，很像金星今天的大气。随着二氧化碳与水发生化学反应，海底很快形成了许多层碳酸盐岩层，于是，大气里的二氧化碳以这种方式被逐渐转移至海洋。

随着行星形成后剩余的碎石被扫清，地球表面继续遭受到猛烈撞击，但没有一次像形成月球的那次大。最大的撞击也只会使部分海洋蒸发，导致地球有一段时间被一层由水蒸气组成的大气笼罩着。大气里的水分子在受到年轻太阳的强紫外线辐射后又被打散，变成氢和氧。较轻的氢气逃逸到太空，并带走了大气中的一些其他气体。地球早期就是以这种方式失去大部分大气的。同时，从地球内部逃逸出来的气体又源源不断地补充着大气。

科学家将地球历史上的这一初期发展阶段称为冥古宙，来自希腊语“Hadean”一词，为“地狱”之意。这一时期的地球和我们今天所见的极为不同。这个时期大部分时间都相对风平浪静，但中间穿插着几场极为可怕的大灾难。同时，它还是地球从一个动荡不安的熔岩球变为接近今天模样的一个转折点。

早期的地球只由两层组成，即地球中心的一个高密度的铁核，以及包裹着铁核的一层厚厚的地幔岩。虽然大部分地幔很快就凝固了，但它的温度仍然很高而且不固定，能够像糖浆一样缓缓流动。大量热量都被困在地球内部，使地幔能够慢慢对流。几百万年里，岩浆以热柱的形式从地球深处涌上地表并慢慢释放热量，等到密度比周边物体高时又再次下沉。这样一来，地球内部热量的逃逸速度比单独靠热传导快得多。

岩浆柱从地幔涌出地面造成周围压力减小。由于压力不足以使它凝固，一些岩石开始熔化。而那些和岩石的主要成分不太相容的元素（如钠、钾和钙）则最先变成液态或“熔化”。熔岩喷出地表后形成了玄武岩，玄武岩中含有大量这些“不相容元素”。渐渐地，地球形成了第三个圈层，即海底形成的一层薄薄的玄武岩。少数几个地方的玄武岩较厚，高出了海面，成为最早的原始大陆。

玄武岩冷却后密度增大，最后它的密度比底下的地幔还大。因此这一构造并不稳定，有些密度大的地方开始下沉或下降，重新回到地幔里，最后和地球内部深处的岩石融为一体。下沉过程中，玄武岩还带走了附近的一些物质，为形成新地壳腾出空间，也为板块构造奠定了基础。这一地壳物质的循环过程今天依然在进行着。地球表面开始被分割成 10 多个板块，并以每年几厘米的速度缓慢漂移。

今天，玄武岩岩浆喷发常见于洋中脊——位于海底、长达数千千米的参差不齐的绵长山脉。随着岩浆喷发并凝固，新形成的岩石在自身重力下沉降并远离洋中脊，它们随板块边缘沉降的物质一同下降，这使新形成的海底扩大并继续远离洋中脊。几千万年后，海底逐渐冷却，最后下沉回到地幔。

新形成的洋中脊会和海水发生作用。岩石吸收了大量海水，海底下沉到地幔后温度升高，水被释放出来后再向上渗透。水降低了周围岩石的熔点，岩石部分熔化后形成了新的矿物。经过几次部分熔化和再加工后，花岗岩形成了，它是现代大陆的基础。花岗岩中含有大量二氧化硅，而且密度比其他岩石低。花岗岩构成的大陆即使冷却后也会浮在构成地幔的密度较大的岩石上面。

以这种方式形成的大陆可能在地球形成后不久就已经成形了。它们又继续扩张了很长一段时间，并经历了快速和相对稳定的增长期，其中大陆形成的主要时期约是 25 亿年前。尽管大陆地壳存在的时间一般比海洋地壳长得多，但它们同样也会遭到破坏，尤其是在板块交界处。然而，随着地球的冷却，大陆地壳的形成和破坏速度也慢慢减缓，地幔对流的现象明显减少。

大陆在地球表面的缓慢移动是现代地质学的一个中心主题。但直到 20 世纪 60 年代，板块构造理论才被广泛接受。在此之前，一些科学家，如阿尔弗雷德·魏格纳（Alfred Wegener）已经注意到一些大陆板块明显可以拼合在一起，就像拼图里的碎片一样。而且不同板块的边缘处的岩石和化石往往也有很多相似之处，这说明这些陆地曾经是相连的，只是后来分离了。不过，由于当时地球静止不动的观念过于根深蒂固，以至于大部分地质学家都没有把这一想法当一回事。

20 世纪 50—60 年代，地质学家对海底进行了一次大规模调查，发现了一项铁证。地质学家发现，海底岩石的形成年代各不相同，离洋中脊最近的岩石形成时间最晚。这些岩石构成了一条条与山脉平行的绵长的条纹图案，每道条纹的年龄和磁性特征都不相同，且山脉两侧的岩石特征呈镜像对称。显然，海洋地壳是从洋中脊处开始生长并延伸开来的，这意味着地球上别处也会有较老的地壳正在被破坏，这样的地方叫作俯冲带。这一发现，加上大部分地震都发生在板块连接和碰撞的狭窄区域，使科学家深信板块构造是塑造地球表面的主要驱动力。大陆漂移这一行为已经至少持续了几十亿年，它们会周期性地合并成一块巨大的超级大陆，然后再分离。

板块构造是从冥古宙就开始了，还是稍后开始的，我们无从得知。地质学家一般通过研究该时期形成的岩石来了解地球的某个历史时期，但这个方法对冥古宙并不管用，因为已知最古老的地球岩石的形成时间是 40 亿年前左右，而那时冥古宙已经结束了。早于这个时间形成的所有岩石似乎都已经由于俯冲、撞击和风化这些原因被破坏了，什么都没有保存下来。我们对早期地球的了解其实很多是来自对锆石的研究，锆石是一种细小的石砾，我们在第 4 章简单介绍过它。锆石这种硬度极高、很难熔化的矿物，能够顽强抵挡风化的侵蚀作用和最具破坏性的地质作用。出于这些特性，锆石身上通常保存着它们形成时的地球条件，即使它们的母体已经被完全改变或摧毁。

目前已知最古老的锆石是在澳大利亚发现的，形成于 44 亿年前左右，只比地球的年龄小一点儿（图 11-1）。从它们的成分判断，它们来自大陆地壳，构成它们的岩浆中含有大量水分。锆石有可能是在地表岩石被液态水侵蚀的地方形成的。至少从这些方面来看，冥古宙时候的地球和今天的地球还是相似的。

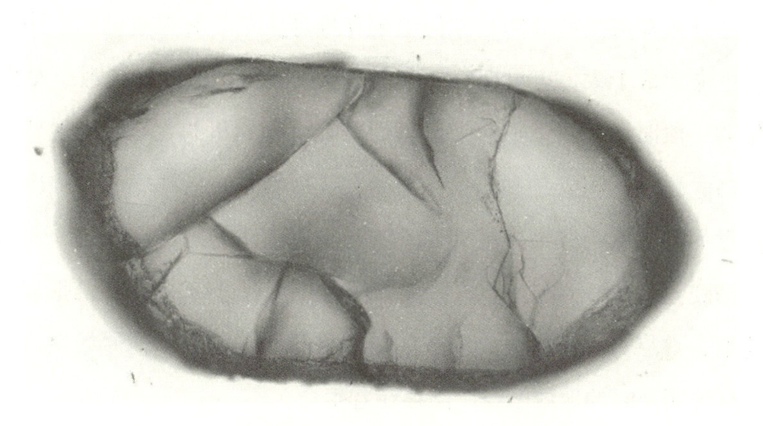

图 11－1　透视光下被放大 200 倍的一颗冥古宙的锆石。该锆石在澳大利亚西部杰克山地区被发现，那里是世界上最古老的锆石的发源地（图片来源：Stephen J. Mojzsis, University of Colorado）

冥古宙的结束和它的开始一样，都是因为一次重击。大约在 39 亿年前，在度过了一段长达几百万年的相对平静的时期后，地球、月球和其他行星再次遭受到一系列重大碰撞，也就是上一章介绍过的晚期重轰击。其中最大的几次撞击在地球上留下许多直径达到 1 000 千米或以上的陨击坑，并产生大量碎石烟流冲向太空。一些碎石游荡在地球上空，最后坠落地面，形成了二次撞击坑。撞击释放出的巨大热能将海洋上层加热至沸腾，同时地表也被炙烤到很高的温度。假如那时的地球有生命存在的话，除非它们深埋在地底下，否则恐怕已经灭绝了。同时，一些石头飞向太空，速度快到摆脱了地球的引力。这些石头后来成了绕日旋转的小型小行星。几千年以后，它们之中有少数再次撞到地球，在坠地后成为陨石。而这些陨石里的微生物可能存活了下来，并将生命重新带到地球上。

生命树

没有人知道生命最初是如何出现在地球上的。有大量证据表明，最早的生命形成于太古宙早期，太古宙是从冥古宙结束开始到距今大约 25 亿年的一段时期。科学家通常通过埋藏在沉积岩里的化石识别地球的早期生命，这些沉积岩是砂石、黏土颗粒在缓缓下沉到海底的过程中形成的。世界上只有为数不多的几个地方还保存着太古宙的沉积岩，比如南非、格陵兰岛和澳大利亚。这些地方都曾经发现过约 35 亿年前形成的微体化石、叠层石（由微生物形成的层状堆积结构）或其他原始生命的迹象。这说明那时的地球已经广泛存在着生命。

科学家没有发现比这更古老的化石。但有间接证据证明，在比这更早的时候，地球上就已经有生命存在了。碳元素有两种稳定同位素：碳–12 和碳–13。地球生命倾向于使用较轻的同位素，因此，与其他岩石相比，生物材料形成的岩石含有的碳–12 更多。在格陵兰岛发现的形成于 39 亿年前的含碳物质同样也属于这种情况。也许在 39 亿年前，也就是在晚期重轰击刚结束时，地球上至少有一个地方已有生命在孕育了。

地球上所有生物都存在一些共性。它们都由蛋白质构成，且这些蛋白质都由同样的 20 种氨基酸组成。它们的遗传信息都储存在 DNA（脱氧核糖核酸）分子中，并通过 RNA（核糖核酸）进行传达。它们进行繁殖、产生能量和生产蛋白质的化学反应途径也相同。通过这些共性，我们几乎可以确定，地球上的所有生物都源于几十亿年前的同一个祖先。随着时间的推移，这个祖先衍生出了几百万种新物种，虽然它们进化的方式不同，但都保留着一套在远古时建立起来的生物工具。

科学家尝试根据不同生物遗传密码的差异，用图表示它们的关系。具有相似基因组合的物种是在相对近期才彼此分异出来的，而基因非常迥异的物种则是在更早以前分异的。通过研究几千个不同物种的基因，科学家画出了一棵“系统发育树”（phylogenetic tree），也被称为“生命树”——一个表示主要生物种类之间关系的分叉图（图 11–2）。

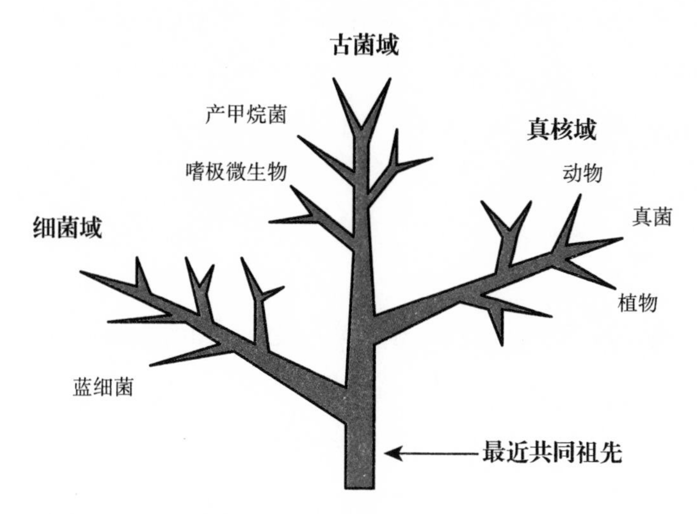

图 11–2　“生命树”简化示意图

生命树上有三个主干。所有生物和它们的祖先可以划分为三大类，即细菌域、古菌域（与细菌非常相像但基因又非常不同的单细胞生物）和真核域。真核域包括所有多细胞生物，比如树、真菌、鱼类和人类。尽管它们的生命形式看似迥异，但是它们都属于生命树上的一个分枝，而且还是最新长出的枝头。树的底部是一种叫作“最近共同祖先”的未知生物，这一物种很久以前就已经灭绝了，但它的后代却分布在地球上的各个角落。虽然我们无法确认最近共同祖先是不是地球上最早存在的生物，但可以确定的是，它是第一个后代存活下来的生物。

靠近生命树底部的许多生物都属于“嗜极微生物”，嗜极微生物是指可以在其他生物无法生存的极端温度、强酸性或高盐度环境下生存下来的生物。嗜极微生物一般生活在温度高于 100 摄氏度的超高温、高压液体里，比如温度极高的火山泉和海底热泉附近。可以想象，生活在这种极端条件下非常艰难，因此进化的生物很可能需要很长时间去适应这种环境。所以，嗜极微生物是地球上最早存在的生物的可能性非常小。但嗜极微生物位于接近生命树底部的位置说明，按照我们今天的标准来看，地球过去的环境应该非常恶劣，只有嗜极微生物才能在这种环境下生存。生命有可能在晚期重轰击之前就已经存在，但只有嗜极微生物在那次灾难中存活了下来，在重轰击后，它们便开始大量繁殖后代。

组成生命的基本材料

活细胞均由几个关键聚合物组成，聚合物指由更简单的物质，如氨基酸和糖构成的长而复杂的分子。这些聚合物包括核酸，如储存和传递细胞遗传信息的 DNA 和 RNA，以及充当特定化学反应催化剂的蛋白质。这些化学物质都被细胞膜包裹着，细胞膜的成分是脂质，即脂肪分子，具有部分渗透性，允许营养物质和排泄物按部就班地进出细胞膜。地球上所有生命所使用的聚合物都离不开这几种元素：碳、氢、氧、氮、硫和磷。

20 世纪 50 年代，芝加哥大学化学家、生物学家斯坦利·米勒（Stanley Miller），以及美国宇宙化学家、物理学家哈罗德·尤里进行了一系列模拟地球早期环境的实验，目的是在实验室中合成构成生命的基本物质。他们搭建了一套密封的玻璃装置，往里面通入氢气、氨气和甲烷，模拟地球早期没有氧气的大气；注入温水，模拟大气中的雨滴；将电极插入装置里产生火花，模拟闪电。放置一个星期后，米勒和尤里发现，原来的气体已经变成了一种奇异的液态有机混合“汤”，其中含有几种氨基酸，氨基酸是蛋白质的基本组成单位。此后，科学家又在实验中加入氰化氢，还生成了核碱基，核碱基是 DNA 的一种关键成分。

今天的科学家认为，地球早期大气中含有的气体类型与米勒和尤里实验所用到的并不相同。今天我们已经知道，氨遇到太阳的紫外线很容易被打散变成氢气（氢气由于较轻，会逃逸到太空中）和氮气，氮气则留在了大气中。此外，地球早期存在的二氧化碳很可能比甲烷常见得多。用氮气和二氧化碳构成有机分子比氨和甲烷要难，但实验证明，在黄铁矿、碳酸盐和黏土等矿物存在的条件下，同样可以产生氨基酸和其他有用的生物化合物。地球的早期岩石里应该都含有大量这些矿物。其中，以黏土尤为重要，因为它们为简单有机物合成类似 RNA 的聚合物提供了环境。

合成这些生物体所需的复杂有机分子需要能量。早期地球有许多能量来源，但有些来源更好。紫外线既可以合成有机化合物，又能轻易将它们分解。对比起来，闪电则更加有用，因为它们发生时离地面比较近，紫外线还没来得及将闪电形成的分子再次打散，它们就已经到达了河流和海洋。雷击还可以产生氰化氢，氰化氢是多种有机分子的基本组成单位。

水下火山口也可能是生命出现前合成有机分子的主要场地。火山口附近的高温使物质可以快速发生反应。新合成的分子很快从火山口进入附近的海水中，海水的低温使这些脆弱的物质得以保存。在陆地上的小池塘中或者湖的边缘，水蒸发导致有用化学物质的浓度增加，从而有可能生成复杂的有机分子。有些陨石中含有大量有机化合物，包括氨基酸。由于过去的陨石坠落事件比今天要频繁得多，所以陨石也有可能是地球早期有机化学物质的一大来源。

脂质分子在稳定条件下会自发结合成球膜，球膜对其内部的化学反应起到了保护作用，而且有可能是地球上最早细胞的前身。膜的渗透性使小分子能够从外部渗透到里面，随后合并成更大的聚合物，然后被困在里面。一旦膜里积累了足够多的化学物质，膜就会由于压力太大而破裂，它内部的新聚合物便会进入新的环境中。通过这种方法，不同膜里的聚合物可以混合到一起并被新的膜包裹。

在遥远的过去，有机聚合物的种类一定非常繁多，但它们形成后又分裂，大多数的数量并不多。化学分子会偶尔合成一种聚合物，它们可以作为催化剂,将较小的分子合成和它们一样的聚合物。随着时间的推移，这些特殊的聚合物便以牺牲其他物质为代价进行繁殖。这是一种自然选择，今天的生物也是以这种方式繁衍的。

RNA 是生命体内储存和传递遗传信息的分子之一，它同样可以充当催化剂。最早的一些生命体可能仅依赖 RNA 生存，这种环境也被称为“RNA 世界”。而蛋白质很有可能是后来才出现的，它先由当时大量存在的几种氨基酸组成，后来再加入了其他少见的氨基酸。最后，生命体合成了 DNA，它能比 RNA 更稳定和安全地储存遗传信息。生命树的三个主干都使用了 DNA，这说明早期的生命已经有 DNA 了。而 RNA 可能由于太复杂而无法自发合成，因此在 RNA 世界之前，很可能还存在一代更早的催化性高分子，但科学家还没有验明正身。

这一系列事件看起来可以很好地解释地球生命的进化。但别忘了，这个猜想只是基于今天存在的生物体和实验室中的实验，以及大量合理的猜测。我们并没有在化石记录里找到有关生命起源的直接证据，而且很有可能这样的证据已经不存在了。因此直到现在，生命的起源在一定程度上仍然是一个谜。

氧气的形成

生物体生存和繁殖所需要的化学物质需要能量来合成。早期生命的能量很可能是通过环境中自然产生的物质之间的各种化学反应获得的。靠近生命树底部的生物，它们的能量通常来自与硫有关的反应，硫在火山区含量丰富。其他生物则利用含铁矿物获得能量。有一个重要生物群落通过将火山口的氢气和大气中的二氧化碳结合在一起发生反应产生能量，在这一过程它还获得了合成有机分子需要的碳。这些生物释放出甲烷（一种具有强温室效应的气体），因此被称为产甲烷菌。甲烷对早期地球的气候形成产生了重要的作用，这点我们随后将介绍。

到了某个时候，生命开始学会利用阳光的能量进行化学反应，这一过程被称为光合作用。早期的光合作用系统和今天非常不同。它们将二氧化碳和硫化氢合成对生命体有用的有机物质，并储存能量备用。它们产生的主要废物是硫，一种相对无害的物质。

在太古宙快结束的时候，一类生物出现了，它们的出现给地球上的其他生物带来了深远的影响。它们就是蓝绿藻，或称蓝细菌。通过利用阳光将二氧化碳和水融合，它所产生的能量比早先产生的光合作用系统更多，但这一进步是有代价的。蓝细菌的废物不是无害的硫化物，它向大气释放了一种地球上前所未有的物质——氧气（图 11–3）。

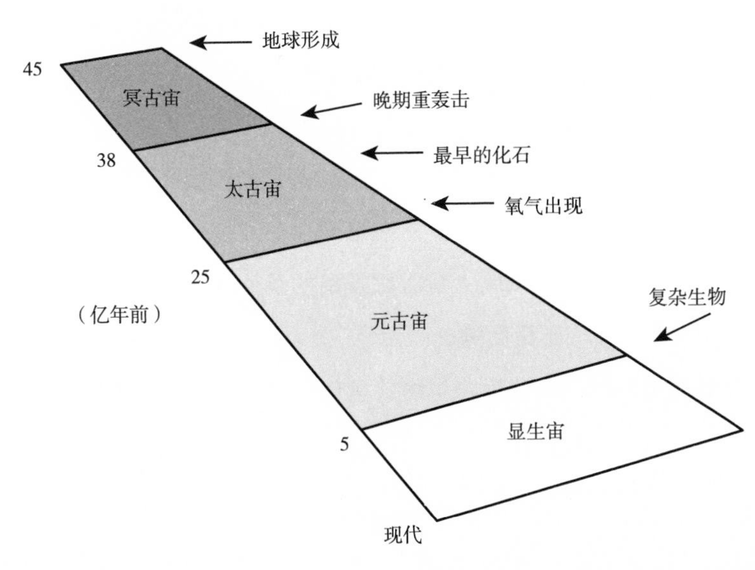

图 11–3　地球上生命的发展时间线，展示了地球形成以来的 4 个主要地质时代。左侧的数字代表距今多少亿年

今天，我们普遍认为氧气是维持生命的重要物质。但氧气同时也是一种具有高活性和高腐蚀性的气体，生命整整花了几十亿年时间才适应

了它，并克服了它的更危险的影响。在太古宙，氧气对于它遇到的几乎所有生物来说，都是一种致命毒素。随着蓝细菌的繁衍滋生，环境中的氧气开始积累。其他生物不得不想方设法适应这种环境，不然就会灭亡。一些生物最终学会了忍受氧气并挣扎求存。其他生物，比如产甲烷菌则不得不转移阵地，到氧气不能穿透的地下或水下深处。

科学家可以通过地质记录解读地球大气的变化情况，最清晰的例子就是带状铁生成物。这是一类沉积岩，包含多层由红色和灰色物质构成的交替层。红色的岩层含有大量氧化铁，而灰色层的铁含量则很少。太古宙时，地球的海洋里很可能有大量铁溶解在水里。随着氧气的大量出现，铁开始变成不可溶解的氧化铁并沉到海底，在之前就存在的灰色淤泥上形成了一层红色的岩层。随着生命和环境适应新的变化，氧气的含量出现大幅度波动。海底的沉积岩也一样，富含铁的岩层和含铁少的岩层交替沉积，直到最终形成现代富含氧气的大气。

氧气的增多给地球生命带来了剧变，但氧气出现带来的不全是负面的改变。随着大气中氧气的增多，氧气和太阳光作用产生了一种叫作臭氧的氧分子。臭氧的活性很高，它在地面上是一种毒气，但在大气层里却是有益的。臭氧可以吸收大量太阳发出的紫外线，从而减轻紫外线辐射对太阳底下生命的不良影响。

在氧气出现前，地球生物体内化学作用释放的能量不多，因此生物活性很低。氧气和有机物质反应可以释放出大量可用能量，所以，氧气的增多会带来一种耗能多的新生物类型的出现，即真核生物。这类生物有细胞，还有复杂的细胞内部结构，包括一个储存遗传信息的细胞核。真核生物是生命树上的第三大主干，它们包括了人类以及今天地球上的所有高等动物。在我们看来，氧气的出现无疑是一个积极的进步。

宜人的气候

虽然太古宙时期的地球和我们今天所见的非常不同，但当时的温度刚好适合生命生存。地球的温度取决于太阳光发出的能量和地球反射出去的红外线辐射之间的平衡。到达地球的太阳能量的多少取决于地球将辐射反射回太空的效率如何，这个量称为反照率。而地面反射出去的红外线辐射的量取决于温度和大气中的温室气体，如二氧化碳的含量。温室气体会吸收一些红外线辐射，因此地球表面必须更热，才能反射足够的能量，和太阳光的能量达到平衡。将这些因素进行简单计算我们得知，地球今天的平均温度应该为 15 摄氏度（59 华氏度）左右，和我们观测到的一样。

同样，我们可以用这种方法来估算地球早期的温度。一个主要的不同点是太阳已经随着时间发生了改变。在过去，太阳里转化为氦的氢燃料没有今天多，因此过去太阳的密度要比今天高。那时的核反应比今天更缓慢，所以地球刚形成时，太阳的亮度比今天要低 30%。由此推算地球当时的温度要比今天低 —— 实际上可能冷到整个地球完全被冰覆盖。但根据锆石和古化石的存在情况来看，地球早期足够温暖，能容许液态水的存在。这一矛盾被称为“黯淡太阳悖论”，它已经困扰科学家们几十年了。

最可能的答案是，地球过去的大气里温室气体的含量比今天更多。虽然我们不清楚这些温室气体具体是什么，但二氧化碳和甲烷的可能性非常大。而两者中间，甲烷的可能性又更大，因为它的保温性能比二氧化碳强得多。今天，由于和氧气发生反应，空气里的甲烷正在快速减少。而地球早期的大气里并没有氧气，所以那时候甲烷的含量应该比今天要多才对。

在这几十亿年间，地球的气候似乎一直十分稳定，温度一般介于水的冰点和沸点之间。1981 年，詹姆斯·沃克（James Walker）提出，地面温度得以维持在这个狭窄的范围内源于一个恒温过程，而板块构造在这一过程中扮演了极其重要的角色。这一过程是这么工作的：大气中的二氧化碳溶解在雨水中之后形成了碳酸，碳酸逐渐腐蚀掉暴露在外的硅酸盐岩石，侵蚀后的产物被雨水输送到了大海，所形成的碳酸盐沉到海底并被沉积岩掩埋。几百万年后，海床俯冲到地球的地幔中，碳酸盐分解后释放出的二氧化碳通过火山喷发又回到了大气中。科学家将这一过程称为碳硅循环（图 11–4）。

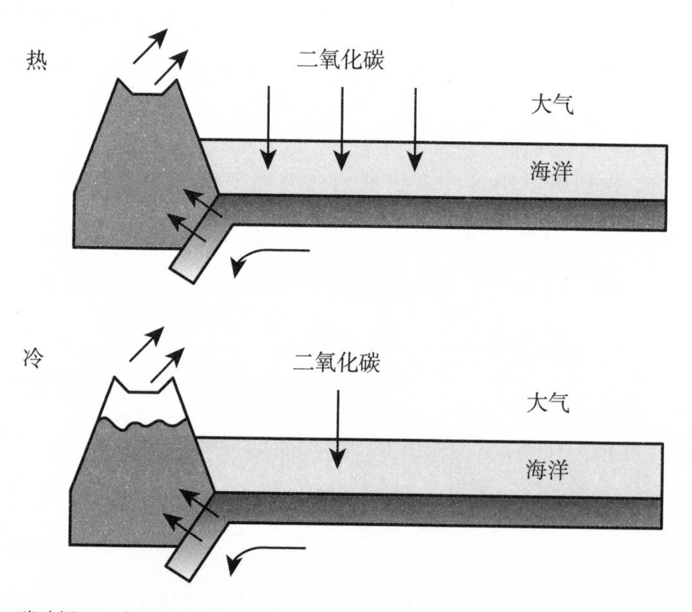

图 11–4　碳硅循环示意图。碳硅循环是板块构造维持地球气候稳定的一个过程。如果大气里的二氧化碳含量升高，气温就会随之升高（上图），岩石的侵蚀速度也会加快。在这个过程中，大气中的二氧化碳被捕获，形成固态碳酸盐，并沉到海底。因此，大气中的二氧化碳水平下降，气候变冷（下图）。随后，含有碳酸盐的沉积岩俯冲到地球地幔，碳酸盐分解，二氧化碳再以火山喷发的方式释放到大气中，然后再循环以上过程

沃克的主要观点是，岩石侵蚀需要液态水，而且温水的侵蚀速度比冷水更快。二氧化碳是一种重要的温室气体，如果大气中的二氧化碳含

量升高，则温度也随之升高，侵蚀作用也发生得更快，二氧化碳的水平也会因此再次下降。假如二氧化碳的含量不足，则侵蚀进程将减慢，从火山喷出来的二氧化碳开始在大气层积聚。在这两种情况下，碳硅循环作为一种负反馈，有助于维持气候稳定，并将二氧化碳的水平和温度维持在恰到好处。

虽然生命不是这一过程的基本组分，但却起到了重要的作用。土壤里的微生物通过冲刷掉岩石里的养分，加速侵蚀过程。5 亿年前出现的陆地植物也加快了侵蚀的速度。海洋里的许多生物利用侵蚀作用的产物形成了碳酸盐外壳，等到这些生物死亡后，这些外壳就下沉到海底，将碳从这个系统中移除。

詹姆斯·卡斯廷（James Kasting）和他的同事发展了沃克的观点并发现，只要和各自恒星的距离得当，那么任何类似地球的行星都能通过碳硅循环使它们的表面保持形成液态水的温度。这个适当的距离范围一般被称为恒星的宜居带，具体远近取决于恒星的亮度。地球位于太阳的宜居带中间，而金星则没有。

出乎意料的是，火星很可能也位于太阳的宜居带中，但是火星的表面并没有液态水，而且它的平均温度也远远低于冰点。事实上，火星无法成为“宜居行星”的更重要的原因是它的大小，而非它的位置。火星太小，以至于无法形成板块构造或任何地壳再循环。火星的直径只有地球的一半，比地球更容易冷却，它今天在地质学方面已经几乎是一颗死行星。火星的引力很微弱，这意味着它的大部分大气已经逃到太空，而且火星上没有磁场保护大气免受来自太阳的能量粒子的侵蚀，这等于是雪上加霜。没有地壳再循环，它就没办法补充失去的气体，剩余的大气由于过于稀薄而无法提供太多温室效应。火星在形成早期就被完全封冻了，而且从此以后一直处于冰冻的状态。

雪球地球

尽管有碳硅循环的恒温效应，地球过去可能仍经历过几次被冰雪完全覆盖的时期。冰雪积累到一定程度后会形成冰川，由于重量太大，冰川就会沿着山脉慢慢往下移。冰山往下移动时会在基岩层留下一些凹槽或者“刮痕”。同时，基岩层分解出一种叫作“坠石”的碎石，被携带到很远的地方，最终沉入冰川底部的沉积岩。通过古岩石的条纹和坠石，地质学家就可以在地图上画出过去曾经被冰雪覆盖的地方。

一部分矿物具有磁性，它们一般会顺着地球磁场的方向形成沉积岩。通过检测岩石的磁化强度，地质学家可以推测出岩石形成的海拔高度。如果一块磁化岩石中含有坠石和纹理，这说明这一海拔高度上曾经有冰川存在。令人惊奇的是，地球过去的大部分表面曾经几次被冰川覆盖，可能从两极一直延伸到赤道。科学家将处于这一特别时期的地球称为“雪球地球”。

实际上，地球的气候有两种稳定的模式：一种是地球表面几乎没有被冰雪覆盖，就像今天一样，而另一种是地球几乎完全被冰雪覆盖。在太阳光照和温室气体含量相同的情况下，这两种模式的地球都有可能出现，因为在这两种情况下，地球的反照率相差很大。地球转变为雪球地球的速度可能很快。假设由于气候发生轻微变化而导致雪量增多，并在高海拔地区堆积，投射到地表的大部分太阳光都被冰雪反射出去了，因此地球吸收的太阳能量减少，温度降低，导致积雪越来越多。这个正反馈可以使地球当前温和的气候快速转变为雪球地球。

最早的雪球地球事件发生的时间和 23 亿年前大气中的氧含量的上升高度吻合。如果地球早期的大气中含有大量甲烷，那就说得通了。氧气迅速和空气中的甲烷反应，将它们转化为二氧化碳。甲烷和二氧化碳都是温室气体，但前者保温能力更强。因此当氧气出现时，甲烷水平骤降，温室效应降低，并拉开了全球冰川时期的帷幕。

雪球地球持续的时间很短，只有短短几千年。地球是怎么摆脱这一冰封状态的呢？地质记录的一项重要证据显示，冰川时期后沉积下来的岩石一般都含有一层厚厚的石灰石沉积物和包含碳酸盐的类似岩石。这些“碳酸盐岩帽”明显是在地球大气含有大量二氧化碳的特殊条件下形成的，这也说得通。当地球表面被冰雪覆盖时，岩石的侵蚀作用便停止。火山继续释放出二氧化碳，气体从冰缝里渗出，空气里的二氧化碳水平随之升高。最后，二氧化碳的水平过高，温室效应极强，于是冰川融化。大面积岩石突然被暴露在二氧化碳里，爆发了侵蚀，并形成厚厚的碳酸盐岩帽。

尽管雪球地球时期的条件对生命来说非常严酷，但有些生物还是生存了下来。哪怕地球的海洋完全被冰雪覆盖，一些主要生物活动，如光合作用仍然继续在被冰覆盖的水下进行着，但有一个条件，那就是冰的厚度不超过几米。还有一种可能，就是冰川没有一直蔓延到地球赤道，而是留下了一片窄条状的开放水面或融雪。另外，火山活动活跃区的淤泥也可能为生命的延续创造了条件。

地球未来的生存环境

随着越来越多氢被转化为氦，太阳未来的亮度将会持续增大，同时也将给地球生物带来更多前所未有的严峻难题。在未来的大约 10 亿年内，太阳的亮度将不断提高，使地球不需要靠温室气体也能维持在液态水温。到那个时候，岩石的风化作用将把大气中的几乎所有二氧化碳耗尽，致使植物无法生长。更严重的是，碳硅循环将再也无法平衡地球的温度，地球迎来和金星同样的命运只不过是时间问题。

如果那时候存在智慧生物，这些问题就可以通过一些先进的技术解决。一种方法是，随着太阳越来越亮，将地球和太阳的距离拉长，从而改变地球的轨道。其实它没有听起来那么离谱：科学家最近发现，如果改变一颗大型小行星的轨道，让它反复掠过地球，那么，在每次和地球相遇时，它的引力就会逐渐改变地球的轨道。如果这颗小行星还在木星间来回摆动，那么它自己的轨道也会受到影响，所产生的总效果就是木星轨道的能量可使地球慢慢远离太阳。

如果到时候地球生命的发达程度还不足以使用这种高科技的方法，那么人类就需要想出其他同样有效的办法适应那时的环境。他们可能会向大气中喷射粒子，形成悬浮微粒或阴霾，从而将照到地球的阳光反射出去，在太阳变得更亮时给地球降温。自地球形成以来，虽然生命历经多次灾难，但总有办法去适应。我们有充分的理由相信，生命可以帮助地球在很长一段时间内仍然适宜居住。

第12章

气态行星和冰冻行星

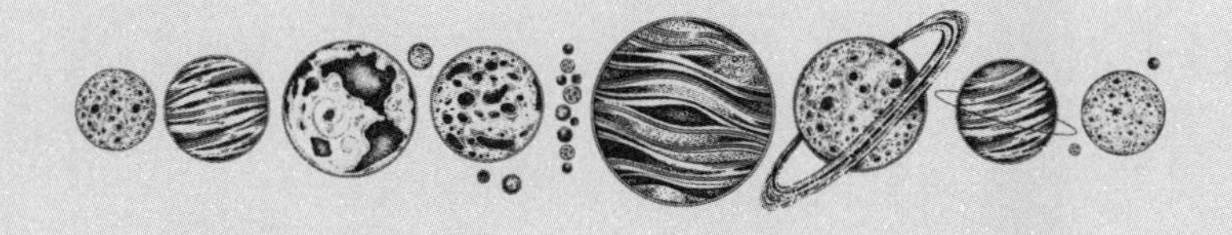

太阳系的巨行星

想象一下，假如我们从外部穿行到木星（太阳系中质量最大的行星）的内部深处，沿途可以看到什么？当我们靠近它时，马上映入眼帘的是它那让人熟悉的外观：一颗缭绕着大量白、红、橘黄和棕色云带的星球（图 12–1）。云带之间还点缀着许多椭圆形的斑点，包括木星著名的大红斑。

随着我们进入木星的大气层，这幅平面图开始变得立体起来。色彩艳丽的云带在不同海拔处形成了规则的云堤。远处看到的斑点是周边云层卷起的风暴气旋。穿过云层下降，我们会看到氨、硫化铵和水组成的气层。再往下一点，是含有岩质和金属元素的云层。整体来看，木星大气的主要成分是氢气和氦气，除此以外还有少数其他气体，如水蒸气和甲烷。

木星的温度和压力随深度的增加而递增，气体到最后已被严重挤压得更像液体。从木星内部深处涌出的热量造成了对流旋涡（指大量液体羽流上升下降的现象），在此过程中木星内部的物质不断融合。氦和氖的液滴形成了持续的毛毛细雨，落入旋涡。木星的液态层深处压力极大，使氢原子的电子被剥离出来，氢于是成为一种类似液态金属的物质。在接近木星中心的位置，有一个小小的、致密的内核，由重元素组成，它们被挤压到了令人难以想象的程度。

图 12–1 哈勃空间望远镜 2009 年拍摄的木星图片。图片中，下沿右侧的一个暂时性的黑点为一次撞击后形成的［图片来源：NASA, ESA, H. Hammel（Space Science Institute, Boulder, Colorado）, and the Jupiter Impact Team］

在可预见的未来，这种旅行仍然只能存在于想象中，但是它并不全是空想。1995 年，“伽利略号”释放出的一个木星探测器已经实现了第一步。该探测器在进入木星的上层大气后放出一个降落伞徐徐下降，下降过程中传回了木星大气的成分、温度、压力和云层的相关数据，这一过程持续了近 1 个小时。与预料中一样，木星大气层的主要成分是氢气和氦气。但意料之外的是，木星的大气非常干燥，显然探测器进入的该部分区域里的大气已经丧失掉了大部分水分。木星大气中还含有其他气体，包括甲烷、氨气、硫化氢和一些重惰性气体。随着探测器逐渐深入木星大气，木星大气的温度和压力都高到探测器所不能承受的程度，最终，还没来得及让我们一睹木星令人惊叹的内部构造，“伽利略号”释放的探测器就失去了联系。

但木星的内部情况究竟如何，我们还是可以通过远距离观察探知一二的。比如，木星的密度低说明它的主要成分是两种最轻的元素——氢气和氦气（图 12–2）。而通过测量木星的引力场，我们知道木星中间的密度较大，我们从中可以推测木星内部很可能存在一个密度较高的内核，内核里的物质相当于 5~10 个地球的质量。木星强大的磁场意味着木星的内部可以导电。科学家在实验室里模拟出了木星内部巨大的压力环境，实验显示，氢气在这种环境下会被挤压成可以导电的金属。另外，天文学测量显示，由于物质被重力逐渐挤压，木星释放出的热量比从太阳吸收的还多。木星一直以来都在慢速收缩，因此它最初的体积一定比现在大得多。

对比起来，我们对太阳系其他巨行星的了解则更加匮乏，因为没有探测器进入过它们的大气层直接探测。但远距离观察表明，其他巨行星和木星有着许多共同点。太阳系 4 个巨行星的密度都比较低，这说明它们的主要成分比类地行星更轻。以木星为例，它的外层绝大部分都是气体，内部的气体则必定已经被挤压成液体。这些巨行星无一拥有固态表面，且气态和液态物质间的过渡也不明确。天文学家将巨行星的液态物质外面的部分称为大气，但对大气底部的深度的界定则非常随意。由于 4 个巨行星距离太阳太远，它们高层大气的温度都极低，木星的温度约为 –160 摄氏度，天王星和海王星则约为 –220 摄氏度。

巨行星的大气层主要由透明的气体组成，天王星和海王星之所以拥有独特的蓝色外观，是因为它们大气中存在的少量甲烷吸收了红光。4 颗巨行星都拥有冰晶或液滴组成的云，且它们的大气和地球的一样，都有由不同浓度的细小颗粒组成的薄雾。巨行星的快速自转形成了色彩斑斓的云带，塑造了它们的可见外观。

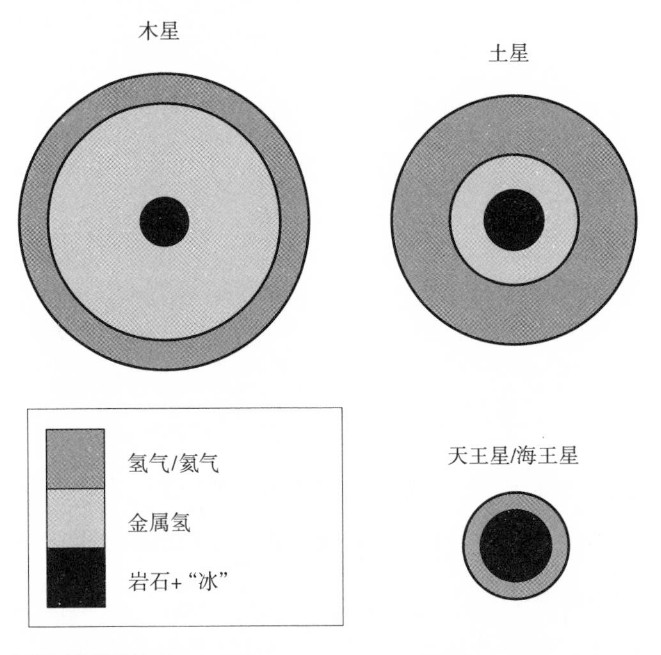

图 12–2　巨行星内部结构图

虽然 4 颗巨行星之间存在很多相似之处，但它们仍然有着显著的差异。木星和土星是真正的巨行星，它们体积相近，直径都是地球的 10 倍左右。木星的质量是地球的 300 倍以上，是土星的 3 倍以上，因此它们的密度相差较大，土星的密度实际上比水还小。而另外两颗巨行星——天王星和海王星的体积和质量都比木星和土星要小（图 12–3），它们的半径都是地球的 4 倍左右，质量分别是地球的 15 倍和 17 倍。海王星的质量和密度都比天王星大。和木星和土星不同，天王星和海王星的组成物质中氢气和氦气只占了 10%~20%，其他都是重元素。

表 12–1　4 颗巨行星质量、直径和密度一览表

行星	质量（地球 =1）	直径（地球 =1）	平均密度（地球 =1）
木星	318	11.2	0.23
土星	95	9.4	0.11
天王星	15	4.0	0.23
海王星	17	3.9	0.29

图 12–3　天王星（左）和海王星（右）。天王星图片为哈勃空间望远镜于 2003 年拍摄。图片添加了滤镜以显示出云层特征，天王星外面的区域也做了增强处理，以突出其光环系统和卫星（图片来源：NASA and Erich Karkoschka, University of Arizona）。右边的海王星图片为“旅行者 2 号”于 1989 年 8 月 14 日拍摄。1994 年哈勃空间望远镜再次拍摄海王星时，海王星图片中的大暗斑已经消失，另一个地方则出现了一个类似斑点（图片来源：NASA/JPL）

天文学家按照这一差异将 4 个巨行星划分成两大类。然而，这样做却非常具有误导性。木星和土星被称为气态巨行星，因为它们的大部分成分都是氢气和氦气，它们通常被认为是气态的。但是，木星和土星内部的这些“气体”由于受到巨大的压力而表现得更像液态。而且前面提过，它们内部的氢气也因此具有明显的金属性质。天王星和海王星则被称为冰质巨行星，因为它们的大部分成分在极低温下可以结冰。然而，

天王星和海王星内部拥有和气态巨行星内部同样的高温高压环境，意味着这些“冰质”实际上是高温液体。

显然，这两类巨行星都和地球以及其他类地行星非常不同。为什么两类行星同样都在太阳系形成，成分却如此截然不同？有些行星的主要成分是氢气和氦气，这点我们并不感到太意外，因为太阳星云的大部分物质就是氢气和氦气。但要将氢气维持在一起，则需要强大的引力场。四个巨行星的质量都足够大，而类地行星则不行。因此，巨行星的组成成分和它们的体积及质量有着密切的关系。

对于巨行星的形成有两派观点，其中可信度较高的一派建立了核吸积模型。该观点认为，所有巨行星都是从一个固态天体（就像放大版的类地行星）演变而来的。后来，它们的质量逐渐大到足以捕获和吸住太阳星云的氢气和氦气。但它们的吸积速度很快，太阳星云中任何一处的温度和压力都不足以将氢气和氦气挤压成固态或液态，这说明气体被巨行星捕获时仍然处于气态。在第 8 章中我们提到，围绕在年轻恒星周围的气态原行星盘的存在时间只有几百万年。所以我们有理由相信，太阳星云的存在时间同样非常短暂，因此，木星和土星一定是在短期内吸积到今天这般大小的。

一些天文学家认为，这么短的时间内木星和土星不可能长到这么大，因此，行星科学家艾伦·博斯（Alan Boss）提出了另一个理论——盘不稳定性模型。根据该模型，气态巨行星是由星云的一部分在自身重力下坍缩并与周围物质分离而直接形成的。下面我们来深入了解这两个模型。

核吸积塑造巨行星

为什么固态行星在外太阳系会生长得比靠近太阳的行星大？这里面有两个原因。第一个原因是，太阳星云外缘温度较低，会令物质结冰。

这些结冰体包括普通的水冰和冰冻的氨及二氧化碳，以及冰点更低的甲烷及一氧化碳。结冰体的存在意味着，太阳星云外缘可以用于组成行星的物质是内部的大概两倍。

另一个原因更加微妙。通过第 9 章，我们知道发育中的行星胚胎一般会将引力俘获区（指行星胚胎轨道附近的区域，在该区域内，行星胚胎的引力比太阳引力强）的物质清空。在太阳系外缘，行星胚胎的引力范围比靠近太阳时更大，因为在外太阳系，太阳的引力已经减弱。

在行星形成的寡头式生长期，在较大引力俘获区和更多冰冻固态物质的共同作用下，木星轨道附近的行星胚胎比那些靠近地球的行星成长得更大。寡头式生长期结束后，太阳星云内侧最大的行星也许只有月球或火星一般大，而位于今天木星和土星位置的行星胚胎，则可能已经长到地球质量的 10 倍。

当行星胚胎成长到和火星一般大小时，它们的引力足以把附近的太阳星云的气体挤压到周围。事实上，行星胚胎周围形成了一层广阔的弥散的大气。这个大气只是暂时的——如果太阳星云突然消散，它也会一同消失。但是，大气存在的时候，它对年轻行星的成长扮演着重要的角色。许多掠过行星胚胎固态表面的星子会穿过它们的大气，行星胚胎的大气减慢了星子的速度，最后星子在行星胚胎的引力作用下被俘获，最终撞向行星胚胎的表面。因此，行星胚胎的大气实际上可以大大加快它的成长速度。

行星胚胎大气层里的气体数量取决于行星胚胎向内的引力和气体对外的压力两者的平衡。随着行星胚胎越来越大，它的引力随之增大，大气的密度和重量也会增加。但是，这种平衡无法永远持续下去。简单计算表明，行星胚胎的质量一旦超过某个临界数值，它受到的引力将大到压力无法抵抗。因此，当到达这个点时，太阳星云里的气体就会开始流向行星。行星胚胎于是成了一个有气体包层的固态核心，这个气体包层会一直变大，直到不再有气体流入。

行星的包层的增长速度部分取决于它将热量以辐射的形式散掉的能力。热量以红外线辐射的形式逃逸，使包层冷却收缩，从而使更多物质流进来。但流入的物质也有反作用，它释放的能量使包层升温，造成包层膨胀，气体吸积过程因此被减慢。包层里尘埃粒子的存在减少了气体的透明度，从而减少了红外线辐射的逃逸量。流入的气体还携带着一些尘埃粒子并在包层里停留了一段时间。被行星引力吸引的星子在穿过包层时被附近气体的气动力撕裂成碎片，形成了新的尘埃粒子。最终，这些尘埃粒子聚合成了更大的颗粒并沉入行星内部，但它们很快就被新的颗粒取代了。

行星包层的颗粒特性以及辐射热量的困难说明了气体在最初是缓慢流入的。计算机模拟表明，大概 100 万年之后，包层的质量才达到和行星中心的固态核一样。但在此之后，包层的增长速度会急剧加快。行星开始经历一个迅速的气体吸积阶段，在 10 000 年内就能达到木星的质量。

那么问题来了：为什么木星到了这个大小就不再变大？造成流入气体减少或不再流入的原因有以下几个。第一，行星吸积气体的速度不可能超过周围星云给它提供气体的速度。一旦行星周围的气体被耗尽，星云其他地方的气体就要经过一段时间后才能补充上来。第二，即使太阳星云里的气体是高度流动的，行星的引力也可以暂停它自身的增长。体积和木星一般大小的行星，它们的质量产生的引力会强到影响周围的物质。木星和太阳的引力合起来可以将木星轨道附近的一个环形区域清空，很像土星环里卫星清空的区域。太阳星云里一旦出现空隙，位于该空隙中的行星的气流流入就将被切断。太阳星云一旦消散，巨行星就无法再增长。

核吸积模型可以自然地解释木星和土星这两种气态巨行星的许多特点，但冰质巨行星就比较难理解了。天王星和海王星包层里的氢气和氦气的质量相对较小，只相当于几个地球的质量。有可能它们形成之时太阳星云已经濒临消亡，而当它们刚刚开始吸积时太阳星云就刚好消散了。但开始吸积的时间在这里不太重要，因为气体吸积在早期比较缓慢，所以在相当长的时间内，行星可以一直保持着和天王星、海王星一般大小。

更棘手的问题是，天王星和海王星里的固态核是怎么生长到如今那么大的。行星的增长速度随着和太阳距离的增加而急剧减慢，一个原因是太阳系外缘位置所对应的太阳星云比较稀薄，另一个原因是那里的行星移动的速度比较慢，所以碰撞事件不那么频繁。木星内核的形成可能最多花了几百万年，而在海王星今天位置要想形成大小和木星相似的天体则需要数十亿年时间，这比太阳星云存在的时间还长，这就意味着等到海王星长到足够大可以吸积气体时，太阳星云的所有气体都已经消散干净了。天王星的情况则没那么严重，但还是很难弄清楚它是如何在太阳星云消散前形成的。

出于这个原因，大部分科学家都认为冰质巨行星刚形成时离太阳比较近。4 个巨行星初形成时应该都离彼此比较近，只是后来其他事件改变了它们的轨道。该过程很可能和剩余星子的引力相互作用有关，这点我们会在第 14 章说到。行星的形成效率很低，可能有几十个和地球质量相当的小天体未能构成四大巨行星之一。这些星子每次经过巨行星，它们的引力相互作用就会将较小的天体甩到离它们轨道很远的地方，同时将行星的轨道推向相反的方向。这些星子许多最终都去往奥尔特云或被完全驱逐出太阳系。

计算机模拟显示，这些相互作用很可能使木星从原来的地方往太阳靠近了零点几个天文单位，而土星、天王星和海王星的轨道则往外移，其中海王星很可能向外移动了 15 天文单位。这一转变的大部分时期可能是渐变的。但也可能存在快速变化的时期，给太阳系的其他部分也带来了急剧的变化。

土星为何在成长到木星般大小前就停止生长，其中的原因我们还不完全清楚。质量和土星差不多的行星应当会很快继续吸积气体。土星可能曾经在太阳星云里已清除出一个空隙，但它的引力只够清除掉它周围的气体。一些气体还是可以穿过空隙流入土星的（如果当时只有土星一个巨行星的话），但在那时木星很可能已经完全形成了。计算机模拟表明，木星和土星的引力加起来可以将它们周围的区域完全清空，特别是在它们之间的距离比今天更近的情况下。从土星近亲的存在可以看出，它可能提前停止了生长。

盘不稳定性模型

由于有关巨行星形成的核吸积模型能够解释许多现象，所以深受众多科学家的青睐，但是，盘不稳定性模型也不乏一定的可信度。尽管太阳星云的大部分是稀薄的气体，但是它的总质量很大，至少也有太阳质量的 1%（相当于 3 000 多个地球质量），实际数字可能有过之而无不及。这些气体共同产生了强大的引力。在温度较低的外部，星云有时会变得不稳定。在这种环境下，气体内部的运动被星云的强大引力打败，星云于是分崩离析。

其实，这和我们在第 8 章提到的关于星子形成的引力不稳定性为同一个机制。只不过在这里，受它影响的是星云里的气体，而非固态颗粒。计算结果表明，这种不稳定现象的范围很广，其中一个典型星云碎块的质量和木星差不多。碎块的形成速度很快，在几个轨道周期，即几十年内即可形成。但碎块形成后，接下来的事情就不得而知了。有些计算机模拟显示，星云的自转会将碎块快速打散。但又有其他计算显示，碎块不会被星云的自转打散，而是开始收缩，并且最终形成了气态巨行星。

我们之所以会得出这两个如此迥异的计算结果，主要原因是假定的碎块冷却速度不同。快速冷却可以使物质凝结成稳定的块状，而慢速冷却则会导致碎块碎裂。遗憾的是，目前我们还没办法确定究竟哪一个才是对的，因此盘不稳定性模型的处境仍然很尴尬——既可信又不确定。

假设巨行星果真是由盘不稳定性模型形成的，那么它们最初应该都是均匀的，成分和太阳星云一样。有趣的是，盘不稳定性模型认为，巨行星的固态内核是在吸积气体后才形成的，而这刚好和核吸积模型的顺序相反。流入的气体中混杂着一些石砾和星子碎块，这些物质随后凝结成了更大的物体，并且在收缩过程中沉入星云碎块的中心。最终，这些固态物质在行星中心凝结成一个致密的核心。

自转和自转轴倾斜

不管巨行星的形成属于哪个机制，它们最后所形成的行星都比类地行星的自转速度更快（表 12–2）。巨行星的快速自转使它们的赤道处发生膨胀，这一点在土星上表现得尤为突出，土星的赤道比两极的距离长10%。巨行星大气里的气体由于快速自转而高速运动，因此物质很难往南北方向移动。因此，在巨行星的不同海拔高度处存在着狭窄的云带。

巨行星形成时，从太阳星云流入的气流使巨行星的自转轴几乎垂直于它的轨道。今天，土星和海王星的自转轴倾斜了约 30 度（表 12–2），而天王星的自转轴则比它们倾斜得更多，几乎“躺”在它的轨道平面上。很明显，巨行星形成后，它们的黄赤交角一定曾经被某些东西改变了。在第 9 章，我们了解了引力和潮汐作用是如何逐渐改变类地行星的倾斜度的。类似的作用同样也会发生在外太阳系天体上，但事情远远不可能如此简单，特别是对于天王星来说。

表 12–2　巨行星黄赤交角和自转周期一览表

行星	黄赤交角（度）	自转周期（小时）
木星	3	9.9
土星	27	10.7
天王星	98	17.2
海王星	30	16.1

碰撞事件同样可能改变行星的自转。关于天王星奇怪的自转行为有一个较为可信的解释，那就是在天王星的形成后期，一颗质量比地球大几倍的天体从一个倾斜的角度撞击了它。但这个假想还存在一个问题。因为，如果只是撞击改变了天王星的自转，天王星的卫星应该或多或少保持着原来的轨道。但是，天王星的卫星今天的运动平面和天王星的赤道平面平行，这说明天王星的卫星系统也同样倾斜了。为什么会出现这种情况？近来，计算机模拟得出了一个比较可信的原因。

下文会提到，巨行星的卫星可能是从围绕在它们周围的物质盘演变而来的。假如天王星被重击时它的物质盘还在的话，物质盘里的颗粒之间的撞击会使物质盘和行星的赤道平行。因此，物质盘里随后形成的卫星轨道的倾斜度自然与天王星的一致。出乎意料的是，计算机模拟显示这些卫星很可能会有逆行轨道，即它们的运动方向和行星的自转方向相反，这和我们今天所见的不同。不过，还有一种情境可以还原真实的天王星系统。如果天王星曾经遭受过至少两次大碰撞而不是一次的话，那么它的卫星很有可能是顺行的。我们无法确定这个理论是否正确，但是，如果它是对的话，和地球一样，大碰撞对于外太阳系行星的形成也起着举足轻重的作用。

拥有众多卫星的巨行星

类地行星和巨行星的众多区别之一是，巨行星的卫星比较多，就像它们自己的行星系统一样。

至少有 63 颗卫星受到木星引力的主宰，包括 4 颗伽利略卫星——木卫一（Io）、木卫二（Europa）、木卫三（Ganymede）和木卫四（Gallisto），它们的体积和类地行星差不多（图 12–4）。“旅行者号”和“伽利略号”航天器发现这些卫星的组成呈现出一种明显的趋势。木卫一完全由岩石物质构成，木卫二有一个大岩质内核，内核上面覆盖着一层薄薄的冰和液态水。木卫三和木卫四都含有大量岩石和冰。但木卫三中的两种物质已经明显分层，内部是岩石，地幔是冰。同时，木卫四中的冰和岩石则结合得更为紧密。和其他伽利略卫星相比，木卫四的表面看起来比较古老。这些发现为我们探索木星卫星的形成过程提供了重要线索。

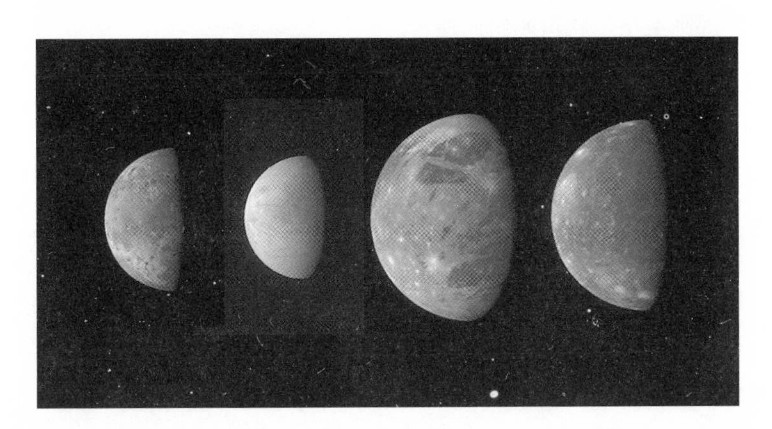

图 12–4　按比例缩放后的木星的 4 颗伽利略卫星照片，由“新视野号”探测器拍摄。从左往右分别为：木卫一、木卫二、木卫三和木卫四（图片来源：NASA/Johns Hopkins University Applied Physics Laboratory/Southwest Research Institute）

伽利略卫星与其他 4 颗离木星更近、体积更小的卫星的轨道都呈近圆形，它们的轨道靠近木星赤道，运动方向也和木星的自转方向一致。

由于它们的轨道排列非常规则，所以天文学家将它们称为规则卫星。木星的其他卫星则位于离它更远的地方，轨道也远没有上面提到的规则。这些不规则卫星的轨道都非常扁长和倾斜，而且大部分都是逆行轨道（运动方向和木星的自转方向相反）。这些不规则卫星的直径一般只有几千米大小，只有两个直径大于或等于 100 千米。

土星的卫星家族的特点和木星的很像，土星已确认卫星的数量为 62 颗，也和木星几乎一致。但土星只有一颗大卫星——土卫六（Titan），土卫六的大小和伽利略卫星差不多。另外，土星还有 6 颗卫星的直径在 400~1 500 千米范围内，而剩下的 38 颗卫星都属于不规则卫星。

天王星的卫星家族和木星、土星的非常相似，只是规模有所缩小。而海王星则稍微有所不同。天王星和海王星都有规则和不规则卫星，天王星的 27 颗卫星的体积都不大，而海王星 13 颗卫星中体积最大的海卫一是太阳系中第七大卫星。海卫一在所有大卫星中显得鹤立鸡群，因为它是不规则卫星，轨道倾斜而逆行。

规则卫星的形成

计算机模拟表明，在太阳星云吸积气体的阶段，每个巨行星的周围都有一个气体尘埃盘。星云的气体进入该环行星盘后在里面四处游走，然后落在行星上。规则卫星比如伽利略卫星，就是由该环行星盘里的固态颗粒形成的，这一过程类似于太阳系里行星的形成过程。但有一个重要的区别：规则卫星的轨道周期远比行星的短。

如果伽利略卫星的全部质量都来自木星的环行星盘里的小颗粒，那么卫星完全成形只需要大约 1 000 年。如此快的生长速度会产生大量热量，这些热量足够使木卫四熔化并且使密度较大的物质下沉到内部。鉴于木卫四没有分层，因此它的生长速度一定很慢，至少需要 100 000 年才能达到今天的大小。另外，大质量环行星盘的温度太高，所以，木卫二和木卫三今天的位置不可能形成冰。生长中的卫星和大质量气体尘埃盘之间的潮汐作用也会使卫星向内迁移，与木星相撞并被摧毁。

因此，木星的环行星盘应该非常稀薄，至少在卫星生长的时候是这样。大量气体流经盘，但只有一部分留了下来。跟随流入的气体一同聚来的固态颗粒很快凝聚成更大的物体，并继续停留在气体尘埃盘里，气流源源不断地流到行星上。因此，固态物质对气体的比率会随着时间增加。这一不停吞噬气体的盘中固态物质的慢速累积以及盘的稀薄特性，说明了卫星需要很长时间才能形成，同时气体尘埃盘的温度也足够低，以致形成了冰。

今天我们看到的规则卫星很可能是在行星形成的末期才出现的。在那时，流入的气流变小，环行星盘也达到最稀薄，潮汐作用已经弱到无法使卫星撞上行星。太阳系早期存在的大部分放射性同位素已经衰变完毕，木卫四内部的放射性加热也已经到了最低水平。早期形成的卫星有可能已经掉进它们的行星里，我们今天看到的是它们的幸存者。木星、土星和天王星的卫星系统的质量各自都相当于它们本身的 0.01%，因此，卫星形成时应该存在一个自我控制过程。可能的情况是，当卫星发展到更大时，它们就会落入行星，同时卫星的生长再次开始。

多个规则卫星的轨道之间会形成共振，而其中最著名的就是拉普拉斯共振，即木卫一、木卫二、木卫三的轨道周期比值为 1:2:4。土星有 6 对卫星也处于共振位置。共振仅凭偶然发生的概率非常小，这说明许多卫星是在形成后轨道发生变化才进入共振位置的。这可能是在卫星移居至环行星盘的过程中发生的。当然，共振也有可能在环行星盘消失之后才发生，这时，行星的潮汐作用迫使卫星的轨道向外扩张。

今天，木卫一、木卫二和木卫三在不断适应木星引力潮对它们施加的张力时会产生热量，可以说这些热量都是从拉普拉斯共振中获得的。

最靠近木星的木卫一的温度最高，因此，木卫一成为太阳系中火山活动最活跃的天体。潮汐加热有助于维持木卫二冰冻地壳以下的液态水海洋和木卫三内部深处的液态水。在木卫二上，潮汐加热将其冰质的地壳分裂成几个板块，并不断地漂移向彼此。这些卫星上面的地质活动说明，它们的表面比木卫四要年轻得多。

不规则卫星的形成

不规则卫星异常的轨道意味着，它们有着不同于规则卫星的形成过程。几乎可以肯定的一点是，它们刚形成时是绕太阳运行的，只是在近距离掠过一颗巨行星时被它们现在的主星捕获。我在第 10 章讨论月球的形成时提到，在被捕获之前，卫星需要减慢运动速度并失去部分能量。它们可能是在掠过某颗巨行星的稀薄外层大气时，受到气体的阻力而导致速度减慢，也可能是与某颗已有卫星相撞而造成的。但还有一个可能，那就是不规则行星是在行星轨道快速重组时被捕获的，我们会在第 14 章中讨论。

但捕获并不是故事的结尾。许多不规则卫星以群体的形式出现，且有着相似的轨道。它们也许是几颗大型卫星猛烈相撞后遗留下的残骸。最新的计算结果表明，不规则卫星经历过的相撞碎裂事件要比太阳系的其他种类天体更多。也许在太阳系诞生初期，曾经存在过数量比今天还要庞大得多的不规则卫星，而我们今天所看到的，只不过是其中幸存的很少一部分罢了。

木星、土星和天王星有着极为相似的卫星系统，而海王星的卫星系统则显然有着一段与它们不同的过去。海王星最大的卫星——海卫一沿着一个倾斜的轨道绕海王星逆行，从这点几乎可以肯定海卫一是被海王星捕获的，而至于是如何被捕获的，至今依然成谜。然而，倒是有一个比较可信的观点：海卫一曾经是一个和冥王星、冥卫一相似的双行星系统的一部分。在遥远的过去，海卫一来到海王星附近，与其伴星分道扬镳，从此它绕着海王星旋转，而它的伴星则携带着海卫一的动能逃之夭夭。今天，海王星仅有为数不多的几颗规则卫星，也许它过去还拥有许多其他卫星，但在质量比它们更大的海卫一进入该系统后便离开了。海卫一在刚被捕获时或许拥有极度扁长的轨道，它贯穿了海王星原来卫星的轨道。庞大的海卫一破坏了海王星原本的卫星系统，撞向许多小卫星，或将它们赶到不稳定的轨道，最终自己来到了今天的轨道上。

行星环

1610 年，伽利略第一次观察到了土星环，然而他在有生之年也未能识别其真实身份——用他的望远镜观察，土星和它的行星环更像一个三星系统。半个世纪后，克里斯蒂安·惠更斯（Christiaan Huygens）借助更先进的设备，发现土星实际上被一系列圆环围绕着。4 个世纪后，我们知道原来 4 个巨行星都拥有各自的环系，但没有一个像土星一样壮观。1977 年，天文学家在仔细观察天王星在一颗恒星前的移动时发现它拥有行星环。随着天王星与该恒星的距离越来越近，它消失又出现几次后，最终完全黯淡。当天王星的另一边远离恒星时，同样的事情又出现了，只不过顺序相反而已。这说明，该恒星的星光被一个对称的环系挡住了，而不是被卫星挡住。两年以后，“旅行者 1 号”航天器发现木星周围有一系列圆环在围绕它运行；1989 年，“旅行者 2 号”证实了海王星同样也有行星环。

行星环并不是固态的天体，而是数十亿独立的鹅卵石般大小的粒子，它们围绕着行星运动，各自有各自的轨道。行星盘里的粒子一般都紧挨在一起，因此粒子间的相互碰撞非常常见。但碰撞的速度很慢，因此不会对它们造成太大的伤害。但是，撞击事件却减少了粒子远离行星盘的上下运动，使得行星盘变得非常薄。土星环的跨度有几千千米，但它的厚度却只有几米。

行星环一般位于靠近行星的地方，在洛希半径（指没有内部拉力的天体被行星的引力拉拽分裂的距离）内。依靠自身引力聚在一起的大卫星无法在这一距离内存活。但我们倒是在土星环里发现了一些小卫星，这些卫星的构成物质一定十分坚硬，足以阻止它们被引力撕裂。

4 个环系的旋转方向和它们所围绕的行星的自转方向一致。这说明它们可能是行星或其卫星形成后剩下的物质，或者它们也可能是由一个或多个规则卫星解体后形成的。因为假如它们的物质是从别处获得的，那么它们的运动方向不太可能一致。

行星环会随着时间而发生变化。行星环内粒子的碰撞会逐渐减少能量并使行星环变得越来越宽。有些天体向行星移动，有些则远离行星。和附近超小卫星的引力相互作用会拉近粒子间的距离，同时减慢环的解体，但无法完全阻止其解体。行星环里的粒子不断遭到在太阳周围运行、碰巧靠近行星的陨星的轰击，它们会侵蚀行星环，逐渐减少它的质量。不过，当卫星遭到撞击而喷射出碎片时，这些碎片可以用来补充行星环。这已经足够在太阳系的生命周期内维持木星、天王星和海王星的环系了，但对于质量较大的土星环来说，可能不够。

土星环的确是个例外（图 12–5）。无论是规模还是质量，它都比其他行星环要大。不仅如此，构成它的粒子也和其他的不同——土星环几乎完全由纯水冰构成，这就是它比其他行星环更明亮的原因。土星环的质量会随时间而减少，并且被掠过陨石的黯淡岩石物质污染。这也许意味着土星环还比较年轻，也许只有 1 亿年的历史，比太阳系的年龄小得多。

图 12–5　“卡西尼号”探测器于 2009 年拍摄的土星 B 环详细结构图片。该图片中含有轮辐（靠近中心的谜一般的径向痕迹）以及土卫一的倒影，即位于图片底部的黑色条纹（图片来源：NASA/JPL/Space Science Institute）

对于土星环的形成原因，科学家们提出了几种推测。比如，它们是某颗大卫星在一次灾难性的撞击后解体而形成的。但是，这样的撞击不太可能会产生由纯水冰构成的行星环，因为我们所知道的太阳系里的所有卫星都含有相当多的岩石。近来，行星科学家罗宾・卡纳普（Robin Canup）提出了一个可信度更高的想法。他认为，土星可能曾经拥有两个像土卫六一样大的卫星，且靠近土星的那颗稍小一些。如果内部的那颗卫星的生成速度很大，它的温度就会升高，进而熔化，产生一个岩石内核，外面包裹着一层由纯水冰构成的地幔。当它形成后，内部的卫星就会往内迁移并穿过土星的洛希极限。土星的引力潮会将它的冰地幔剥掉，只剩下一个岩质内核继续迁移，直到最后坠落到行星上。被抛弃的冰地幔被土星的引力撕扯成许多小碎片，成为一系列围绕行星运动的大质量的环，有些也变成了土星那些由大量冰构成的卫星。从那以后，这些环便慢慢地演变和丢掉物质，于是就有了我们今天所见的规模不大也不小的环系。

虽然这个推理听起来似乎颇为可信，但它还没有被证实，一些科学家质疑从单个大卫星解体而来的碎片是否真的可能同时构成土星的环和它的冰质卫星。目前，土星环的来源依然成谜。也许它们的形成需要一些罕见的环境，这就能够解释为什么土星环远比它周围的行星环更亮。我们应该庆幸我们生活的太阳系拥有如此珍稀而美丽的现象。

第 13 章

解密小行星带

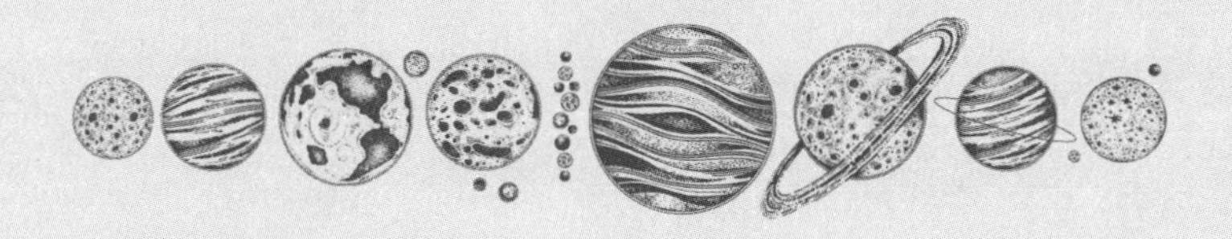

今日的小行星带

你心目中的小行星带是什么样子的？想必很多人都会想到一个物质密集的混乱的云团，里面充斥着横冲直撞的天体残骸、碎石和巨石，天体在里面不停地互相碰撞，有些变成了碎片，有些被撞得粉身碎骨。这种环境下，航天器能够完好无损地穿过小行星带的可能性几乎为零。

这个画面有一定的真实性，除了有一点和实际情况出入比较大：事实上，火星和木星之间的小行星带的物质密度非常低。天文学家迄今已发现了几十万颗小行星，但如果将它们平摊在广阔的小行星带里，意味着平均每几千千米的距离才有一颗小行星。事实证明，许多航天器都能毫发无损地穿过小行星带。那里的小行星密度低到即使航天器在里面飞行几百万年，也不会撞到任何比鹅卵石更大的物体。

尽管我们对小行星带的大部分天体还欠缺了解，但对那里的物质总量已经有了一定的概念。通过观察它们的引力是如何改变周边天体轨道的，就能估算出小行星带里最大的小行星的质量。对于较小的小行星，则可以通过亮度来估计它们的质量。谷神星是目前已知最大的小行星，同时也被归类为矮行星，它的直径约有 952 千米，灶神星和智神星是它的一半多点儿，除此以外，还有几百颗小行星的直径大于 100 千米。尽管如此，所有已知小行星的质量总和还是小得可怜：只相当于地球质量的万分之五，把所有小行星融合成一个天体，也只有月球的几分之一大。当然，还有一部分小行星由于太小而无法探测到，所以没有纳入计算范围，但剩下的天体质量总和不会太大，因为已知小行星的共同重力牵引已经足以解释附近行星（如火星）的运动了。

我们有可靠的理由相信，小行星带的质量在遥远的过去比今天更大。第一个理由是，火星和木星之间的太阳星云极有可能含有几个地球质量的岩石物质，这比今天小行星带的质量大了至少 1 000 倍。另外，通过研究陨石我们发现，小行星发展到当今的规模只需要几百万年。由此推测，小行星带过去的固态物质要远远多于现在，否则小行星的成长速度不可能如此之快。

至于小行星带是如何失去它的质量的，天文学家给出了几个可能性较大的解释，这些解释基本分成两大派。一派认为，大部分小行星在经过几十亿年的碰撞后已经沦为尘埃，这些尘埃要么落到了太阳上，要么被太阳辐射吹离了太阳系。另一派则认为，许多小行星是被太阳系其他天体的引力摄动拉出了小行星带，进入太阳或星际空间的。

碰撞粉碎说

小行星之间不时的磕磕碰碰在所难免，陨石就是这样产生的。但是，它们碰撞的频率似乎也不可能多到足以将相当于几个地球质量的固态物质清除的程度。这是研究灶神星后发现的，灶神星是 HED 陨石的母体。研究这些陨石后，人们发现灶神星曾经被加热至熔化和分层，形成了密度不同的圈层。冷却凝固后，它的表面形成了一层又轻又薄的玄武岩层，类似地球的地壳。

表 13-1　部分小行星的特征

小行星名称	分布位置	与太阳的平均距离（AU）	平均直径 / 大小（千米）	密度（水 =1）	外形	小行星类型
谷神星	主小行星带	2.77	952	2.1	接近圆球形	C 型或 G 型
智神星	主小行星带	2.77	544	2.8	扁球体	B 型
灶神星	主小行星带	2.36	530	3.5	扁球体	V 型
司琴星	主小行星带	2.45	121 × 101 × 75	3.4	不规则	C 型或 M 型
玛蒂尔德	主小行星带	2.65	66 × 48 × 46	1.3	不规则，有多个大陨击坑	C 型
艾达	主小行星带	2.86	54 × 24 × 15	2.6	不规则，扁长	S 型
加斯普拉	主小行星带	2.21	18 × 11 × 9	2.7	不规则，扁长	S 型
爱神星	近地 / 过火星轨道	1.46	34 × 11 × 11	2.7	不规则，扁长	S 型
丝川	近地 / 过火星轨道	1.32	0.5 × 0.3 × 0.2	1.9	不规则，扁长	S 型

今天，除了南极点附近一个叫雷亚希尔维亚（Rheasilvia）的大陨击坑外，灶神星的外壳几近完整（图 13–1）。造成该坑洞的撞击深入到灶神星外壳以下 13 千米处，它内部的岩石也暴露在外。到这里我们不禁发出疑问，假如其他大部分小行星都已被撞得粉碎的话，灶神星怎么可能才受了一次伤？计算机模拟表明，原因只有一个，那就是自太阳系诞生以来的大部分时间里，小行星带的质量一直都很小。

图 13–1　位于灶神星南半球的一个陨击坑——雷亚希尔维亚。这张火山口视角的图片是利用“曙光号”小行星探测器 2012 年收集到的数据合成的。位于盆地中部的山地宽约 180 千米，大约 20~25 千米高（图片来源：NASA/JPL -Caltech/UCLA/MPS/DLR/IDA/PSI）

另一项证据来自用于研究陨石过去情况的放射性时钟。每当发生剧烈碰撞时，碰撞所产生的热能使岩石熔化，物质融合的过程中，被困在岩石里的气体逃逸了出来，于是放射性时钟又被重新设定。大量陨石显示，45 亿年前行星形成时曾经发生过撞击事件，在约 39 亿年前的晚期重轰击中也有过多次撞击事件发生，这些碰撞在月球、火星和水星上都遗留下了巨大的盆地和数不清的陨击坑。除了这两个时期外，小行星带里貌似都相对风平浪静——肯定没有发生使大部分小行星粉身碎骨的毁灭性撞击。

看来，单凭小行星自身的碰撞还不足以使小行星带的质量减少到今天这般稀疏的程度。相反，科学家认为小行星带中的大量小行星是因为受到太阳系行星或其他天体的引力摄动才被拖离小行星带的。他们提出了几个猜想，试图解释小行星带质量减少的原因和现有小行星的轨道特点。

引力清空说

大部分小行星的轨道扁长且偏斜（相对于行星而言）。这说明，它们的轨道在形成后曾经被拉拽过。小行星带中分布的各种类型的小行星也佐证了过去曾经发生过扰乱小行星的事件。在第 5 章我提过，可以根据小行星的光谱特征将它们分成几种类型。天文学家认为，不同类型的小行星形成于距离太阳不同的地方，因此具有不同的特征和成分。比如干燥、含有大量岩石成分的 S 型小行星形成于温度最高即最靠近太阳的区域。黯淡、存在水的 C 型小行星形成于小行星带的中部，那里的温度没有那么高，因此可以形成水冰。而更加原生态的 P 型和 D 型小行星则形成于小行星带的外侧。假如小行星的位置自始至终都没有改变过，那么它们今天的分布应该呈现几个同心圆，就像箭靶上的环。而事实是，今天不同类型的小行星都被搅在一起，这表示许多小行星在形成后曾经被打散，以至遍布整个小行星带。

有没有这种可能，摄动在搅乱小行星并改变它们轨道形状的同时还把其他小行星也驱逐出去了？在第 5 章中，我们提到这种情况发生的一个原因。假如一颗小行星和木星形成共振，它的轨道会逐渐被拉长。最终，这颗小行星要么被太阳吞噬，要么靠近木星，如果是第二种情况，木星的引力将会把它扔出太阳系。这个过程 100 万年左右就可以完成，和太阳系的年龄相比，这不过是一眨眼的工夫罢了。所以，那些不幸处于共振位置的天体应该早就灰飞烟灭了。但是，共振位置只占小行星带很小一部分区域，因此，单凭共振仍然难以解释这么多小行星为何集体消失。

假如共振位置可以移动的话，它们的影响应该会更加深远。但是共振位置是由太阳系其他天体的轨道和质量决定的。今天，绕日公转的大天体只剩下八大行星，它们的轨道和质量都非常稳定，这表示今天的共振位置也已经被固定下来。但是，初生的太阳系还有一个很大质量的天体，那就是行星的摇篮——太阳星云。太阳星云里所有气体和尘埃共同产生的引力足以强大到改变部分共振的位置。随着太阳星云的消散，共振位置也可能会改变，将小行星带清扫成今天的样子。这个共振可能在这个过程中将许多小行星驱逐出了小行星带，就像耙子除草一样。

从表面上看，这个观点的可信度似乎颇高。遗憾的是，它还是败在了细节上。科学家使用计算机模拟这种共振清扫效应时发现，这个观点可以分别单独解释小行星带大量天体的消失、现有小行星倾斜和扁长的轨道，以及不同小行星凌乱分布的现象，但却不能同时解释这三种情况。看起来，太阳、行星以及太阳星云的引力都不足以使小行星带变成今天的样子，难道说还有其他未发现的因素？

20 世纪 90 年代初，行星科学家乔治·韦瑟里尔（George Wetherill）另辟蹊径。他提出了一个猜想，假设小行星带（起码在最初的时候）根本没有发生过任何不同寻常的事情，而且火星和木星间的行星的形成过程也和其他地方无异。如果这样的话，那么那里的星子和较大天体的尘埃就会和其他地方一样地增长。最后，它们形成了行星胚胎（行星胚胎的直径为几千千米，比最大的小行星谷神星还要大）。过去的某个时候一定发生了什么事阻止了行星完全成形，于是，怀疑的目光再次落到巨行星身上。

木星和土星形成后，小行星带也开始出现与它们有关的共振。小行星带中有一小部分行星胚胎和星子在第一时间进入了共振位置，但由于轨道不稳定，最后消失了。然而，故事还没有结束，行星胚胎的引力大到改变了它们附近天体的轨道，造成了它们和星子来回移动。这些天体中有很大一部分迟早会进入共振位置，并从小行星带消失。计算机模拟显示，可能性最大的结果是，所有行星胚胎和几乎所有星子都会消失。最终只有很小一部分星子存留下来，一般它们所在的地方离原来的地方很远，而且轨道倾斜而扁长。今天小行星带里的小行星就是由这些幸存的星子演化而来的。

听起来，这个猜想的可信度也挺高，但过去也许还发生过比此更加惊天动地的事情。根据我们在第9章提到的大转向假说，木星曾经在太阳系早期穿越过小行星带两次。这个观点最初是为了解释火星质量为什么低而提出来的，因为木星的引力可以清除掉火星形成区域的许多星子。但是，木星两次穿越小行星带可能对小行星带造成更大程度的干扰。对大转向假说的计算机模拟显示，绝大部分小行星都会被驱逐出小行星带，而幸存的小行星则被打乱，在倾斜、扁长的轨道上运行。

虽然现在我们还不知道哪个观点才是正解，但扰乱小行星带的行星成长和将幸存的小行星打散的“元凶”，看起来就是巨行星和它们的引力。和它们相比，地球和金星受到巨行星及其共振的影响相对较少，因此可以自由地发展成大行星，泰然自若地沿着近圆形的轨道运行。

小行星族

碰撞事件也许并不是塑造小行星带的最主要因素，但也对它们产生了一定的影响。早在一个世纪之前，就有人意识到了这一点。小行星的轨道会随着时间缓慢改变，还会经历一些小型振荡，这些振荡会改变它们轨道的倾斜度和拉伸程度。1918年，日本天文学家平山清次意识到，求出这些振荡的平均数就可以更好地了解小行星的分布成因。实践中，他发现了三个有着高度相似轨道的小行星族，每个小行星族里都有几十颗小行星。他认为，这些小行星族每个都是由一个较大的天体碰撞解体后产生的，大天体碰撞后产生了一个碎屑云，它的运行轨迹和母体几乎相同。

平山清次的猜测后来被证实是正确的。继他的发现后，天文学家又找到了那三个小行星族的几百个成员，而且还发现了另外几十个小行星族。目前已知的小行星中，很可能有多达 1/3（尤其是较小的小行星）都属于小行星族。

小行星族会由于各种各样的原因慢慢消散并消失。行星的引力摄动潜移默化地改变了一些小行星族成员的轨道，其他的则在撞击中灰飞烟灭。但罪魁祸首其实是我们在第 5 章介绍过的雅尔可夫斯基效应。数百万年来，小行星对太阳热量的吸收和释放使它们的轨道发生了改变，它们慢慢地在小行星带中飘移。雅尔可夫斯基效应的强度和小行星的大小、自转速度有关，因此不同小行星的飘移速度各不相同。小行星族刚形成时，里面的成员紧紧地簇拥在小行星带的一个区域。几亿年后，小行星族逐渐向四处散开，到最后已经分不清哪颗小行星属于哪个小行星族了。

但科学家可以利用计算机回溯，通过计算小行星族成员的运动情况，追溯小行星族的形成时间。实际操作中发现，小行星族的成员曾经在某个时候全都聚集在一个点上，这个点也就是产生该小行星族的碰撞的地点。以卡琳小行星族（该小行星族以其中最大成员的名称命名）为例，科学家追溯到，卡琳小行星族源于发生在约 600 万年前的一次碰撞。它的母体曾经是几十亿年前形成的更大的克朗尼斯小行星族的成员。

但是，追溯那些年代更为古老的小行星族的形成时间则要艰难得多，因为由于雅尔可夫斯基效应，我们无法准确知道小型小行星的飘移速度。比如，我们只能从葛冯小行星族的轨道推断出它是由一颗直径为 150 千米的小行星在约 5 亿年前解体后形成的，但没有办法更精确。

所幸，一些其他发现缩小了葛冯小行星族形成时间的范围。瑞典一家石灰岩采石场的工人近来发现了一些 L 型粒状体陨石，这些古陨石是

4.67 亿年前坠落到地球的。来自同一母体小行星的其他 L 型粒状体陨石由于 4.7 亿年前的一次大碰撞，它们的放射性计时器被重新设定。这说明，该采石场发现的陨石只用了几百万年就到达了地球。它们能如此快地到达地球的原因只有一个，那就是形成它们的撞击事件刚好发生在一个共振位置附近。而唯一一个位于共振位置旁边且外观和 L 型粒状体陨石相匹配的大型小行星族就是葛冯小行星族，因此我们可以肯定地说，葛冯小行星族是在 4.7 亿年前的一次猛烈碰撞中形成的。

大约在 1.6 亿年前，一颗大型小行星爆炸后解体，这次爆炸不仅形成了巴普提斯蒂娜族小行星，并且它解体后产生的大量碎片坠落到地球，给地球带来了重大的撞击。而其中的一次撞击事件可能就是造成 6 500 万年前恐龙和大量其他物种大规模灭绝的罪魁祸首。另外，即便是最大的小行星，也可能来自小行星族。灶神星是第二大的小行星，它和它的家族成员都是在很久以前的一次撞击中产生的，这次撞击有可能和造成该小行星南极附近的大陨击坑——雷亚希尔维亚的是同一次。

地幔消失之谜

通过第 5 章，我们知道陨石都具有其母体小行星的物理和化学特征。由于小行星带里面的小行星实在过于参差不齐，所以它们不可能是同一个已解体行星的碎片。但很多陨石的确由于具有几乎相同的成分以及可能来自同一天体而被划分到同一类。有超过 20 类陨石来自未被熔化或只被部分熔化的小行星，这说明这些小行星是近期才形成的，那时大部分放射性物质都已经完全衰变了。还有几类铁陨石来自曾经被加热至熔融状态的小行星。另外还有几十种不属于任何分类的陨石，它们看起来都是各自母体的“孤品”。小行星带中分布着几十万颗小行星，但目前我们已收集到的陨石只来自约 100 颗小行星，为什么只有这么少呢？

通过用计算机模拟小行星带的演变过程，我们知道大部分直径大于100千米的天体很可能还保存着原始的生态环境。也就是说，从太阳系形成到现在，它们或多或少还保存着最初的状态。这些小行星上虽然可能有撞击坑，但却没有一次撞击能够摧毁它们。而且，绝大多数直径小于100千米的小行星实际上都是几个大天体大爆炸产生的碎片，因此它们的成分和母体是相同的。而由于直径大于100千米的小行星只有几百个，所以我们自然最多也就只能找到几百种陨石。

实际上，有一部分小行星的陨石没有找到可能是因为两点。第一，许多碳质陨石都比较易碎，只有一部分能成功穿过地球大气层到达地球。所以，也许有一部分小行星的岩石比较脆弱，以至于它们在到达地球时已经粉身碎骨。第二，有一部分小行星的岩石比其他更容易到达地球。比如位于小行星带内部或靠近共振位置的小行星，或者近期解体的天体，它们形成陨石的可能性要比其他小行星大。这大概就是为什么80%的陨石都来自仅仅三个小行星（三种普通粒状体陨石的母体）的原因。

科学家认为铁陨石来自曾经熔化的小行星的内核。那么，形成这些小行星的地幔的岩石去了哪儿呢？虽然有几个小行星的光谱显示它们的成分和地幔岩相匹配，但这些小行星非常罕见。有些非金属陨石来自部分或完全熔化了的小行星，但是它们的矿物质和我们预计的铁陨石母体小行星的地幔组分并不相同。所以可以确定，这些非金属陨石和铁陨石必定来自不同的小行星。

在已发现的陨石中属于地幔岩的非常少，这一问题被称为“地幔失踪之谜”，它已经困扰了科学家很长时间。至于为什么小行星解体时铁质碎片比岩质碎片更容易保存下来，有以下几个原因。首先，已形成不同圈层的小行星中，铁位于内核，而岩石物质比较靠近表面。因此，当小行星遭受撞击时，最先脱落的是岩石物质，铁最后才暴露出来，所以岩质碎片暴露在太空的时间要比铁质碎片更长。其次，有可能当大部分地幔岩已经被剥离出小行星表面并成为小碎片后，铁核还完整无缺，因此它能维持久一些。最后且最重要的一点是，铁的硬度本身比岩石大，一块铁质碎片在小行星带停留的时间至少是同样大小的岩石碎片的 10 倍。

假如大部分分层天体已经在太阳系初期解体了，如今过了几十亿年，它们的地幔物质恐怕早已消失了。这说明，今天的小行星带中完整的分层小行星很少，可能就是灶神星以及屈指可数的其他几个。

但碰撞侵蚀不是全部的原因。原始小行星是球粒陨石的母体，它的硬度并不比分层小行星的地幔岩强。那么问题来了，为什么那么多原始小行星都没有解体，而分层小行星却全都解体了？一部分原因可能是分层小行星本身就比较少，而且没有一个能保留下来。但就算如此，如果几乎所有分层天体都在大碰撞中毁灭了，那为什么灶神星除了表面一个大陨击坑外却完好无损呢？

近来，天文学家威廉·博特克（William Bottke）和他的同事想到了一个可信度较高的解释：也许，铁陨石的母体是在更靠近太阳的区域，即如今类地行星所在的区域形成的。天体离太阳越近，天体之间挨得就越近，因此那里的碰撞事件比小行星带就会更加频繁。剧烈的撞击摧毁了许多甚至大部分的分层天体，这些碎片在大天体的引力摄动下被驱逐到小行星带。一开始铁碎片和岩石碎片都进入了小行星带，但最后只有硬度更大的铁质天体存留至今。随后，原始陨石的母体在小行星带形成，它们大部分都留下来，因此今天的小行星带是原始天体和铁碎片的天下。

小行星的真实面目

过去 30 年来，我们对小行星的认识可以说突飞猛进。而这一转变得从 20 世纪 80—90 年代，天文学家将雷达波束对准接近地球的几个小行星说起。通过研究雷达波束是如何从小行星的不同部分反射回地球的，天文学家得到了第一张能够看清小行星形状的三维图像。显然，这些小行星既不是平整的圆球形，也不是和行星一样的近圆形。它们的表面凹凸不平，坑坑洼洼。有些看起来甚至像哑铃，就好像两个单独的天体，只靠引力维系在一起而已。

随着航天器不断拍摄小行星的细节照，情况变得更清晰了。20 世纪 90 年代，“伽利略号”航天器在飞往木星途中，近距离飞掠过两颗 S 型小行星——加斯普拉和艾达（图 13–2）。结果显示，这两颗小行星呈有棱角的扁长形，表面有多处撞击坑和断裂。“伽利略号”还发现了艾达的一个小卫星——艾卫，直径约等于 1.5 千米。这是第一个被发现的小行星卫星。

图 13–2　小行星艾达和它的卫星艾卫。图片中的主带小行星艾达及其卫星艾卫，由“伽利略号”探测器于 1993 年拍摄。这是小行星也能拥有卫星的第一个铁证。艾达长约 56 千米，艾卫只有 1.4 千米长（图片来源：NASA/JPL）

对于一些小行星拥有卫星这一现象，今天我们并不感到太意外。小行星之间的剧烈碰撞可以产生大量碎片，这些碎片在引力作用下互相吸引。近来的计算机模拟表明，很多碎片很可能重新聚集在一起形成较大的天体，这些天体也可能相互绕转。继艾卫被发现后，天文学家利用望远镜又发现了其他小行星的多个卫星。

NASA 在 1996 年发射的会合-舒梅克号是第一个专门研究小行星的探测卫星。该航天器的主要目标为一颗 S 型近地小行星——爱神星。爱神星的轨道离地球相对较近，但由于燃料有限，会合-舒梅克号不得不选用一条迂回的航线，即先进入小行星带，再往回经过地球，利用地球的引力将它送到爱神星。

会合-舒梅克号沿途还经过了另一颗小行星——玛蒂尔德（Mathilde），这让我们得以首次一睹 C 型小行星的真容。事实上，玛蒂尔德和其他小行星不太一样。玛蒂尔德大体上呈球形，但它的表面镶嵌着 5 个巨大的陨击坑，看起来就像一颗破了大洞的高尔夫球。要是玛蒂尔德是坚硬的固体的话，随便一个撞击早就让它粉身碎骨了。而玛蒂尔德却能“大难不死”，这说明它其实是一个“碎石堆”——仅靠引力维系在一起的一堆松散的碎片。令人出乎意料的是，计算机模拟显示碎石堆比固态天体更难被击碎，因为冲击产生的许多能量会使碎石堆的碎片晃动并升温，而不是将它们甩进太空。玛蒂尔德的密度极低，低于坚石密度的一半，仅略高于水的密度，而且它的内部存在着大量空位——因为该小行星的引力太小，所以无法缩小碎石间的缝隙。

最后，会合-舒梅克号在 2000 年的情人节当天成功到达并进入爱神星轨道。探测结果显示，爱神星的外形酷似一根香蕉，长度约为 34 千米，表面分布着几个大型陨击坑（图 13-3）。会合-舒梅克号用了整整一年时间绘制爱神星的详细地图并研究其组分。爱神星看起来是一颗固态天体而非碎石堆，但它的表面布满了大碰撞后留下的巨石，并且还覆盖着一层大约几十米厚的尘埃和小石块，有些地方还形成了“池塘”，那是尘埃被打散后填平了陨击坑形成的极为平整的表面（图 13-4）。

图 13-3　近地小行星爱神星。图中为爱神星的南半球，由会合-舒梅克号探测器于 2000 年 11 月 30 日拍摄。爱神星的长度约为 34 千米（图片来源：NASA/JPL/JHUAPL）

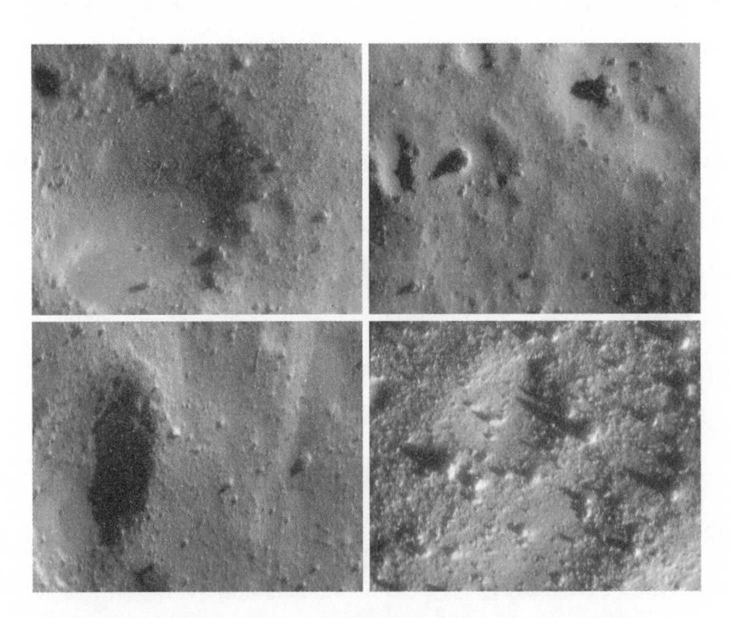

图 13-4　会合-舒梅克号在 2001 年低空掠过爱神星时拍到的爱神星近距离图片。从左上到右下为分辨率递增的爱神星坑洼的表面。上面两张图中对应的实际距离为 550 米，下面两张图中对应的实际距离为 230 米（图片来源：NASA/JPL/JHUAPL）

NASA 后来做出一项大胆决定，以该航天器软着陆爱神星表面的方式终结该次太空任务，这一行动并不在原来的计划之中。这也是航天器首次登陆小行星。经过几番演习后，会合 – 舒梅克号终于安全着陆，而且还在下降过程中传输了一系列爱神星的特写照。着陆后的两周时间里，传感器一直马不停蹄地仔细检测小行星的成分，并将结果发送回地球。结果显示，在所有陨石种类中，爱神星的成分更接近普通粒状体陨石，这一发现力证了粒状体陨石来自 S 型小行星。10 年后，这一发现再次被“隼鸟号”探测器证实了。

“隼鸟号”是日本航天局在 2003 年发射的一个小行星探测器，它的主要目标是采集并送回人类史上第一份小行星样本。两年后，“隼鸟号”到达了目的地——主带小行星丝川，并拍摄了高分辨率的照片。资料显示，丝川和玛蒂尔德一样是一个碎石堆，表面陨击坑极少。“隼鸟号”曾两次登上丝川表面，但用于采集样本的机制两次都未能正常运转。幸亏它的机械臂挖掘到一些幼细的尘埃粒子，并将其储存在采样器里。尽管经历了一连串的故障失败，“隼鸟号”最终还是成功带回了一份含有 1 534 颗小颗粒的珍贵样本返回地球。科学家在对这些尘埃进行分析后发现，丝川是由一颗大型小行星内部的碎片构成的。从样本的太空风化程度来看，丝川表面的尘埃在太空中暴露的时间为 800 万年左右，因此它很可能是在近期的一次碰撞中产生的。

迄今为止，航天器已经近距离接触过 8 颗小行星，并取得了足够清晰的图片。而它们之中最与众不同的要数“罗塞塔号”在 2010 年造访的司琴星（Lutetia），司琴星是一颗直径约为 100 千米的不规则小行星（图 13–5）。根据它的光谱，天文学家将它划入 M 型小行星，这类小行星通常被认为是铁陨石的母体。它的表面没有金属存在的迹象，但它却是已知小行星中密度最高的一个，如果它的内部含有大量铁，就能解释这种情况了。结合“罗塞塔号”采集到的数据和斯皮策空间望远镜的观察结果，司琴星可能是我们在第 5 章介绍过的一种罕见陨石（顽辉球粒陨石）的母体。

目前已经近距离勘察过的所有小行星基本上都属于比较干燥的岩质天体，这一局面已在“曙光号”于 2015 年到达最大的小行星谷神星后被打破。谷神星的光谱表明它的表面存在类似黏土的含水矿物质，而它的密度和重力则显示它具有一个密实的岩质内核，内核外面包裹着一层厚厚的水冰。谷神星上的水甚至可能比地球上的所有淡水还多，它还有一层由水蒸气组成的稀薄的大气层。

图 13–5　主带小行星司琴星。该图片由欧洲南方天文台的“罗塞塔号”航天器于 2010 年 7 月拍摄。司琴星是一颗直径约等于 100 千米的主带小行星，它的组分表明它最初形成的地方离太阳比较近（图片来源：ESA 2010 MPS for OSIRIS Team MPS/UPD/LAM/IAA/RSSD/INTA/UPM/DASP/IDA）

在第 1 章，我们了解到小行星带外部有少数小天体有时可以产生类似彗星的由气体和尘埃组成的彗发和彗尾。这些天体像谷神星的内部一样，一定存在大量水，这些水以冰的形式存在，它们外面的一层尘埃将它们与外界隔绝。近期发生的撞击让它们的冰暴露在太阳光下，每当它们接近太阳时，冰就开始蒸发形成尘埃云。它们不像大部分小行星，倒是可能更像来自寒冷的太阳系尽头不时造访地球的彗星。下一章我们将详细介绍这些神秘的天体。

第 14 章

太阳系的尽头

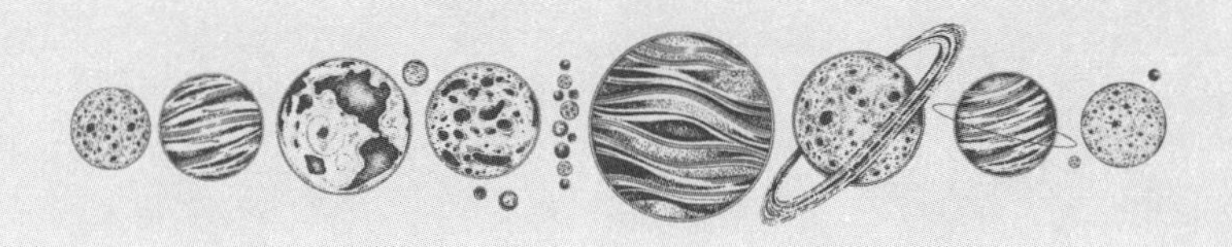

彗星的身世之谜

直到 20 世纪中叶，人们对小行星和彗星的本质仍然了解得不多。小行星在望远镜下看就像一个光点，天文学家倾向于认为它们是缩小版的行星（虽然有些小行星的轨道比较扁长和倾斜）。已知的绝大多数小行星都来自火星和木星之间的主小行星带，但天文学家留意到也有少数小行星离地球比较近，或者在木星外。而彗星则似乎是和小行星迥然不同的另一种天体类型。彗星距离太阳越近，亮度越大，还会形成朦胧的彗发和一条或更多条彗尾，彗尾可以长达数百万千米。彗星的轨道一般呈极为扁长的椭圆形，其轨道平面有可能与行星轨道平面成任意夹角。“木星族彗星”的轨道几乎或完全位于行星系中，而其他彗星则统称为长周期彗星，离行星非常遥远。

关于彗星的最大疑问是，它们为什么可以从太阳系诞生一直存在到现在？因为彗星的质量本身很小，小到无法测量，而且它们每次靠近太阳时还会形成彗发和彗尾，消耗掉身上的大量物质。有时候，彗星也会完全瓦解，只剩下尘埃残骸。当然，如果它们的轨道未曾发生改变的话，彗星里的所有太阳系原始成分应该早就不在或解体了。

也许彗星根本就不是太阳系的原住民，只不过是最近才从星际空间闯入而已，但这又似乎说不通，因为彗星的数量非常多。1931 年，爱沙尼亚天文学家恩斯特·奥皮克对此做出了不同的解释。他认为彗星有可能本来就是太阳系的一部分，只不过它们在生命中的大部分时间都潜伏在外太阳系休眠，而我们看不见是因为它们太过黯淡。当内太阳系的彗星经过漫长时间解体后，偶尔就有外太阳系的彗星告别这个偏远之地到达内太阳系弥补空缺。这个说法听起来似乎挺可信，但奥皮克想不出具体该如何检验它。

1950 年，荷兰著名天文学家扬·奥尔特（Jan Oort）给出了自己的观点。奥尔特注意到，许多长周期彗星轨道非常扁长，散落在远离太阳几万天文单位的地方。他意识到，尽管彗星与太阳的联系很松散，但它们还是一直被约束在太阳系内，受到太阳的引力作用。这说明彗星本身就是太阳系的成员，而非外来者。他认为，天文学家观察到的大多数长周期彗星应该都是第一次接近太阳的。奥尔特还推测，在距离太阳 50 000~150 000 天文单位的地方，必定存在一个由无数休眠彗星组成的巨大的球状星团在绕着太阳公转。他解释说，每隔一段时间，就会有彗星因受到附近恒星或整个银河系的引力而被拉出星团，被拉出的彗星猛烈冲向太阳，并在向太阳运动的过程中产生了彗发和彗尾，变成了一颗明亮的彗星。

奥尔特最开始的研究可以利用的资料非常有限，当时已知的长周期彗星并不多。而随着越来越多彗星被发现，计算机模拟计算出了彗星在几百万年间的轨道，他的观点被证实了。今天，这个遥远的彗星团叫作“奥尔特云”。虽然利用目前最先进的望远镜尚无法观察到奥尔特云，但天文学家已经承认了它的存在，并认为它位于太阳系的边界。

几乎就在奥尔特撰写有关彗星轨道的论文的同时，美国天文学家弗雷德·惠普尔（Fred Whipple）提出了一个富有说服力的观点来解释彗星的物理性质。天文学家在检测了彗星的光谱后，推断出彗星的彗尾和彗发中含有碳、氢、氧和氮原子组成的各种化合物，它们看起来像是一些常见分子，比如水、甲烷、氨和二氧化碳分子的碎片，这些分子在处于极低温状态时都会形成冰。惠普尔后来写道：

> 到 20 世纪 40 年代末，我越发确定彗星上面必定储存着大量的这些母分子，它们可以使得彗星绕太阳运行几百次，甚至可能几千次。此外，有一部分彗星的个头很大，而且足够坚硬，所以就算擦过太阳也不会完全解体。答案很明显：彗星的彗核中一定蕴藏着大量的冰，这些冰里还夹杂着尘埃或陨石块——换句话说，彗星就是一个巨大的脏雪球。

当彗星逐渐接近太阳时，由于受热升温，彗核的冰开始蒸发，产生多股气流向外喷射而出，气流中夹杂着一些岩质的细尘粒（图 14–1）。这种观点很好地解释了为什么许多彗星后面都拖着两条不同的彗尾，即尘埃彗尾和气体彗尾。在 1950 年发表后，惠普尔的观点迅速流行了起来。

接下来还有一个问题，就是彗星的发源地在哪里。显然，彗星必定是在一个温度极低的环境下形成的，也就是在太阳系的最外缘。但孕育行星的太阳星云似乎不大可能延伸到奥尔特云那么远的地方，就算它真的有这么大，它的物质也会变得非常稀薄，不足以结合成一颗彗星。因此，彗星一定形成于奥尔特云以内的地方。

1951 年，荷兰裔美籍天文学家赫拉德·柯伊伯（Gerard Kuiper）提出一个假设，他认为彗星这类冰冻小天体应该形成于海王星轨道之外的太阳星云。他认为，这些天体是后来受到行星的引力摄动才被打散到很远的地方，形成了奥尔特云。如果柯伊伯的观点是正确的话，那么今天海王星轨道以外的区域除了冥王星外应该什么也没有才对，冥王星当时还被看作是一颗大行星。但其他研究者却不这么认为。其中一个人就是爱尔兰工程师、经济学家兼天文学家肯尼思·埃奇沃思（Kenneth Edgeworth），他在 20 世纪 40 年代提出了一个太阳系起源假说。在他看来，任何可信的形成假说所描述的太阳系，都应该是随着与太阳的距离越来越远，物质也越来越少的，只在海王星轨道外剩下一个区域，这个区域“实际上是一个巨大的潜在彗星储藏库”。

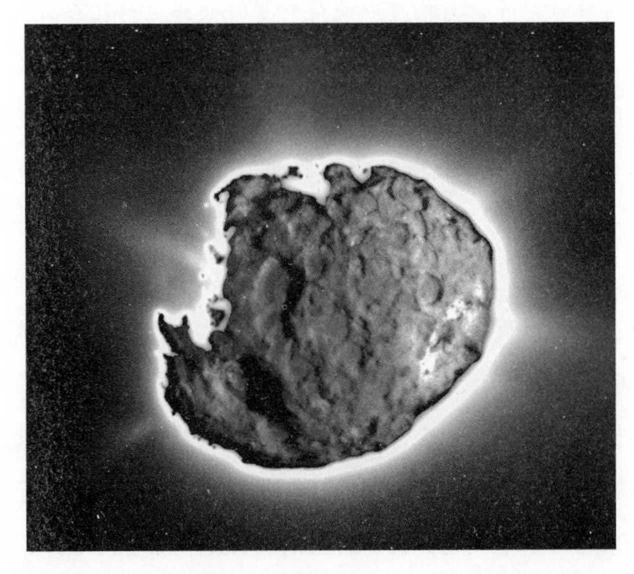

图 14–1 “怀尔德 2 号”彗星合成图片。该图片由美国“星尘号”航天器在 2004 年 1 月拍摄到的两张时间相隔 10 秒、曝光时间不同的图片合成。曝光时间短的图片呈现出了彗核表面的细节，曝光时间长的图片呈现出了从彗星活跃表面喷射出来的气体和尘埃喷流（图片来源：NASA/JPL -Caltech）

半人马型小行星

等到天文学家能够利用足够精良的仪器观测海王星外是否真的存在小天体，已经是几十年后的事了。1997 年，一条引人好奇的线索出现了。该年，美国天文学家查尔斯·科瓦尔（Charles Kowal）利用和 50 年前克莱德·汤博寻找冥王星时用到的相似方法，试图在太阳系中寻找一些不同寻常的天体。1997 年 10 月，科瓦尔看到天空中有一颗慢速移动的天体。他后来写道：

> 从它的运动情况可以肯定它一定在天王星轨道附近，而天王星与它的卫星都在天空的另一边。我猛然发觉，在此之前还没有这个距离的天体能够大到被人看见！拍摄了几张照片后，我们计算出了它的轨道。结果显示，被发现时它距离太阳约 18 天文单位。它的近日点（离太阳最近的一个点）距离太阳只有 8.5 天文单位。显然，它不是一颗普通的小行星。

这颗天体的轨道完全位于外太阳系，大部分时间它都在土星和天王星的轨道之间运动，且从来没有靠近过小行星带；和彗星相比，它的轨道更像行星。从它的亮度来看，它的直径应该大约有 200 千米大，是普通彗星的 10 倍大，但只有行星的 1/10。用科瓦尔的话来说，它不符合已知的所有天体类型。科瓦尔于是以古希腊罗马神话中最有名的半人马（农神萨杜恩之子和天空之神乌拉诺斯之孙）的名字，将其命名为喀戎（Chiron）。喀戎的小行星编号为 2060。“现在，如果有些人喜欢贴标签的话，”他说，“我们可以称喀戎为半人马型小行星啦！”

故事还没有结束。1988 年，随着喀戎离太阳越来越近，它的亮度比平时增加了 75%，并且形成了一条模糊的彗发和黯淡的彗尾，成为一颗彗星。看来，它并不安于之前设定好的角色。为了追上它的步伐，天文学家重新对它进行了分类，最后它被同时归入彗星和小行星的行列。那时，彗星和小行星之间的界线非常模糊，科瓦尔也曾指出当时的术语有欠准确。“某些‘小行星’可能实际上只是不活跃的彗星。”他说。他还说：“同样都叫作小行星的两个天体，实际上也可能截然不同。”1992

年 1 月，又一个有着类似轨道的天体福鲁斯（Pholus）被发现，随后又有几十颗天体被发现，现在它们被统称为半人马型小行星。

探索海王星轨道以外

到了 1980 年，计算机已经强大到可以帮助科学家计算出奥尔特云彗星的轨道在过去几千年或几百万年里的变化情况。计算机模拟显示，大多数木星族彗星来自奥尔特云的可能性很小。和长周期彗星不同的是，木星族彗星的轨道和行星的轨道几乎位于同一个平面。计算机模拟表明，彗星的分布形态不太可能从球状（如奥尔特云）变成扁平状（如木星族彗星）。

为了解决这一问题，乌拉圭天文学家胡利奥·费尔南德斯（Julio Fernández）提出了一个猜想，他预言在距离太阳 35~50 天文单位的地方存在一个扁平的彗星带。他论证了这个彗星带可以给木星族彗星快速供应彗星，才有了今天内太阳系的一番景象。他强调，这个彗星带并未取代奥尔特云，而是作为它的补充。如果他说的是事实，那么太阳系实际上应该有两个休眠彗星的储藏库，而不是一个。

费尔南德斯不指望这个彗星带可以很快找到。这些假想中的天体也许太过于黯淡，即使是当时最先进的仪器，也很难探测到它们。庆幸的是，这个局面很快就被打破了。20 世纪 80 年代，灵敏的电荷耦合器件（CCD）探测器问世了，有了它，天文学家终于可以看到外太阳系更远的地方。

1992 年 9 月 14 日，国际天文联合会公布了第 5611 号电子版通报，这是一系列披露日常天文发现的公告之一。这份通报里也全是一些日常的信息：

> 1992 QB1　夏威夷大学的戴维·朱威特（D. Jewitt）和加利福尼亚大学伯克利分校的刘丽杏（J. Luu）报告称，他们共同发现了一颗异常黯淡的天体以极其缓慢的速度（3 角秒 / 小时）逆行，该天体被位于莫纳克亚火山的夏威夷大学的 2.2 米望远镜捕捉进了一张 CCD 图片中……从它的某些方面来看，它比较符合假想中的“柯伊伯带”成员的特征……但其轨道的准确定义还需等到年底完成后续调查才能确定。

以上通报的措辞相当谨慎，因为我们很难对比较遥远的天体的轨道立刻下结论。等到进一步考证后，所有疑问都烟消云散了，该天体（1992 QB1）的轨道被证实位于海王星轨道以外，那里正是埃奇沃思、柯伊伯和费尔南德斯曾经预言的彗星带所在的位置。对于这个发现，戴维·朱威特和刘丽杏表示，他们是“出于对空旷的外太阳系的求知欲”，此举与两个世纪以前弗朗茨·克萨韦尔·冯·扎奇和其他研究者认为火星与木星之间并非空无一物的信念遥相呼应。朱威特和刘丽杏这段漫长而艰难的寻找之旅始于 6 年前，随着 1992 QB1 的发现，他们的坚持终于得到了回报。

柯伊伯带

自那以后，又有更多发现接踵而至。到 2010 年，天文学家已经在海王星轨道以外的地方找到超过 1 000 个与之类似的天体，今天我们将它们统称为海外天体（TNO）。其中最远的距离太阳 100 天文单位，是冥王星和太阳距离的三倍。随着越来越多这些天体被发现，它们轨道的大小、形状和方向的规律逐渐明朗。每一种天体必定都有一段不同的过去，从中我们可以了解到太阳系的形成和它早期的一些情况。

表 14-1 部分海外天体的特征

天体名称	所在位置	离太阳的平均距离（天文单位）	平均直径（千米）	备注
冥王星	柯伊伯带	39	2 300	已知卫星 5 颗，有稀薄的大气
鸟神星	柯伊伯带	45	1 500	
妊神星	柯伊伯带	43	1 400	外形呈高度拉长的椭圆球状
1992 QB1	柯伊伯带	44	160	继冥王星后发现的第二颗柯伊伯带天体
阋神星	散盘	68	2 300	已知卫星 1 颗
塞德娜	散盘	544	1 000	呈微红色

包括 1992 QB1 在内的许多海外天体都属于今天所说的“经典柯伊伯带天体”。这些天体还有一个熟悉的名字，叫作类 QB1 天体。经典柯伊伯带天体由于距离海王星较远，所以受到该行星的引力影响不大，它们的轨道在几十亿年来都处于较为稳定的状态。海王星的轨道呈近圆形，距离太阳 30 天文单位，而经典柯伊伯带天体大多都分布在距离太阳 42~48 天文单位的地方。1992 QB1 的轨道相当典型，它有点儿偏椭圆形，在距离太阳 40.9~46.6 天文单位的位置，并且与地球轨道形成一个两度的夹角。

一些柯伊伯带天体分布在经典柯伊伯带天体外面，由于处于稳定共振，从而避免了被拉拽到海王星附近。其中最典型的例子就是冥王星。冥王星的公转周期为 249 年，而海王星为 165 年，因此它们的轨道周期的比例为 2:3。虽然冥王星的轨道穿过了海王星的轨道，但它们却从未有任何相撞的危险。冥王星每次穿过海王星轨道时，海王星总是刚好位于它的远日点，所以它们之间相撞的可能性为零。事实上，离冥王星更近的是天王星。

已知超过 100 颗天体的轨道与冥王星的轨道成 2:3 共振，它们被统称为“冥族小天体”。另外还有大约 100 个天体的轨道与海王星的轨道成 3:5、4:7 或 1:2 共振而免于相撞。和我们在第 5 章中提到的造成小行星带柯克伍德空隙的不稳定共振相反，柯伊伯带的轨道共振实际上起到了维持秩序的作用。共振其实是一种微妙的现象，每一种都有不同的表现，在没有深入研究前很难预测它们的效果。海王星轨道以外的稳定共振，在柯伊伯带的发展过程中发挥着举足轻重的作用，这点我们会在稍后介绍。

大部分经典柯伊伯带天体和共振区的天体都集中在离太阳 30~50 天文单位的范围内，形成了一个外形酷似甜甜圈的区域。而在距太阳 50 天文单位以外的区域，天体数量出现了明显下滑。深度研究表明，这个分界线是真实存在的，只是因为距离太远难以看到。正如埃奇沃思预测的，经典柯伊伯带天体到距离太阳 50 天文单位处呈现断崖式减少，而非逐渐减少。奇怪的是，这条柯伊伯带的外缘碰巧和海王星轨道形成 2:1 共振，而这应该不是巧合。

距离太阳 50 天文单位以外的空间并非空无一物。天文学家已经在比这更远的地方发现了 100 多个天体，但是从它们的轨道来看，它们很明显来自柯伊伯带的另一个部分。目前为止被发现的该类天体中最大的是阋神星，阋神星的直径约有 2 300 千米，体积与冥王星差不多，但质量比它大 27%。阋神星的轨道与 1992 QB1 及其他经典柯伊伯带天体非常不同，它的轨道非常扁长，并且和地球的轨道形成 44 度倾角。阋神星的公转周期是 557 年，距离太阳 38~98 天文单位。目前，阋神星正处于它的远日点附近，它以及它的卫星阋卫一成为太阳系中可以看到的最远的天体。

阋神星以及轨道与它类似的其他天体都属于天文学家所说的“散盘”的一部分。不同于经典柯伊伯带天体，散盘里的天体时不时还会运行到海王星附近，在海王星强大引力的牵引下，它们的轨道发生了改变，被拉拽成扁长的椭圆形并发生倾斜。到达近日点时，散盘里的天体与柯伊伯带天体混合在一起，但根据它们特殊的轨道就能将它们区分开来。据猜测，如今大部分轨道位于土星和海王星之间的半人马型小行星原本也属于散盘，只是海王星的引力将它们推向太阳，而非推向散盘。如今，散盘被普遍认为是大部分木星族彗星的源头，半人马型小行星目前同样也正在从海外天体发展为可见彗星。

塞德娜

海王星的引力塑造了散盘，使得散盘里的天体的轨道都倾斜且扁长，但有些天体却连海王星也影响不到。在距离太阳 35~100 天文单位范围内的海外天体中，已知只有十几颗的轨道呈椭圆形。它们由于距离海王星较远，所以受到海王星的引力影响不大。天文学家将它们称为“游离天体”，但它们究竟是如何来到当前位置的，至今依然是谜。最可信的一个解释就是，它们之中的大部分在过去也曾受到海王星引力的影响，但之后它们的轨道受到共振的影响而逐渐发生了改变。

这些游离天体中，有一颗的轨道非常与众不同。它就是第 7 章提到的塞德娜。塞德娜的轨道非常扁长，近日点距离太阳 76 天文单位，远日点距离太阳 960 天文单位，而且它的轨道完全脱离于柯伊伯带。塞德娜是迈克尔·布朗（Michael Brown）、查德·特鲁希略（Chad Trujillo）和戴维·拉比诺维兹（David Rabinowitz）三位天文学家在 2003 年共同发现的，当时他们写道：

> 塞德娜的轨道和太阳系已知天体的轨道截然不同……它的轨道成因或是受到太阳系内未知行星的摄动，或是受到来自太阳系以外的力的影响。

塞德娜是被海王星拉拽到现在位置的可能性非常小，而用于解释离海王星较近的“游离天体”的理由也不适用于它。要说它属于奥尔特云又不可能，因为塞德娜和太阳的距离更近。布朗和他的同事猜测，塞德娜也许来自一个比奥尔特云小的“内奥尔特云”，并就它如何来到现在的位置给出了三个可能的解释。

第一个解释是，塞德娜是被一个离太阳约 70 天文单位远、大小类似地球的未知行星拖拽到现在的轨道的。这种可能性很小，但天文学家已经快找到一颗这么大的行星了，如果它真的存在的话，我们可以看到它的引力对海外天体轨道的影响。第二个解释是，曾经有一颗恒星在过去几十亿年里的某个时候近距离擦过太阳系，在它的摄动下，塞德娜才来到了如今的轨道。但是这种事情很少发生，所以这个猜测的可能性也非常小。第三个解释的可能性最大，我们曾经在第 7 章提过：当太阳还属于星团的一部分时，塞德娜就在当前的轨道了。星团里，恒星之间不断相互碰撞，它们的距离比星团外的恒星的距离要近。萌芽中的太阳系处在这样一种环境里，它外围的天体所受到的引力的强度和频率都比今天要大得多，因此也更容易形成像塞德娜这样的轨道。

假如有多个类似塞德娜这样的天体用于研究的话，要找出哪个假设是正确的就会容易得多。布朗和他的同事们在发现塞德娜时，还以为找到它的同类只是时间问题。“研究这类天体可以帮助我们理解太阳系形成的早期历史。”他们写道。可是，到现在为止，天文学家也才找到两个和塞德娜勉强相似的海外天体，而且没有一个的轨道像塞德娜一样离海王星那么远，因此这对于确定塞德娜的轨道和起源也毫无帮助。塞德娜实在太另类了，不禁让人想起了 60 多年前的冥王星。

海外天体的本质

目前，我们对海外天体成分的了解依然很匮乏，更别说这些成分从何而来了。大部分海外天体由于过于黯淡而无法获取它们的光谱，因而无法进一步了解除外观颜色之外的其他情况。小部分足够明亮且能够产生可用光谱的海外天体分成了泾渭分明的两类：体积较大的海外天体上均存在冰，而较小的则没有——没人知道原因。

令人意外的是，海外天体有着丰富多彩的颜色。但是单凭颜色不同这一点，我们很难判断它们是本来就由不同物质构成的，还是它们的差异是后天造成的。辐射作用可将简单冰冻物质，如水、甲烷、氮气和氨转化为微红色的有机化合物，久而久之就改变了天体的颜色。这样经过几十亿年后，冰质天体的表面会形成一层黯淡的浅红色外壳，将原来的天体包裹在里面。有时，天体会从内往外喷出冰，使部分表面再次变得明亮和雪白，将情况变得更加复杂。撞击同样可以形成新的表面，将分层天体的深层物质暴露在外。

在所有海外天体中，被研究最多的是冥王星和它最大的卫星冥卫一（Charon）。从密度上看，它们拥有相似的组成——约 1/3 为冰，其余 2/3 为岩石矿物，夹杂少量其他物质。但是，它们的外观却非常迥异。冥王星的表面呈深色、浅色和橘红色夹杂的外观（图 14–2），而且覆盖着大量冰冻的氮气和甲烷，部分蒸发后形成了稀薄的大气。和冥王星相比，冥卫一的表面要均匀得多，而且呈灰色而非红色，看起来有大量冰存在。虽然只相隔 20 000 千米，但它们却有着天壤之别。

许多海外天体都有卫星环绕，这是这类天体的一大显著特征。目前已经有几十颗海外天体的卫星被发现，而科学家深入研究的海外天体中有 10% 至少拥有一颗卫星。除冥卫一之外，冥王星还有另外 4 颗较小的卫星，分别是哈勃空间望远镜在 2005 年发现的冥卫二（Nix）和冥卫三（Hydra），它们的直径都在 50 千米左右。剩下两颗最小的分别发现于 2011 年和 2012 年，至今仍未命名[①]。

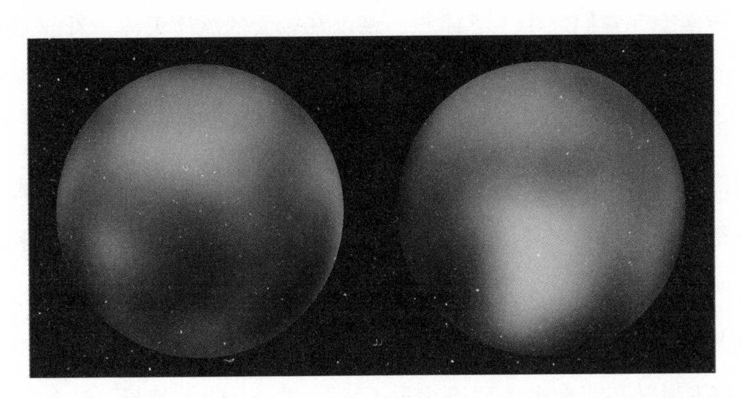

图 14–2　冥王星表面。图为 2010 年公布的冥王星的两个半球的图片，由哈勃空间望远镜在 2002—2003 年期间拍摄到的图片加工而成，它们是“新视野号”到达冥王星之前质量最高的冥王星图片。图片中的白色区域为霜冻，黑色区域为太阳紫外线打散冥王星表面的甲烷后沉淀下来的富含二氧化碳的残渣。和 1994 年拍摄的图片对比发现，冥王星自 1994 年以来发生了巨大改变［图片来源：NASA, ESA and M. Buie（Southwest Research Institute）］

对于有卫星的海外天体，我们可以通过观测其卫星的轨道，利用开普勒定律计算出两者的总质量。冥王星和阋神星的质量就是通过这种方法精确计算出来的。如果没有卫星的话，测量海外天体的大小通常要难得多。计算时，我们需要知道它的红外线辐射量，如果没有，我们则需要估算它对太阳光的反射强度（这种情况下，误差有时候可能会高达 10 倍）。知道它的质量和直径后，就可以计算出密度。从有限的数据来看，海外天体的密度差别较大，小到每立方厘米 0.5 克，大到每立方厘米 3 克（作为参照，纯水冰和岩石的密度分别约为每立方厘米 1 克和每立方厘米 3 克）。冥王星的密度为每立方厘米 2.03 克，在海外天体中属于中等，而少数彗核的平均密度经估算为每立方厘米 0.6 克。而密度低于每立方厘米

① 这两颗卫星后分别被命名为冥卫四（Kerberos）和冥卫五（Styx）。——编者注

1 克的天体中，有些内部可能存在大量空隙。

根据过去 20 年来对海王星以外区域的观察，科学家发现海外天体非常复杂多变。它们之中不乏体积、密度都较大的冰质天体，看起来就像小型的行星。对比起来，源自柯伊伯带的木星族彗星的体积和密度则显得比较小，由灰尘和冰松散地聚合在一起。

曾几何时，多数科学家都认为彗星具有原生态的环境，那里的冰冻物质是太阳系的一部分原材料。事实上，彗星比想象中要复杂得多，而且它的物质遭受改变的程度也出乎所有人预料。改变科学家看法的是最近的两次太空任务。2005 年，“深度撞击号”探测器释放出的一枚大型“铜头飞弹”高速撞击了“坦普尔 1 号”（Tempel 1）彗星。该彗星受到撞击后立刻从内部释放出大量气体尘埃云。这些尘埃中含有经过剧烈升温才能形成的晶体硅酸盐，印证了之前研究彗星光谱时的一个令人费解的发现。另外，“坦普尔 1 号”的尘埃里还含有黏土和碳酸盐，这意味着在过去的某段时间里这里曾经存在着液态水。

同样，“星尘号”探测器 2006 年带回的“怀尔德 2 号”彗星的尘埃样本也被发现含有晶体硅酸盐（图 14–3）。概括来说，“怀尔德 2 号”和“坦普尔 1 号”的尘埃都拥有和太阳一样的化学元素比例，因此可以肯定，它们的主要成分和太阳系其他天体是一样的。只不过当彗星在太阳星云里形成时，许多尘埃都已经受热力作用和化学作用，完全搅和在一起了。从它的冰冻成分来看，彗星必定是在一个离太阳系极远的极寒之地形成的，但它也吸收了那些在更接近太阳的地方被高温改变过的物质。显然，形成彗星的物质在太阳星云里绕了一大圈后才构成了彗星，这同样也适用于其他太阳系天体的构成物质。

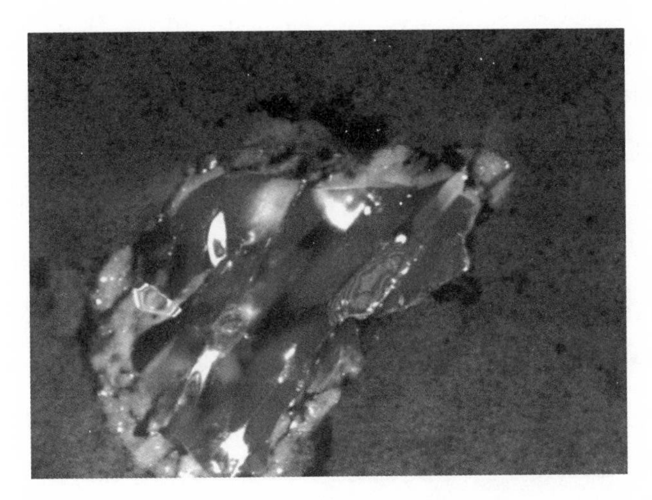

图 14-3 “星尘号”探测器在执行对“怀尔德 2 号”的探测任务时采集到的尘埃粒子。该粒子约有 2 微米长，主要成分为镁橄榄石（一种硅酸盐矿物），作为宝石时又称橄榄石。覆盖在它上面的一层物质是熔化了的气凝胶，被用于捕捉彗星尘埃样本（图片来源：NASA/JPL -Caltech/University of Washington）

类冥天体去哪儿了

在形成今天我们所看到的柯伊伯带的过程中，曾经存在于太阳系外缘的冰冻星子已经面目全非。得出这一结论的理由是，今天的柯伊伯带的总质量非常小，甚至还不到地球质量的 10%。如果过去太阳星云外缘的物质这么稀薄的话，它很难形成像冥王星这么大的天体。根据可信度较高的太阳星云模型我们知道，事实上，柯伊伯带过去含有的固态物质比今天还要多 300 倍。

海王星和冥王星最大的卫星海卫一和冥卫一显示，柯伊伯带过去比现在要更加“人丁兴旺”。海卫一与冥王星有着相似的体积、密度和表面结构（图 14-4）。我们在第 12 章中提到，海卫一和海王星的运动方向相反，而且轨道与海王星的赤道相倾斜，它是太阳系中唯一一颗逆行的大卫星。海卫一非同寻常的轨道有力地证明了它原本不属于海王星，而是被海王星捕获的。在此之前，海卫一可能和冥王星一样绕日公转。而冥卫一则极有可能是在冥王星被另一个大天体撞击时产生的，类似于促使地球的卫星月球形成的重击。

表面上看，海卫一和冥卫一的形成方式截然不同，但它们的诞生过程倒有一个共同点：都和两个游荡在外太阳系天体的近距离相撞有关。今天，这种撞击事件的发生概率非常小，因为外太阳系的天体已经所剩无几。在"新视野号"首席科学家艾伦·斯特恩（Alan Stern）看来，海卫一和冥卫一就是证明海王星外部曾经存在大量冰质天体的铁证。如果这是真的，那么又有一个问题出现了："其他类冥天体都到哪儿去了？"

图 14–4 "旅行者 2 号"探测器在 1989 年掠过海王星时拍摄到的海卫一拼接图片。海卫一很有可能是被海王星捕获的柯伊伯带天体。如果真是如此，那么"旅行者 2 号"拍到的这幅海卫一图片将是"新视野号"任务到达冥王星系统之前，最清晰的柯伊伯带天体近距离图片。海卫一的表面温度是太阳系所有已知天体中最低的（大约 −235 摄氏度），极低的温度使它里面的氮都凝结成了霜，海卫一是太阳系中唯一一颗表面大部分由氮冰组成的卫星。海卫一辽阔的南极冠可能存在甲烷结成的冰，上面覆盖的黑色纹路则可能是类似间歇泉的涌泉喷出的冰和碳质尘粒沉淀后形成的。"旅行者 2 号"飞掠过时有些涌泉仍旧活跃（图片来源：NASA/JPL/USGS）

在第 8 章里我们提过，行星形成之时，太阳星云中很可能还存在几百万个固态小天体。这些星子的大小介于 1~1 000 千米之间，或在 1 000 千米以上。有些最初是在海王星以外，其他的则迁移到了正在成长的行星的轨道之间。这些星子有很大一部分都被行星清除了，太阳星云外部的许多星子则在和其中某个大行星碰撞后被甩到一边，最终这些星子来到了奥尔特云。

最开始，大行星的轨道很可能比现在还要紧凑，如第 12 章所说。随着大行星和周围的星子交换能量，大行星的轨道也逐渐改变了。计算机模拟表明，木星在将星子甩向奥尔特云的过程中必定消耗了能量，并逐渐向太阳移动。出乎意料的是，和木星相反，土星、天王星和海王星则在往相反方向移动。由于它们的引力较弱，所以只会将星子往内推向木星，而非向外推到奥尔特云，所以这三个行星获得能量后会向太阳系外移动。

就在发现第一个柯伊伯带成员后不久，行星科学家雷努·马尔霍特拉（Renu Malhotra）提出，今天也许我们还可以找到行星迁徙过的痕迹。海王星往太阳以外移动时，一些天体会被带入共振位置，包括冥王星和冥族小天体。这些天体和海王星步调一致地在海王星前面运动。在海王星的引力作用下，冥族小天体的轨道变得比在共振位置时更加扁长，这就是为什么今天许多冥族小天体，包括冥王星本身的轨道都非常扁长的原因。

其他星子则从未踏入过共振位置，或只是短暂停留，很快就被海王星的引力所清除，海外天体区域的大部分原始物质也被清空。它们有的最后成了散盘的一部分，并生存到现在。其他的，有些在奥尔特云，有些则被甩出太阳系。

最后，大概在到达当时太阳星云的边缘后，海王星停止了迁徙，这时它距离太阳约 30 天文单位，这也是它今天和太阳的距离。距太阳 30

天文单位之外的区域最开始空无一物，现在那里都是一些海王星往外迁徙时被甩出的天体。如果这个猜测属实，那么我们今天看到的经典柯伊伯带天体就都是在更靠近太阳的地方形成的。海王星的影响在 2:1 共振位置之外急剧减弱，所以这个共振位置就是柯伊伯带的边界。

尼斯模型

这个猜测听起来挺有道理，但这就是全部了吗？海王星的外迁真的是最初的柯伊伯带天体解体和其中 99% 的类冥天体消失的原因吗？2005 年，一个科研小组提出了一个更加大胆的猜想：太阳系形成后，外太阳系的行星曾经经历过一次重大的变故。这个想法是一个国际行星动力学专家小组的共同研究成果，小组成员包括罗德尼·戈梅斯（Rodney Gomes）、哈罗德·利维森（Harold Levison）、亚历山德罗·莫尔比代利（Alessandro Morbidelli）和凯洛梅尼斯·齐加尼斯（Kelomenis Tsiganis），由于他们是在法国尼斯市的天文台进行的研究，所以他们的想法后来被称为尼斯模型。

尼斯模型的目标是建立一个统一的行星形成后的太阳系演化假说，用于解释柯伊伯带各种天体、特洛伊型小行星、大行星的不规则卫星，甚至我们在第 10 章提到的发生在内太阳系的晚期重轰击事件的来龙去脉。尼斯团队运用了大量的计算机模拟检验了这个想法，并将结果和今天的太阳系做对比。

尼斯模型表明，4 颗巨行星形成于距离太阳 5.5~17 天文单位的范围，它们的轨道呈近圆形，都在天王星目前的轨道内。可信度最高的一个计算机模拟中，海王星的初始轨道被放在比天王星更靠近太阳的地方，其他行星的排列顺序和今天一样。在离太阳 15~35 天文单位的空间里，也就是从当时离太阳最远的行星的轨道到海王星目前轨道外面一点儿之间的区域，有一个总质量约是地球质量 35 倍的巨大的冰质星子带。该星子带内部边缘的星子的相互活动造成天王星、海王星和土星外移，星子则被散射到内部。当木星碰撞到星子时，它强大的引力会将较小的天体弹到奥尔特云或更远的地方，木星因此往太阳的方向移动了一点儿。至少在这一点上，尼斯模型与我们之前描述的传统理论是一致的。

然而，与传统理论不同的是，尼斯模型认为，冰质星子的散射以及行星轨道的调整一直持续了 6 亿多年，直到木星和土星移动到不稳定共振的位置为止。这种共振对于这两颗行星乃至整个太阳系所产生的后果是突然而颠覆性的。不久后，木星和土星的轨道又变得更加扁长。由于轨道扁长，土星和天王星、冥王星的距离变得更近，天王星和冥王星的近圆形的轨道也在土星的引力作用下被拉伸成为椭圆形。海王星就是在这个过程中取代天王星成了太阳系中最远的行星。

这三颗太阳系中最远的巨行星的新的扁长轨道穿过了大部分冰质星子带。大量星子被赶出了这个地带，其中有许多来到了内太阳系。月球、火星和水星表面的古老陨石坑很多就是因此产生的。巨行星的轨道改变的同时也给太阳系带来了新的稳定位置，这些空位很快就被大量居无定所的星子占据了，它们壮大了特洛伊型小行星家族和大行星的不规则卫星的规模。最终，行星轨道外的星子带中只剩下 1% 的星子。发生这一巨变后，木星和土星的轨道继续演变着，直到完全脱离共振为止。这些星子后来的引力相互作用使大行星的轨道又变回了近圆形，也决定了它们今天和太阳的距离。随着海王星来到星子带外缘并赶走了里面的几乎所有天体，行星的迁徙活动慢慢停止了。

虽然我们无法完全确定此模型中有多少是真的，但也不乏支持它的理由。它解释了为什么巨行星可以在太阳星云存在的那段时间里形成——因为它们形成的时候离太阳比现在近，也解释了它们当前轨道的形成过程。尼斯模型很好地还原了柯伊伯带、散盘、不规则卫星和特洛伊型小行星的主要特征。它还解释了行星形成过程中为什么会有一个较长的相对安静的间隙期，以及月球和内太阳系行星的晚期重轰击。

尼斯模型中所说的冰质星子的集体散射事件，可以用来解释某些主小行星带外缘的天体和与木星共享轨道的特洛伊型小行星的特点。它们之中有很多是D型小行星，一般呈暗淡的浅红色，光谱特征相对较少，看起来更像彗核而非岩质小行星。一些主小行星带的成员偶尔可以和彗星一样形成彗发和彗尾，这点我们在第1章提过。可信度比较高的一个解释是，这类天体原本来自外太阳系，由于一次像尼斯模型所说的行星变故后才来到小行星带。

尼斯模型由于成功还原了当今太阳系的多个特征而获得了广泛支持，但这不是说它就是对的。和之前的许多理论一样，随着新发现的出现，它的可信度可能会下降。比如，行星科学家最近发现，类地行星近乎圆形的轨道很大程度上限制了大行星发生改变的可能性，大行星的轨道很可能不是循序渐进变化的，而是在一系列不连续的变故后才变成现在这样的，否则内太阳系行星的轨道应该呈椭圆形，而非我们今天看到的样子。

目前来看，尼斯模型的吸引人之处，在于它成功地将几个明显不相关的现象统一地串联了起来。就算尼斯模型日后被证实是错误的，太阳系早期的大行星的引力摄动和迁徙行为，仍有很大可能是造成柯伊伯带和外太阳系的小天体分布情况发生变化的主要原因。

第 15 章

关于未来的预测

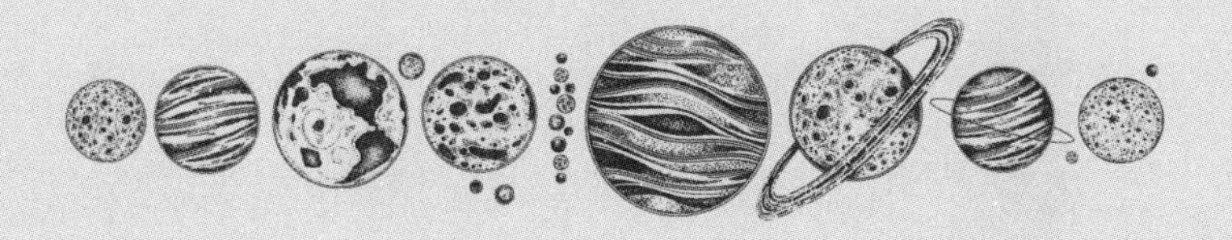

世界从新生到衰落，

永恒地运转不息。

有如河流上的泡沫，

闪耀，破灭，流去。

——珀西·比希·雪莱（Percy Bysshe Shelley）

摘自抒情诗歌剧《希腊》

2010年，NASA向外界宣布了它的最新科研计划，它将探索太阳系起源及演化历程列为其行星科学计划在未来的主要工作目标之一，旨在从正面回应科学家及大众心中一直以来挥之不去的几个疑问：我们从哪里来？世界是如何发展到今天的样子的？为达成此目标，全世界的科学家和工程师勠力同心。在全世界几十个国家的天文学家和宇航局的努力下，我们看到了前所未见的太阳系，还深入遥远的星球，并将它们的样本带回地球。同时，银河系存在着数百个太阳系外行星系这一激动人心的发现，极大地鼓舞我们要更深入地了解行星系统的形成及演化，以及它们互不相同的原因。

在科学发展突飞猛进的今天，虽然我们对太阳系的了解还不够透彻，但是时候反思我们所知的一切了。本书带我们穿越到过去，回顾了先哲名家们探索地球与它几个近邻的艰难过程，以及相关观点的变迁。我们还回顾了 45 亿年前仍处于初生阶段的太阳系，在数千名天文学家、地质学家、物理学家和化学家的成果基础上，我们拼凑出了它的形成过程。在最后一章里，我们将概括太阳系目前的情况，并对未来太阳系的发展趋势进行预测。最后，我们将展望未来，推测太阳系的最终结局。

从一个坚果壳开始

通过使用放射性同位素计年法测定岩石年龄和利用日震学研究太阳的内部情况，我们知道太阳和太阳系的形成时间非常接近，大约都在 45 亿年前。而地球、火星、月球和小行星都是在短短 1 亿年的时间内诞生的，其他行星也很可能形成于这一时期。

太阳系是从一团由气体和微尘组成的旋转着的盘状星云演变而来的。星云的盘状形态解释了为什么行星的公转方向始终一致，以及为什么它们的公转轨道几乎处于同一平面上。天文学家观察到，今日的许多年轻恒星周围也围绕着一圈原行星盘。它们的大小和太阳系差不多，而且物质含量也正好能够形成自己的行星系。原行星盘存在的时间不长，据观察发现，拥有原行星盘的都是形成时间不足几百万年的年轻恒星，但这个时间已经足够恒星衍生出行星系了。对系外行星的搜索发现，至少 20% 的恒星拥有自己的行星，而拥有由小行星或彗星组成的尘埃盘的恒星则更多。看来，行星系的出现是恒星（比如太阳）形成过程中一个自然而然发生的环节。

太阳系中的行星和小行星都是从小至大慢慢演变而来的。组成它们的初始物质是原行星盘里的尘埃和冰微粒，以及一些毫米大小的颗粒，如粒状体，粒状体是很多陨星的组成成分。通过放射性同位素计年法我们知道，小天体（如小行星）在行星完全形成前就已经存在了，较小的行星（如火星）的形成时间比较大的行星（如地球）要早，只有气态巨行星不符合这一规律。可以确定，木星和它的“表亲”是在太阳星云消散前的几百万年内从原行星盘（太阳星云）获得气体的。

撞击现象在行星形成过程中扮演着举足轻重的作用。尘埃粒子和小颗粒先是堆积形成较大的天体，随后天体变得越来越大，并在引力作用下进一步演化。这种撞击现象在今日的宇宙中也随处可见。地球如此巨大的卫星（月球）的起源、水星的超高密度、冥王星最大的卫星——冥卫一的形成，乃至火星南北半球的惊人差异都有可能与这一现象有关。而小行星、不规则卫星以及柯伊伯带天体的体积分布都与早前的碰撞造成的毁灭性解体有关。

大小和行星差不多的天体之间发生碰撞，以及放射性同位素发生衰变时，会产生巨大的热能。来自地球、月球、火星和某些小行星上的岩石,都有力地证明了这些天体曾经被加热至部分或完全熔化。熔化过程中，密度较大的物质，如铁、镍和金下沉到天体的中心，在中心处形成一个金属内核，密度较小的岩石物质则浮到上方。

今天，行星内部还保存着很多它们形成后剩余的热能，包括放射性元素释放出的热量。在岩质行星上，它们会通过火山逐渐散去。早期的火山作用释放出了大量二氧化碳、水蒸气和其他气体，积聚后成了大气。在地球上，水蒸气凝结后汇聚成海洋，大部分二氧化碳离开大气层与岩石发生反应。在温度比地球高的金星上，水蒸发到太空，只剩下厚厚的二氧化碳大气层。水星和火星的重力比地球小，意味着它们的大部分大气已经在很早的时候就失去了（图 15-1）。

由于外太阳系受到的太阳引力较弱，那里的行星可以吸积到更多物质，所以体积比内太阳系的天体更大。最开始，所有巨行星很可能都是以固态形式存在的，当它们发展到足够大时，它们的引力便将太阳星云的气体吸到自己身上。和太阳相比，巨行星的岩石和冰的含量较高。根据航天器测量到的引力数据推断，巨行星的中心应该都存在一个致密的内核。水星和土星吸积的气体比天王星和海王星多的原因可能是，天王星和海王星还没发展到足够大，太阳星云就消散了。

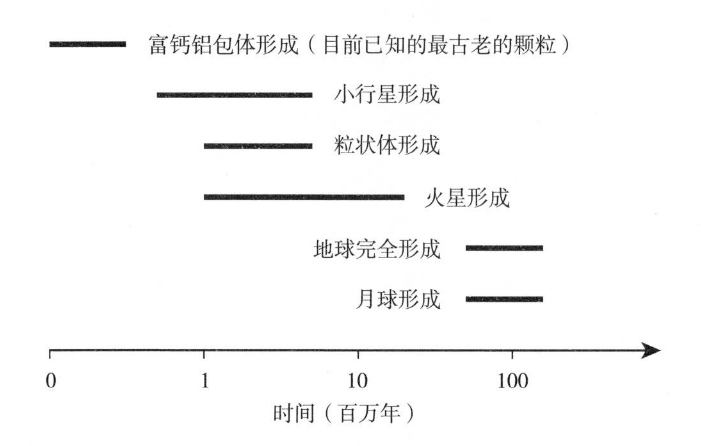

图 15-1　太阳系早期演化事件时间轴

太阳系有两个主要的小天体带，即位于火星和木星之间的小行星带和海王星以外的柯伊伯带。这两个区域里的物质不是没办法凝结成行星，就是形成后又解体了。产生这两种情况的最有可能的原因就是附近天体的摄动阻碍了行星形成。从这两个区域含有的较小的物质质量和现存天体的轨道分布情况可以看出，那里的大多数天体已经被驱逐出去，并最终消失在太空中。有的撞向了太阳或某个行星，而其他的则被驱逐到星际空间里。

未解之谜

对于已有的太阳系理论，今天的大部分科学家理应感到欣慰，只是还有几个关于太阳系起源的问题仍未解决。新消息不断出现，新发现偶尔也会打破我们已有的认知，我们的观念也会随之产生改变，这是科学的本质。尽管前路难料，但有几个残留的难题倒是有望能在不久的将来得到解决。

其中一个最难回答的问题就是，太阳星云里的尘埃和小颗粒是如何发展成为山一般大小的星子的，星子是质量大到其引力能够将自己压实并吸积外来物质的一种天体。这个问题可以说是重中之重，因为后面的行星形成步骤都是以它为基础的。实验室实验、天文观察和计算机模拟都在试图解开这个问题的谜底。解决这个问题也许需要更好地了解颗粒物是如何在低引力环境下与气体反应的。在第 8 章中我们提到科学家最近已经发现了在真正的原行星盘中尘埃粒子成长的两种方式，幸运的话，下一个突破性进展也许就在不远的将来。

另一个让人百思不得其解的问题就是，已完全成形的行星究竟是如何和它们各自的原行星盘发生作用的。和前面的问题相反，这个问题涉及的主体要大得多。系外行星被发现时的一个大惊喜是，许多系外行星和它们对应恒星的距离非常近。据理论模型推断，这些行星一定是在更远的地方形成再向内迁移的。行星向恒星移动可能基于以下两个原因：行星及其原行星盘之间的引力作用，以及不同行星之间的引力作用。但究竟哪一个占得比较多，或者说行星迁移以何种程度塑造行星系和太阳系，我们还不得而知。

我们还知道发生在太阳系内的第三种迁移，这是由巨行星和残留星子的引力作用引起的。这些迁移行为也影响了今天外太阳系小天体的轨道分布。遗憾的是，我们不知道它是什么时候发生的。如果是近期才发生的，那么它有可能就是引起 39 亿年前月球和其他内太阳系行星强烈撞击的起因。这个问题非常有趣，因为地球上最早的生命迹象就是在这次撞击后出现的，这两件事不太可能是巧合。

今天行星轨道的间隔保证了它们的稳定性。如果行星距离太近的话，它们就会变得不稳定，其中两个或更多个行星会发生撞击。还有一点我们还不太确定，那就是行星是如何发展成如今的大小的。为什么地球和金星比它们相邻的火星和水星大那么多？为什么木星和土星都大得足以吸积太阳星云的气体，而前者的质量却是后者的大约三倍？这些问题的答案我们现在还没有找到，但有线索表明，行星的质量不仅取决于该行星附近发生的事件，也在同样程度上取决于太阳系中其他地方发生的事件。例如，最近的计算机模拟显示，如果木星的形成时间比土星早，那么土星的成长将会永远受限，无法成长到像木星一样大。

从太阳系寻找答案

太空任务在这些问题上大有用武之地。科学家对未来的太空任务寄予了厚望，希望它们能继往开来，继续带来更多的重大发现。探索过去 45 亿年来变化甚微的天体可以帮助我们了解太阳系最初的环境。小行星是这类太空任务的首选目标，因为它们在主要行星完全成形之前就已经形成了。另外，外太阳系的冰质天体，包括柯伊伯带天体和它的表亲——彗星也是不错的选择，它们在运行到地球附近时比较容易观察。尽管它们不一定是太阳星云的原始物质，但它们很可能还保存着太阳系形成过程中曾经存在的一些物质，而且它们身上可能留有很久以前发生事件的痕迹。

我们第一次提到“罗塞塔号”任务是在第 1 章。发射于 2004 年的“罗塞塔号”执行了有史以来最伟大的一次针对彗星的太空任务，它计划在 2014 年结束漫长的飞行并抵达目的地丘留莫夫 – 格拉西缅科彗星。2014 年 11 月，“罗塞塔号”释放出“菲莱”着陆器，该着陆器是以位于尼罗河上游的菲莱岛命名的，考古学家曾在那里发现一座方尖碑，罗塞塔石头上面的象形文字的破译也有它的一份功劳。“菲莱”自锚在该小彗星（大小约 3 千米 ×5 千米）的表面，将采集到的数据发送给“罗塞塔号”，然后再被传回地球。释放出“菲莱”后，“罗塞塔号”将环绕该彗星保持低轨道运转，该彗星会在到达其近日点（1.3 天文单位）后返回木星轨道附近。按照计划，“罗塞塔号”会一直传回数据，直到 2015 年 12 月。[①]

“罗塞塔号”一共搭载了 11 台科学仪器，“菲莱”另外还搭载了 9 台，用来以一切能想到的方式穿透并探测彗星。它们被用于测量该彗星的形状、构造、外观和组成成分（包括同位素、化合物和形成它的矿物）。通过全年追踪该彗星，“罗塞塔号”得以观察到该彗星在向太阳移动的过程中，面对越来越强烈的辐射和太阳风，是如何反应的。它将帮助我们了解太阳是如何随着时间逐渐改变它的成分的，并帮助我们更好地了解它原来的构造。

丘留莫夫－格拉西缅科彗星的公转周期为 6.6 年，在多次靠近太阳后，它的表面必定已经大大改变了。但就算是如此，“菲莱”还是可以钻入它的表面以下深处，分析其内部的原始物质样本。对这些物质样本的成分分析可以帮助我们了解该彗星的形成方式和形成位置，以及它形成以来的热力学演化历史。比如，在彗星形成时，有一些惰性气体（如氩气）被困在坚冰里面，如果冰块的温度升高，它们就可以轻易地逃逸到太空。因此，只要知道该彗星内部残存的惰性气体的含量，就可以知道它过去的温度情况，以及它变化的程度。

丘留莫夫－格拉西缅科彗星的形成位置极有可能是在海王星轨道以外，但是它形成以来肯定已经发生了巨大的改变。“新视野号”太空任务将造访柯伊伯带并考察那里的冰质天体。“新视野号”探测器发射于 2006 年，2015 年 7 月，它在 10 000 千米的上空高速飞掠冥王星和它的卫星，进行了一次“短暂的亲密接触”。接下来的 5 年，如果有足够燃料的话，

① “罗塞塔号”实际上一直工作到了 2016 年 9 月 30 日才失去联系。——编者注

该探测器的设计者希望改变它的方向，让它继续研究柯伊伯带的其他天体。

等到“新视野号”的7台仪器发回冥王星的照片和数据后，人类将首次得以深入地研究冰质星子。此前，与之最接近的是“旅行者2号”对海王星卫星海卫一执行的太空考察任务，海卫一极有可能是海王星捕获的一颗来自柯伊伯带的天体。届时，“新视野号”将会为冥王星绘制一幅分辨率高达1.6千米的完整地图，并对特定区域进行拍照，而照片的分辨率是地图的30倍——这比已有的最清晰的海卫一照片还要清晰不少。冥王星和冥卫一上火山口的分布情况将会揭示它们的撞击史，还有柯伊伯带在过去的天体分布情况。另外，它还将绘制冥王星和冥卫一的化学成分分布图，帮助我们了解它们的形成条件。如果一切进行顺利，这些从人类迄今为止尚未涉足的柯伊伯带传回的资料，将极大加深我们对太阳系中的这个区域以及那里的最早成员的了解。

就在“新视野号”继续着它50亿千米的旅程时，另一个航天器——“曙光号”（Dawn）探测器也踏上了对太阳系诞生遗迹的探索之旅。它的目标是位于主小行星带的矮行星谷神星和小行星灶神星。科学家之所以选择它们作为探索目标，是因为它们很可能从太阳系诞生至今都没有发生过较大的改变，尽管它们属于完全不同的两种类型。它们就像不同物种的古老化石，研究这些天体有助于我们了解这个缤纷多样的小行星带是怎么来的。灶神星在形成早期就熔化并分层了，就像类地行星一样，在这个过程中它失去了水分。谷神星同样经历了分层，但是它的表面却被含水矿物质覆盖，它的内部很可能还储存着大量冰或液态水。显然，二者有着不同的发展过程，也许是它们形成的位置和太阳的距离不同造成的。谷神星也许是一种新的天体形式，它的一半类似内太阳系的岩质天体，而另一半则像太阳系外部的冰质天体。

而巨行星的形成之谜则有望通过另一个太空任务得到解决。就在“黎明号”开始在灶神星上采集数据时，“朱诺号”（Juno）航天器也搭载着 7 台仪器发射升空，开始了对木星为期 5 年的飞行之旅。它在 2016—2017 年期间，对木星展开了为期一年的观察，试图解决“伽利略号”留下的问题，“伽利略号”是 20 多年前发射的一个木星探测器。“朱诺号”的主要目标一是更好地估测木星内核的质量，二是测定木星大气中的成分（特别是大气中的含水量）。只有知道了这两个信息，科学家才能判断木星刚形成时是固态的还是其他形态的。

在更远的未来，科学家希望能从两个小行星上采集到足够多的样本并带回地球进行深入研究。2011 年，NASA 通过了它的第一个采集小行星样本的太空任务计划。“奥西里斯号”（OSIRIS-REx）探测器将于 2016 年发射升空，它将造访地球附近的一颗编号为 1999 RQ36 的碳质小行星。完成数月的观察任务后，它将从该小行星表面上挖掘 60 克物质样本并在 2023 年将它们带回地球。同时，日本的“隼鸟”号于 2010 年带回了从小行星“丝川”上采集的一小份尘埃粒子，之后日本乘胜追击，在 2014 年 12 月发射第二个类似的太空探测器——“隼鸟 2 号”，造访地球附近的一颗编号为 1999 JU3 的碳质小行星，并带回更多样本以供研究。

系外行星

通过太空任务，我们才得以近距离仔细地观察行星、卫星、彗星和小行星，从而了解太阳系以及它的形成，这是在地球上无法实现的。但是，它们的作用也只限于太阳系。天文学家还需要研究更多的行星系才能了解我们的真正处境，以及弄明白我们一直困惑的一些问题：类地行星是不是普遍存在于宇宙中？或者，地球的环境是不是由一系列绝无仅有的条件造成的？我们已经知道，地球在太阳系中是一个特别的存在。比如，不像金星离太阳太近，地球与太阳恰到好处的距离使它表面的液态水得以保留。地球的水足够汇聚成海洋，但又没有多到将地球表面完全覆盖。不像火星太小，地球足够大可以实现板块构造，使地球大气不断更新，保持新鲜。但同时，地球又没有大到像木星一样，吸积了大量气体。

正在进行的“开普勒”太空任务是近期最有希望找到类地行星的航天器。“开普勒”发射于2009年，是专门用于寻找行星系的探测器。该航天器包含一架配有一个1.4米主镜的望远镜，用于观察行星凌星，即行星穿过它所围绕的恒星，在明亮的恒星表面留下小黑点的现象。“开普勒”持续监视着位于太阳绕银河系运动方向的天鹅座、天琴座和天龙座的超过100 000颗恒星。这意味着“开普勒”望远镜视场里的大多数恒星距银河系中心的距离与太阳系到银河系中心的距离一样，而且它们也和太阳一样靠近银河系平面。这样一来，它们之中也许有不少恒星的形成条件和太阳一样，这就增加了我们找到类地行星的可能性。

除了行星凌星外，还有许多情况也会导致恒星变暗，因此，地球上的天文学家还要对“开普勒”找到的疑似行星进行进一步研究后才能最终确认。截至2012年，已经发现的疑似类地行星的数量已经超过了2 000颗。其中有许多颗的大小和地球不分伯仲，有些位于它们恒星的宜居带里，这使得它们可能拥有和地球类似的气候（图15–2）。

“开普勒”太空任务预计持续至少三年半时间，尽管还有大量确认疑似行星的工作要做，但“开普勒”已经显著提高了系外行星的发现速度。根据“开普勒”至今的所有发现，天文学家认为银河系中还有几十亿颗恒星拥有自己的行星系，而离太阳1 000光年内就有几千颗恒星可能有一颗行星在宜居带中。“开普勒”很有可能很快就会发现一个和地球相似度极高的星球。

图 15-2　开普勒-47 是"开普勒"任务发现的众多行星系中的一个。图为开普勒 -47 系统（上）与内太阳系（下）的对比图。开普勒-47 系统中有两颗行星环绕一对双星运行，双星中的一颗恒星和太阳差不多大，另一颗则小得多，亮度仅为太阳的 1%。虽然开普勒-47c 的轨道位于"宜居带"（可能存在液态水的区域）中，但据猜测，它是一个比海王星还要大一些的气态巨行星，故不可能存在生命（图片来源：NASA/JPL -Caltech/Tim Pyle）

太阳系何去何从

本书介绍了太阳系的发展史，以及科学家一步步将它拼凑出来的过程。但太阳系的故事还没有结束。在未来的数十亿年里，太阳和太阳系的其他天体仍将继续演变。在本书结尾，我们不妨来展望一下未来，看看有可能发生在地球和邻近星球的事件。

先说几件比较容易预见的事。小行星带和柯伊伯带中存在着难以计数的天体，因此难免会继续相互碰撞，然后解体，直到这两个地方的天体都成为尘埃。行星的引力将导致小行星摆脱原来的轨道，将它们拉拽到很远的地方，最终撞向行星或逃出太阳系。两个大型小行星有时会相撞，从而产生新的天体族并喷出大量碎片，这些碎片绕着太阳旋转，最终有一部分将撞向行星。同时，来自奥尔特云的彗星将继续光临行星所在的区域。每隔 1 亿年左右，就会有一颗大彗星或小行星撞向地球，带来一场物种大灭绝，像 6 500 万年前那场造成包括恐龙在内的大部分地球物种灭绝的灾难一样。

由于和其主星的引力潮相互作用，太阳系卫星的轨道将慢慢改变，有时也会带来急剧变化。几千万年后，火卫一将分裂形成一个环或者和火星相撞。在未来的几十亿年里，海王星最大的卫星海卫一也有可能会面临类似的情况。目前，月球正在远离地球，但难保它以后不会改变方向，最终撞向地球。

未来还可能酝酿着更大的变故。前面提过，我们无法确认行星的轨道是否可以永远保持稳定。天体物理学家雅克·拉斯卡尔（Jacques Laskar）利用计算机模拟检查了各行星在未来几十亿年里的运动情况。行星轨道在如此长的时间的情况固然难以准确预料，但预测未来某些事件发生的可能性也不是没有可能，这就像天气预报预测未来几天下雨的概率一样。拉斯卡尔发现，未来水星和金星的轨道可能会相交从而造成相撞。虽然不确定这一撞击会给地球带来哪些影响，但它对水星和金星来说肯定是一次灭顶之灾。

从长远来看，太阳系中最重大的改变将会发生在太阳上。随着太阳内核中氢核聚变为氦核，太阳的体积将变得越来越大，温度也将越来越高。而太阳系所有其他天体都会被这个缓慢且不能逆转的趋势波及。短期里，地球的大气层也许可以抵消掉不断变强的阳光，使地球保持着和今天一样的宜居性。但到了未来几十亿年的某个时候，这种补偿机制将会失去作用。失去它的保护后，地球表面的温度将变得越来越高，使海洋被加热至沸腾，太阳的紫外线将会把空气中的水分子打散，让氢气逃逸到太空中。到那时，地球将变成金星一般的炼狱。

在未来的大约 50 亿年后，太阳的变化将会急剧加快。到后期，它将变成一颗红巨星，吞没水星和金星，乃至地球，行星会被卷入太阳炽热的内部后蒸发掉。不过，我们的损失或许会在别的地方带来好处：随着太阳系温度的升高，木星和土星的大冰冻卫星将有可能形成厚厚的大气以及由液态水汇聚而成的海洋。

假如温和的条件在那里持续得足够长，说不准生命又会在一个远离太阳的气候温暖的地方重新开始，谁知道呢？

新版后记

未完的探索

科学是一趟发现之旅，是一条艰难曲折的探索真理的道路。作为一门研究行星形成和演化的科学，行星科学也不例外。实际上，在此书英文版初版写完后的短短几年里，世界已经变化万千。在太空任务、望远镜观测和实验室计算机模拟的帮助下，大量新发现不断涌现，自然而然地影响了我们对太阳系及其形成的认知。它们有些印证了我们此前的一些猜测，有些迫使研究人员不得不对已有理论进行修正。新的发现有时会为我们开辟新的思路，极大地扩展可能存在的理论的范围。本后记旨在简单介绍近来的一些发现成果以及它们的潜在意义。

行星系统在宇宙中常见吗?

太阳系并非宇宙中唯一一个行星系，这是近年来取得的最大突破性进展之一。截至 2016 年年底，天文学家已经发现 3 000 余颗围绕其他恒星公转的行星。这些行星被称为系外行星，它们的轨道和质量都迥然不同。令人惊讶的是，它们之中有很多看起来和太阳系的行星很不一样。这些新发现的行星大多距离它们的恒星很近，甚至比水星到太阳的距离还近得多。研究人员猜测，也许，它们之中有些或者全部都在形成后往内迁移了。也就是说，它们最初的位置应该比今天还要更远些。至于为什么太阳系里的天体没有发生这种现象，至今仍然不得而知。行星的迁移程度很可能取决于它们形成的时间和地点，但也可能没有发生迁移。我们对系外行星的认识与日俱增，因此我们应该更加清楚像太阳系这样的行星系是否常见，还是只是个例。

开普勒望远镜是近年来用于寻找行星的最先进的空间望远镜。它通过观察行星从恒星前方掠过，导致恒星亮度稍稍降低的现象来探测行星。开普勒望远镜特别擅长发现“超级地球”。超级地球是指那些大小介于地球和天王星之间的行星，太阳系中没有和它同类的天体。许多超级地球都成群结队地出现，它们几个紧挨在一起，沿着近圆的轨道运行。这意味着，在这些星系里，行星的形成是一种规律的现象。在开普勒发现的行星当中，有一些行星的轨道形成了共振（一种特殊的轨道比例），很可能是它们在形成时或形成后共同往恒星方向迁移的过程中造成的。

偶尔，天文学家可以测量出超级地球的质量和大小，从而得到它们的密度，进而得以了解它们的成分，因为不同物质的密度各不相同。他们发现，超级地球彼此之间各不相同。比如，有些上面明显存在大量由低密度气体（可能是氢气和氦气）构成的大气，很像天王星和海王星；有些看起来则密度很大，很可能由类似地球上的岩石和铁构成。我们有理由相信，它们之中有一些和地球较为相似，但这有待下一代空间望远镜的证实。NASA 在 2018 年启用了凌星系外行星巡天望远镜（Transiting Exoplanet Survey Satellite，简称 TESS），在不久的将来，我们将会迎来更多的发现。

地基望远镜也不甘示弱，天文学家凭借它们也持续不断地观察到了新发现。其中最振奋人心的发现之一就是 2016 年宣布的有一颗行星在围绕比邻星（Proxima Centauri）公转。比邻星是离太阳最近的一颗恒星。而这颗行星的质量比地球略大，公转周期为 11 天，说明它和比邻星相距非常近。但和太阳相比，比邻星的亮度非常微弱，这颗行星的位置恰好使它得以形成宜居的气候。未来几年，这颗行星定会吸引天文学家去揭开它的神秘面纱。

这些新发现证明行星系是普遍存在的。关于拥有行星的恒星所占比例的估计大小不一，从 10% 到至少一半，有些天文学家甚至坚信所有恒星都有某种类型的行星。这些新发现的行星系各不相同，说明最初的条件和过程中发生的随机事件对行星的形成有很大影响。显然，太阳系的情况并不适用于每个行星系，每个行星系都拥有自己的特点。

行星的形成

开普勒空间望远镜和地基望远镜发现的行星大部分都形成于数十亿年前，但是天文学家最近得到了一张比它们年轻许多的天体——原行星盘的特写照片。这些围绕在年轻恒星周围的气体尘埃云就是行星孕育和成长的地方。该照片是由阿塔卡马大型毫米波阵（Atacama Large Millimeter Array，简称 ALMA）拍得的，它是多个国家的研究机构在智利合作建造的一组以拍摄高清晰影像为目的的射电望远镜阵列。一些原行星盘，比如金牛座 HL 周围的原行星盘里，存在一些物质被清空后留下的环状空隙。存在单个空隙的原因尚且可以用该位置的气体或尘埃的性质发生改变来解释，而多个空隙的存在则暗示着它们可能是初生的行星系。在这个初生的行星系里，每个行星都在清除它们轨道周围的物质。

金牛座 HL 原行星盘里的空隙距离金牛座 HL 约数十天文单位远。待形成后，金牛座 HL 的行星系可能会比较类似 2008 年发现的 HR 8799 系统。HR 8799 系统由 4 颗巨行星组成，每颗的质量都比木星大，最外围那颗的轨道大小是海王星的两倍。金牛座 HL 行星系与它大小相似，而且非常年轻，年龄只有 100 万年左右，这意味着它的行星的形成速度极快。模拟行星形成过程的研究人员发现，用常规方法很难模拟出这种在远离其恒星处运行的巨行星的形成过程。这说明这里面缺少了一个关键要素，接下来我们会简单介绍一个新的概念。

天文学家也开始详细测定原行星盘的结构和成分。最新测量结果显示，和一直以来所预想的一样，原行星盘里的气体处于湍流状态。这种状态是一些描述尘粒如何构成原行星（大小类似小行星的构成行星的天体）理论模型的关键因素。如果得到证实，这一发现应该可以帮助研究者完善理论。天文学家也开始寻找“雪线”的证据，雪线是指盘里一个温度刚刚可以使冰冻物质从气态转化为固态的特殊位置。过多固态物质的存在使雪线成为行星快速发育的主要场所之一。

一项令人吃惊的发现表明，原行星盘里气体和尘埃区域的大小通常不一样，气体向外延伸的范围比尘埃的大。研究人员认为尘埃在盘刚形成时应该和气体充分融合，这就意味着尘埃是之后才与气体分开的。最可能的解释是，尘埃在拖拽力的持续作用下慢慢朝恒星的方向下落，最外面的尘埃的下降速度最快。由于行星是由固态粒子构成的（即便是气态巨行星，也被认为是由固态行星演变而来的），尘埃的分布情况决定了行星系的大小。在太阳的原行星盘（太阳星云）中，尘埃很可能也向内移动了，这就可以解释为什么柯伊伯带外侧拥有清晰的边界。

本书提过的最奇特的天体之一——塞德娜小行星就位于远离此清晰边界的地方。塞德娜小行星在海王星以外沿着一个极度扁长的椭圆轨道运行，从来没有靠近过任何一颗行星。最近，科学家发现了几颗和它类似的天体，因此了解这些天体的需求变得更加迫切了。刚开始我们认为塞德娜的轨道是由发生在太阳系早期的事件造成的。然而，类似的天体与它一致的轨道表明，事情也许没有那么简单。它们之所以形成这样的轨道，也许是因为受到一颗离太阳几百天文单位的未知大行星的引力拉拽所致。如果被证实，这将会是一个了不起的发现。

分析并理解这一系列令人费解的发现需要一定的时间，研究解释行星形成和演化的理论模型的人员也正在拼命追赶新发现的步伐。目前，这些新发现还无一表明我们需要摒弃本书提到的有关行星形成的基本描述，即行星是从大量尘埃粒子偶然碰撞后越变越大而形成的。虽然基本理论框架不变，但研究人员可能需要修改这个猜想的一些细节。

最近，有这样一个观点赢得了广泛关注：鹅卵石在太阳系以及其他行星系的行星形成过程中，扮演了极其重要的角色。鹅卵石在这里的定义比较宽泛，长度在 1 毫米到 1 米大小之间的任何物体都可以被称为鹅卵石。实验室实验表明，尘埃粒子相撞时很容易聚合在一起形成鹅卵石，但却很难再变大。通过它们发出的红外辐射，科学家发现，原行星盘里也存在着鹅卵石大小的粒子，而且数量相当多，甚至占据了盘中固态物质的绝大多数，这点颠覆了以往的认识。

鹅卵石在原行星盘里的大量存在说明了两件事。其一，鹅卵石在湍流气体里穿行时会自然地积累到一起形成致密的团块，再在它们共同引力的作用下收缩形成星子。（这是上面说湍流的发现具有重大意义的原因之一。）其二，由于行星自身引力和周围气体拖拽力的共同作用，大型星子清空鹅卵石的速度会更快。鹅卵石吸积过程非常高效，一般几百万年内（相当于普通原行星盘的存在时间）就可以形成和木星一样大的巨行星。

最新的计算机模拟结果发现，许多由鹅卵石演变而来的星子直径都在 100 千米左右。这个大小刚好也是目前主小行星带、柯伊伯带和巨行星外围卫星分布的峰值。它们被认为是太阳系形成后剩下的星子，也为鹅卵石理论提供了支撑。

大颗的鹅卵石最容易形成星子，因为它对拖拽力的反应很强烈，但这类鹅卵石的存在时间很短暂，它们通常以极快的速度和螺旋的路径向太阳运动，很快就蒸发了。这说明，星子极有可能形成于在原行星盘生命的头10万年里，这一猜测与研究者在研究来自小行星的陨石里放射性物质的衰变情况后得出的猜测如出一辙。相比起来，毫米大小的小鹅卵石却可以存在数百万年之久。因此，它们会继续被星子清空，直到原行星盘消失为止。这就可以解释为什么陨石中含有大量毫米大小的粒状体。至少有一组陨石样本支持了这个两期形成过程。这些陨石的母体的年代都很久远，它们熔化后形成一个富含铁的核并产生一个短暂的磁场。从我们手头的陨石中含有大量粒状体推测，它们必定来自星子的外层，但是它们却带有来自该星子内核的磁场的印记。

研究者以前就知道，如果行星形成后原行星盘还没有消失，它的引力拉拽会驱使行星向恒星迁徙。从这个角度来看，系外行星的短轨道周期正好佐证了这一理论。但是，早期的计算机模拟发现，行星的迁移速度极快。如果这些模型反映的是真实情况，那么几乎所有行星都会很靠近它们的恒星，甚至相撞。实际上，太阳系的行星以及很大一部分系外行星的轨道周期都很长。直到现在，这个问题依旧是一个活跃的研究领域。但最近的计算机模拟发现，原行星盘里存在着一些特殊区域，当行星运行到那些区域时，它们的迁徙速度会变慢，甚至停止。那里是年轻行星的庇护所，它们可以一直在里面存在，直到恒星的原行星盘消散为止。

再谈月球起源

太阳系的形成过程很漫长，持续了将近100万年。月球是太阳系最晚形成的天体之一。在本书中，我们介绍了地球很可能曾经受到一个叫“忒伊亚”的行星的撞击，形成了一个碎屑云，这个碎屑云聚合形成了今天的月球。这个“大碰撞假说”获得了大部分研究者的青睐，但最近几年它的一些细节却变得越发模糊。

经过一系列精细测量，研究人员最终确定地球和月球是由相同的物质构成的（用专业术语来说就是，它们含有的多种化学元素的同位素种类相同）。这说明在月球形成时，地球和忒伊亚的物质就已经高度融合在一起了，同时也说明大碰撞的威力比我们之前想象的还要巨大。大碰撞还使地-月系统的转动能比今天的大。科学家最近发现，这些能量可能有一部分转化成了地球绕日公转的动能，从而大大地增强了大碰撞说理论的可能性。还有一点，今天我们知道有些月岩里面含有大量水分，然而，如果真的发生了大碰撞事件的话，月球的水应该全都蒸发到太空才对，所以这些点很难串联到一起。

一直以来，研究人员都在试图寻找一个可以将所有这些因素串联起来的大碰撞事件。如果找不到，那么是时候重新考虑几十年前就被摒弃的其他理论了，这些理论已在介绍月球的章节（第 10 章）里介绍过。

小天体，大秘密

2014—2016 年这几年里，我们见证了三次伟大的空间任务，一项前往彗星，另两项前往矮行星。它们传回了大量有关这些小天体的影像和数据。而在此前，我们从未有机会深入研究过这类天体。在第 15 章，我们介绍了这些太空任务——探测 67/P 丘留莫夫-格拉西缅科彗星的“罗塞塔号”、“新视野号”冥王星探测器和“曙光号”谷神星探测器。它们都在履行它们的使命，以帮助我们了解早期的太阳系。

2014 年 8 月，“罗塞塔号”进入了围绕 67/P 彗星的轨道，并围绕它飞行了超过两年。2015 年 8 月，该彗星到达了距离太阳最近的位置。在那期间，“罗塞塔号”运行良好，并传回了大量数据。2016 年 9 月 30 日，随着“罗塞塔号”在科学家的操控之下降落并撞向该彗星表面，“罗塞塔号”任务宣告圆满完成。之前，在 2014 年 11 月 12 日，“罗塞塔号”曾释放出一个叫作“菲莱”的着陆器，那次任务的结果只能说是勉强合格。“菲莱”在弹跳两次后以一个别扭的角度卡在一个陡坡的黑暗一角，没有如预期般牢牢固定在彗星表面。约两天后，由于电池耗尽，“菲莱”彻底失去联系。尽管这一结局令人失望，但“罗塞塔号”的坠落还是帮助我们获得了大量有用的信息。

深入分析“罗塞塔号”任务传回来的影像和数据恐怕需要花费几年的时间。不过，彗星似乎确实是由太阳系形成以后剩下的物质构成的，而不是由后来发生的碰撞产生的碎片构成的。要解开“罗塞塔号”带来的更多发现，恐怕还需要更多时间。

一些初步结论已经挑战了我们对彗星的惯有看法。比如，我们一般将彗星形容成“脏雪球”，但 67/P 彗星虽然体积不大，却有着活跃的地质活动。它的表面有一些复杂多样的结构，而且尘埃和碎屑的成分比水冰多。“罗塞塔号”还被发现存在一些矿物，这些矿物只有在该彗星有部分物质来自温度高的太阳星云内部的情况下才能生成。不过，它们没有被液态水改变，因此该彗星肯定没有通过放射性衰变产生足够使冰融化的热量。约 15% 的非冰物质都含有“松散”的尘粒，这些尘粒可能是来自太阳系最早期的“幸存者”。“菲莱”还发现了 16 种之前没有在彗星上发现的有机化合物，有些还是构成生命体的主要分子成分。

67/P 彗星上极高的氘氢比是最令人迷惑的测量结果之一。它的这一比例是已有数值的 11 个彗星里最高的，是地球海洋和最原始的碳质球粒陨石的氘氢比的 4 倍。氘氢比取决于物体吸收水的时间和当时的温度，因此不同彗星的形成地点与太阳的距离很可能相差很大。而 67/P 的情况表明，它是在太阳星云后期并且在极低温的情况下形成的。大量氮气和氧气分子的发现印证了这点，因为只有在极低温的条件下，它们才能被困在冰里。

彗星里迥异的氘氢比使人们对今日地球上的绝大部分水都来自彗星这个理论产生了怀疑。地球上水分的来源很可能不止一个。彗星和小行星都有可能是如今地球上水分的来源。

67/P 彗星最令人吃惊的特点是它的“双瓣”外形，有些人觉得它看起来像一只“橡皮鸭子”。或许在某个时候，两个形状相似的天体慢慢相遇并拼在一起，形成了如此特殊的形状。许多零散的证据表明，彗星也许是由许多厘米大小的鹅卵石聚合而成的。以 67/P 彗星为例，它由来自太阳星云内部高温区域的矿物和太阳星云最冷的外部区域的冰混合而成。至于它们是如何融合到一起的，至今尚不清楚。

2015 年 7 月 14 日，“新视野号”探测器和冥王星–冥卫一系统在太阳系的边远地带有过短暂相遇。“新视野号”所拍得的震慑人心的高清影像，让我们首次得以仔细端详这两个远离我们的小星球。和计划中一样，大部分获得的数据需要在几个月甚至更长的时间存储和下载，但是初步的科学结果很快就会出现。

冥王星可能又小又冷，但在过去的 40 亿年里，它在地质学上一直保持活跃。冥王星的核心是岩石，被一层水冰覆盖着——很有可能不存在一个地下海洋——再上面是一个冰冻层，不同地方的成分不同，但主要是氮气。巨大的冰平原形成冥王星左侧的浅色的“心”，该平原（学名叫作“斯普特尼克平原”）上没有可探测到的陨击坑，这意味着它的年龄不到 1 000 万年。相比之下，冥王星某些区域的大量陨击坑对应的年龄则高达 40 亿年。总的来说，如果所有柯伊伯带的天体都是由更小的天体吸积而成，冥王星和冥卫一上的小陨击坑要比实际见到的多很多。一种可能的解释是，许多柯伊伯带天体“天生就很大”。

冥卫一古老的表面主要由水冰构成。“新视野号”观察到的那一面被赤道以北的一条非常长的峡谷系统“砍了一刀”，这条峡谷可与火星上的水手谷相比。大峡谷南部的平坦平原可以追溯到大约 40 亿年前。这两个特征都可能是由于该星内部的液态水冻结，从而导致其地壳断裂而形成的。

冥王星和冥卫一很可能形成于两个大型天体间的激烈相撞事件，就像地球和月球一样。冥卫一的密度和冥王星相差不到10%，据此推断，它们必定拥有相似的岩石性质。这加大了两颗相撞天体的内部并未分层的可能性。如果这是事实，它可以帮助我们了解柯伊伯带天体的形成时间和形成机制。冥王星小卫星的反射能力一般高于柯伊伯带类似的小天体。因此，它们很可能是由该碰撞产生的碎片形成的。

2016年，“新视野号”正式开启了一场扩展任务：探索一个名为2014MU69的小柯伊伯带天体，交会日期定于2019年1月1日。这个新目标直径约为30~45千米。它的轨道既不是高度倾斜的，也不是特别扁长——这表明它自形成以来几乎没有受到过扰动，而是太阳系早期组成部分的残余。甚至在柯伊伯带中寻找合适目标的过程也产生了意想不到的结果。利用地基望远镜进行的密集搜索始于2011年，但他们没有找到一个可以利用“新视野号”剩余燃料能达到的目标。2014年，作为最后的手段，搜索团队求助于哈勃空间望远镜。这一过程也表明，柯伊伯带中的小天体比预测的要少。

在“新视野号”与冥王星的史诗级相遇的4个月前，“曙光号”探测器也已经进入绕另一个矮行星——谷神星的轨道，在那之前，它已经飞过了上一个目标——小行星灶神星，并穿过了小行星带。事实证明，谷神星又是一个有着复杂地质历史的小天体。就我们所知，它也完全不同于小行星带的其他成员。

“曙光号”探测器在极大程度上证实了谷神星的地基观测发现，不仅如此，它还为我们带来了更丰富的细节。谷神星区别于其他小行星的地方在于它丰富的含水量。谷神星的地壳物质中含有大量水分，而且在它表面一些永久阴暗的地方还可能存在冰块。它地壳中的物质包括层状硅酸盐，这些遍布谷神星表面的黏土性物质只能形成于有水的地方。谷神星上还有一定数量的氨。氨是一种广泛存在于太阳系低温外沿的物质，这说明谷神星要么是在天王星的轨道附近形成的，要么就是通过某种方式积聚了来自该区域的物质而形成的。

相比它的历史，谷神星表面的陨击坑数量向我们透露了更多有关其内部成分的信息。而且它表面的大型陨击坑数量可能比“曙光号”发现的数量还多，尽管它也许是在较晚期才迁入其当前位于小行星带的轨道的。它表面的大陨击坑似乎后来都被填平了，很可能是通过和水相关的一些反应而被抹平了。不过，剩下的那些最大的陨击坑的变化程度似乎不大，它们大都非常深。这暗示着谷神星表面以下的圈层里可能最多也只有 40% 是冰。

谷神星的陨击坑中最突出的一个叫作奥卡托（Occator），它的宽度达到 92 千米，形成于约 8 000 万年前。该坑洞的正中间有一块亮斑，是谷神星上最明亮的区域。这块亮斑和该陨击坑中其他类似亮斑，是已知除地球外碳酸盐矿物含量最高的天体。这些沉积物中含量最高的物质是碳酸钠，在地球上，碳酸钠通常和水热反应联系在一起。除此以外还有铵盐，所有物质可能都是由谷神星内部涌出的。

2016 年 6 月底，“曙光号”圆满完成任务。NASA 没有将它送到第三颗小行星那里去（曾经考虑过这一可能性），而是选择把它继续留在谷神星，以继续为我们带来更多新发现。

未来的太空任务

“新视野号”是 NASA“新疆界”计划发射的第一个航天器，该计划包括一系列目标不同的太空任务，旨在拓展我们对太阳系及其演化的了解。截至本书撰写时，又有两个太空任务已经开始并在进行中。它们分别是去往木星的“朱诺号”探测器和探索贝努小行星的“奥西里斯号”（OSIRIS-REx）小行星探测器，它们有望将样本传回地球。

2016 年 7 月，“朱诺号”进入一个高度扁长的轨道，围绕木星飞行。在接下来的 20 个月里，它所搭载的 9 台仪器会执行多个研究任务，以了解木星的内部。研究结果将直接告诉我们木星是如何形成的，以及帮助我们区分不同的理论模型。比如，“朱诺号”将测量木星的氧氢比，通过它，我们便可以知道木星的含水量。不同模型预测到的氧氢比各不相同，但只凭氧氢比并不足以区分这些模型。

然而，如果加入对木星的重力场和磁场的精确测量，从而洞悉这个巨大行星的内部结构和动力学，集体证据就可能更倾向于某一种形成理论，而不是其他理论。更精确地估计木星的岩石内核质量也会有所帮助。

OSIRIS-REx 的意思是起源、光谱分析、资源识别、安全、风化层探测器。该航天器于 2016 年 9 月被成功发射，并将于 2018 年 10 月开始对小行星贝努进行勘察。在 2020 年 7 月，一个机械手臂将通过“接触即脱离”（touch and go）的方法，收集至少 60 克的松散表面物质。如果一切都顺利的话，样品将在 2023 年返回地球，供科学家详细分析。

贝努是一颗近地小行星，直径约 500 米。它被认为是一颗具有潜在危险的天体，在未来它有一个很小的可能性会和地球相撞。在目前的轨道上，贝努每隔 6 年就会接近地球一次。它处于一个相对容易与航天器接触的轨道上，这是科学家选择它作为目标的关键因素，但不是唯一的原因。作为一颗碳质小行星，它应该能为我们提供一些太阳系中最原始的物质。不仅如此，基于碳质球粒陨石的证据，它还可能包含复杂的有机物质。

在“奥西里斯号”到达贝努的几乎同时，日本的“隼鸟 2 号”任务也在另一个靠近地球的碳质小行星上进行勘察和取样任务。它的目标是 162173 号小行星“龙宫”，直径约 1 千米。该航天器于 2014 年 12 月 3 日成功发射，计划于 2018 年 6 月抵达“龙宫”。它将在环绕小行星的轨道上运行大约 18 个月的时间，然后踏上返回地球的旅程。该计划将于 2020 年 12 月带回一组样品降至澳大利亚内陆地区。

“隼鸟 2 号”将尝试从 3 个不同的地方获取样本，它将首先接近表面，再通过爆破将物质抛向收集室。“隼鸟 2 号”的一个目标是从小行星表面之下获取一份新鲜物质的样本。为了实现这一目标，它将点燃一个炸药包，制造出一个“陨击坑”。此外，4 个携带仪器的小型着陆器将被扔到地面上，每一个都能从一个地方跳跃到另一个地方。“隼鸟 2 号”是一个雄心勃勃且复杂的项目，有许多工程方面的挑战，但如果成功，它将代表小行星探索方面的一个重大进步。

NASA 的“洞察号”（INSIGHT）火星探测器也可能会帮助我们揭开行星的形成之谜。它将于 2018 年 11 月在火星上着陆一组地球物理实验设备，以调查火星的内部。“洞察号”的目标是准确地了解一颗具有核、地幔和地壳的岩石行星是如何从吸积的最初阶段发展起来的。火星是一个很好的研究对象，因为它的体积更小，所以保存了它在过去 40 亿年里所经历的历史。

展望未来，还会有更多关于未来的任务帮助我们了解太阳系。例如，在 2013—2022 年这 10 年里，NASA 在行星科学领域的主题就包括：了解太阳系的起源，寻找生命需要的条件，以及发现行星随时间演化的过程。许多任务已经在研发中，比如 NASA 研究木卫二的任务，欧洲空间局研究木卫二、木卫三、木卫四的任务，以及中国的首次登陆月球的任务。太阳系的秘密仍将花费很多年的时间才能被揭开。

约翰·钱伯斯和杰奎琳·米顿

2016 年 10 月

术语汇总

绝对零度（absolute zero）

绝对零度是热力学里的最低温度。它是开尔文温标定义的零点，相当于 −273.15 摄氏度（−460 华氏度）。处于绝对零度的物质热能为零。

无球粒陨石（achondrite）

顾名思义，无球粒陨石是指没有球粒构造的石陨石。它们来自部分或完全熔融并分层的小行星。

反照率（albedo）

反照率指被天体或表面反射出去的太阳辐射占所有入射的太阳辐射的比例，以分数或百分数表示。

α 粒子（alpha particle）

α 粒子指氦原子核，由两个中子和两个质子组成。一些放射性原子核在衰变时会释放出 α 粒子。

角动量（angular momentum）

角动量指物体绕中心或轴自转或旋转运动的惯性。与它对应的另一个概念是线动量，线动量是指物体沿直线运动的惯性。除非受到外来影响，否则一个天体或系统（如太阳系）的总角动量守恒。同一星系内，不同部分的角动量可以互相转移，但总角动量维持不变。

古菌（archaea）

古菌是地球三大主要生物群之一。古菌的外形与细菌相似，但它们的遗传信息区别较大。

太古宙（Archean）

太古宙指地球冥古宙结束到距今大约25亿年的一段时期。

小行星族（asteroid family）

小行星族指一些轨道相似的小行星，是大天体碰撞后产生的碎片。

天文单位（astronomical unit，AU）

天文单位在过去是指地球与太阳的平均距离，如今它被正式定义为一个固定的距离，1个天文单位等于149 597 870千米。

原子质量（atomic mass）

原子质量指某种元素的一种同位素原子的质量，以一个碳–12原子质量的1/12为单位。

原子核（atomic nucleus）

原子核指位于原子中心的一个致密的部分，占了原子的绝大部分质量。原子核由质子和中子组成。

原子序数（atomic number）

原子序数是指一个原子核内质子的数量。原子序数为整数，不同化学元素的原子序数不同。

原子量（atomic weight）

原子量指某种元素样本的平均原子质量与一个碳–12原子质量的1/12的比值。由于元素的同位素的比例不同，同一元素的不同样本可以有不同的原子量。但标准原子量表是按照同位素的平均含量制定的。原子量也被称作相对原子质量。

玄武岩（basalt）

玄武岩指主要成分为辉石和斜长石这两种硅酸盐矿物的火山岩。

盆地（basin）

释义见陨击盆地。

宇宙大爆炸（Big Bang）

宇宙大爆炸是一种宇宙起源演化理论。该理论认为宇宙是于某一个特定时间由一种密度无限大的状态形成的，并且在形成后不断膨胀。布满宇宙的宇宙背景辐射被广泛认为是宇宙大爆炸模型和宇宙膨胀的证据。

角砾岩（breccia）

角砾岩是由更细的颗粒物质胶结而成的碎屑所组成的一类岩石。它是碰撞作用的常见产物。

富钙铝包体（calcium-aluminum-rich inclusion，CAI）

富钙铝包体指球粒陨石中一种略带白色的不规则颗粒物。它一般介于 1 毫米到几厘米之间，由熔点极高的岩石矿物构成。

碳硅循环（carbon-silicon cycle）

碳硅循环指碳由于地质作用在地球大气层和地球内部之间交换的过程。该过程被认为是地球气候得以长期保持稳定，平均温度维持在水的冰点和沸点之间的原因。

半人马型小行星（centaur）

半人马型小行星指轨道大部分位于木星和海王星之间的一颗小行星。

球粒陨石（chondrite）

球粒陨石是一种常见的石陨石，主要特征为含有一种极小的被称为粒状体的岩石球粒。球粒陨石占所有陨石的 85%。有一小部分陨石虽然不含粒状体，但由于其他方面与球粒陨石相似，也被归类为球粒陨石。

粒状体（chondrule）

粒状体指普遍存在于石陨石中的小型岩石球粒。它们的直径小的不足 1 毫米，大的可超过 10 毫米，由急速冷却的硅酸盐矿物构成。

环行星盘（circumplanetary disk）

环行星盘指环绕行星周围的一个物质盘，这里是孕育规则卫星的地方。

彗核（cometary nucleus）

彗核指彗星中心由尘埃和冰组合成的固体部分，它占了彗星的大部分质量。彗核的冰挥发形成彗发和彗尾。挥发产生的气体携带着彗核的尘埃逃向太空。

核（core）

核指已分层天体中心的高密度部分。大部分类地行星的核由铁构成，而且包含了该行星上的大部分亲铁元素。

核吸积模型（core accretion model）

核吸积模型认为当行星胚胎的质量增长到一定程度时，它的引力可以俘获周围的原行星盘的气体，使它最终成长为一颗气态巨行星。

地壳（crust）

地壳指分层行星的固态最外层。

C 型小行星（C-type asteroid）

C 型小行星指按照光谱分成的几种小行星类型之一。C 型小行星的表面较暗，一些 C 型小行星光谱显示其含有含水的黏土状矿物。

碎屑盘（debris disk）

碎屑盘指围绕在恒星周围的一圈盘状的尘埃云。据说，恒星形成几百万年后，原行星盘会失去气体，形成一个碎屑盘。

氘（deuterium）

氘是氢的一种同位素，其原子核含有一个质子和一个中子，常被称为“重氢”。

氘核（deuteron）

氘核是氘的原子核，由一个质子和一个中子组成。

分层（differentiated）

分层指行星或小行星里形成了密度不同的圈层。

盘不稳定性模型（disk instability model）

盘不稳定性模型指原行星盘中的几部分在引力作用下坍缩形成气体块，最终收缩形成了气态巨行星的一种猜想。

DNA

DNA 是脱氧核糖核酸的缩写，是一种双螺旋结构的复杂大分子，同时是一切生物体（一些病毒除外）遗传信息的携带者。

矮行星（dwarf planet）

矮行星指满足以下条件的太阳系小天体：第一，绕日运行；第二，质量大到足以克服刚体力以达到流体静力平衡（近于圆球）形状；第三，没有清空所在轨道周围的其他天体；第四，不是卫星。谷神星和冥王星都属于矮行星。

电子（electron）

电子是一种带负电的基本粒子。在正常原子的内部，带正电的原子核外面总是围绕着一团带负电的电子云，从而使原子整体不带电。原子内部电子的分布决定了原子的化学性质。某些放射性原子核衰变时会放出电子，这类衰变发生时，原子核中的一个中子会变成质子，以保证原子仍然处于电中性。

发射谱线（emission line）

发射谱线指光谱中吸收强度最大的一小截波长或频率范围。

真核生物（eukarya）

真核生物是指具有由细胞膜包裹着复杂内部结构的生物的总称。它是地球三大主要生物类型之一，其余两类分别为细菌和古菌。动物、植物、真菌等都是真核生物。

嗜极微生物（extremophile）

嗜极微生物是指可以在极端环境中（如极端温度或高盐度条件下）生长繁殖的生物。

引力俘获区（feeding zone）

引力俘获区指行星胚胎轨道附近的一个环形区域。行星胚胎通过清空引力俘获区内星子的方式生长。

核聚变（fusion）

核聚变指较小的原子核融合形成更大的原子核的过程，核聚变过程中一般会释放出能量。

大转向模型（Grand Tack model）

大转向模型认为木星曾在类地行星生长期间先向内、再向外穿过小行星带。在迁移过程中，木星的引力扰乱了小行星带和火星今天所在区域内的大部分固态物质，从而解释了这两个区域今天的质量为何如此之低。

温室效应（greenhouse effect）

温室效应指大气中的温室气体吸收了行星表面向外放出的红外辐射，从而使行星表面变暖的现象。常见的温室气体包括水蒸气、二氧化碳和甲烷。

宜居带（habitable zone）

宜居带指恒星周围温度适宜的区域，这一区域刚好能使地质活动活跃的固态行星的表面存在液态水（如果该行星的大气能提供足够的地面气压）。“宜居”的概念是相对于地球生命需要的条件而言的。

逃逸碰撞（hit-and-run collision）

逃逸碰撞指两个固态天体间发生的一种斜向碰撞，两者擦肩而过后再次分开，双方都没有获得或失去过多物质。

热点（hot spot）

热点指岩质行星表面的一个区域，该区域有高温物质从行星内部深处往外涌出表面。该情况通常和火山活动有关。

热泉（hydrothermal vent）

热泉指陆地上或海底的一个裂缝，被地热能加热的滚烫的水不断从该裂缝涌上地表。热泉多见于火山活跃区。在上方水压大的海底热泉里，水温可以超过400摄氏度。

冰态巨行星（ice giant）

冰态巨行星是一种主要由可以在低温时结冰的物质（如水、甲烷和氨）组成的一类行星。天王星和海王星都属于冰态巨行星。

陨击盆地（impact basin）

陨击盆地指行星表面在遭受撞击后形成的一个较浅的圆形大洼地。

撞击熔融物（impact melt）

撞击熔融物指天体遭受撞击后岩石部分熔化所形成的一种类似玻璃的物质。

红外超（infrared excess）

红外超指恒星所发出红外线辐射的量比它本应发出的更多的现象。这些超出的红外线辐射其实来自恒星周围的尘埃粒子，它们由于吸收了可见星光而发出红外线辐射。

不规则卫星（irregular satellite）

不规则卫星指逆行、轨道高度倾斜或十分扁长的卫星。

同位素（isotope）

同位素指同一种化学元素的不同变体，由于原子核里的中子数不同，所以具有不同的原子质量。大多数元素都有一种以上的稳定同位素。比如氧有三种天然同位素，分别为氧-16、氧-17 和氧-18，它们的质子数都是 8，这决定了它们的元素种类和化学性质，而它们的中子数分别为 8、9 和 10。

木星族彗星（Jupiter-family comet）

木星族彗星指轨道周期小于 200 年且轨道平面只稍微比行星平面倾斜的几百颗彗星。

K，开尔文（kelvin）

开尔文温标（以物理学家开尔文勋爵命名）是科学界广泛使用的一种温度测量系统。它的零点是绝对零度。温度和温差可以用开尔文（K）来衡量。1 开尔文相当于摄氏温标里的 1 摄氏度。

柯克伍德空隙（Kirkwood gap）

柯克伍德空隙指小行星带中小行星分布密度极小的几条狭窄的空隙。位于这些区域的小行星的轨道都和木星的轨道形成共振——小行星的轨道周期和木星的轨道周期成整数比（如 3:1、5:2 等）。

柯伊伯带（Kuiper belt）

柯伊伯带指分布在海王星轨道以外、距离太阳 50 天文单位以内的一个布满微小冰封天体的地带。

晚期重轰击期（late heavy bombardment）

晚期重轰击期指约39亿年前月球多个陨击盆地形成的一段时期。每个类地行星很可能都在这一时期里遭受了多次强力撞击。

后增薄层（late veneer）

后增薄层指类地行星的内核形成后，覆盖在它上面的最后一个结构。今天地球地壳里的大部分高度亲铁元素都来自后增薄层。

热熔岩（lava hot）

热熔岩指喷出行星表面的熔岩。

光年（light-year）

光年指光在真空中传播一年所经过的距离。1光年约等于10万亿千米。

脂质（lipid）

脂质指构成生物膜，包括细胞膜的脂肪酸聚合物。

亲岩元素（lithophile element）

亲岩元素指当行星熔化和分层时，优先进入行星的地幔岩和地壳，而不是内核的一类元素。钠、镁、铝和铪都属于亲岩元素。

岩石圈（lithosphere）

岩石圈指岩质行星（如地球）最外层的坚硬圈层。地球的岩石圈包括地壳的全部和地幔的顶部，它们在岩石圈下面的地幔软流层上慢慢移动。

长周期彗星（long-period comet）

长周期彗星指轨道周期大于200年的彗星。相对于行星的轨道平面，长周期彗星的轨道平面是倾斜的。

热岩浆（magma hot）

热岩浆指行星表面下方的熔岩。

岩浆海洋（magma ocean）

岩浆海洋指岩质行星在遭受剧烈撞击后，短暂存在于表面的一层液态岩石。

星等（magnitude）

星等指衡量恒星和其他天体亮度的标准。星等越高的天体亮度越低。天狼星是天空中最亮的恒星，它的星等为 -1.5，肉眼能看到的最暗的星的星等为 +6。

地幔（mantle）

地幔指固态行星内核以上的部分。类地行星地幔的主要成分是硅酸盐岩石。

月海（mare，复数为 maria）

月海源自拉丁文“mare”（海）一词，指月球表面的阴暗区。月海是由玄武岩构成的低洼平原，是喷发岩浆填满陨击盆地后形成的。

基质（matrix）

基质指填充在球粒陨石的粒状体之间的细密的尘埃粒子。

金属度（metallicity）

金属度用于表示恒星里比氦更重的元素的丰度。

流星（meteor）

流星指来自宇宙的尘粒或较大的岩石块进入地球大气层后与大气摩擦燃烧所产生的光迹。

陨石（meteorite）

陨石指从宇宙空间坠落到地球或太阳系其他天体表面的岩石。

流星体（meteoroid）

流星体指太空中可能成为流星或陨石的碎石或尘埃。一般用于称呼直径在 100 米以下的天体，更大的一般被称作小行星。

微重力（microgravity）

微重力指在某些环境下，如太空中，人和物体处于失重的情况。失重不是缺少重力造成的，而是在太空中自由移动或下落所造成的，如物体围绕地球或太阳运动。

小行星（minor planet）

小行星指体积小于大行星且不会和彗星一样形成彗发及彗尾的绕日公转的天体。通常所说的小行星（asteroid）指的是轨道比木星更靠近太阳的那一部分。

分子云（molecular cloud）

分子云指物质质量达到 100 万倍太阳质量的一团巨大而稀薄的气体尘埃云。分子云里经常会形成新的恒星。

分子云核（molecular cloud core）

分子云核指分子云中密度较大的一小部分，它可以在自身的引力作用下坍缩形成恒星。

星云假说（nebular hypothesis）

星云假说是一种太阳系起源猜想，它认为太阳系是从围绕在太阳附近的一团盘状的物质云演化而来的。星云假说最先由康德和拉普拉斯提出。

中微子（neutrino）

中微子是组成自然界的最基本的粒子之一，它极少与其他形态的物质发生反应。恒星内部的核反应可以产生大量中微子。

中子（neutron）

中子指组成原子核的一种不带电的基本粒子。除氢以外，所有元素的原子核中都含有中子。

中子星（neutron star）

中子星指演变到后期的恒星在自身引力下极大程度地坍缩，导致电子与质子融合,转化为中子。中子星一般直径只有 10 千米,但它的质量却是太阳质量的 1.5~3 倍。

尼斯模型（Nice model）

尼斯模型是一种太阳系早期演化假说。尼斯模型认为，巨行星刚形成时彼此之间的距离比今天近，也就是说它们是后来才迁移到今天的位置的。迁移过程中，巨行星一度沿着高度扁长的轨道运行，它们的引力驱逐掉了许多小行星和彗星。该模型是以它的发源地法国的尼斯命名的。

惰性气体（noble gas）

惰性气体指在地球表面常温常压下以气体的形式存在，且很难与其他元素组成化合物的一类化学元素。惰性气体包括化学性质稳定的氦、氖、氩、氪和氙，以及具有放射性的氡。

黄赤交角（obliquity）

黄赤交角指行星赤道面与其公转轨道面所成的夹角。黄赤交角接近 90 度的行星会平躺着旋转，如果黄赤交角大于 90 度，则意味着行星的自转方向与公转方向相反。

寡头式生长（oligarchic growth）

寡头式生长指小行星成长为行星过程中的一个阶段。在寡头式生长阶段，原行星盘的各个区域都被一个行星胚胎主宰，这些行星胚胎通过清空它们附近的小行星而获得成长。

奥尔特云（Oort cloud）

奥尔特云指位于太阳系几万天文单位以外的一个布满几十亿颗休眠彗星的云团。偶尔，附近掠过的恒星或者整个银河系的引力会拉出奥尔特云里的一个天体，将它抛向太阳，变成一颗可见的彗星。

近日点（perihelion）

天体绕日公转时离太阳最近的位置叫作近日点。

光致蒸发（photo evaporation）

光致蒸发指气体吸收紫外线后升温并加速运动，逃离天体的引力束缚的过程。光致蒸发是使气体离开恒星原行星盘的一种方式。

光子（photon）

光子是电磁辐射（比如光）的基本粒子。电磁辐射既具有波动性，也具有粒子性，一个光子就像一小“份”波。

系谱（phylogenetic）

系谱指与生物体之间的演化关系有关的研究。

行星（planet）

行星指质量没有大到足以形成恒星但又不像小行星或彗星一样小的天体。行星质量的上限是木星质量的 13 倍。太阳系中的 8 颗最大的行星被称为大行星，天文学家还将一些质量比大行星小的行星统称为矮行星。

行星胚胎（planetary embryo）

行星胚胎指存在于行星形成过程中的寡头式生长阶段的、质量介于星子和成形行星的天体。

星子（planetesimal）

星子是原行星盘里的一种固态的小天体，是形成行星的基础。

板块构造（plate tectonics）

板块构造解释了地球岩石过去几百万年的演化情况。它将岩石圈划分成多块大小接近于大洲的板块，由于下面地幔的运动，各板块慢慢地漂移向彼此。地震、火山活动、海洋地壳的形成和破坏都是因为板块运动。

冥族小天体（Plutino）

冥族小天体分布在柯伊伯带，与海王星的轨道共振。冥族小天体是以它们之中最特别的一颗——冥王星命名的。

原始天体（primitive body）

原始天体指从未被加热至熔解和分层的固态天体。

星盘（proplyd）

星盘是原行星盘（protoplanetary disk）的简称。

质子（proton）

质子是组成原子核的一种带正电的基本粒子。氢原子的原子核只由一个质子组成。原子核中的质子数称为原子序数，原子序数决定了元素的种类。

原行星盘（protoplanetary disk）

原行星盘指围绕在年轻恒星周围的一个盘状的气体尘埃云，是行星系形成的地方。

放射性（radioactivity）

放射性指放射性物质内部的不稳定原子核发生衰变，释放出粒子或辐射的现象。早期研究者将放射性物质发出的三种射线称为 α 射线、β 射线和 γ 射线。当发生 α 衰变时，一个原子核会射出一个 α 粒子，α 粒子由两个质子和两个中子组成，实际上就是氦核。发生 β 衰变时，一个原子核会射出一个电子。有些原子核在发

生衰变时还会发出 γ 射线，γ 射线是一种强电磁辐射。

放射性同位素计年法（radiometric dating）

放射性同位素计年法是利用困在天体内部的物质的放射性衰变来测定天体年龄的技术之一。

红巨星（red giant）

红巨星指在恒星演化末期，恒星剧烈膨胀之后的一个阶段。

难熔（refractory）

难熔用于形容熔点高的物质。

浮土（regolith）

浮土指覆盖在月球或行星表面的一层疏松、细碎的物质。

规则卫星（regular satellite）

规则卫星指围绕行星顺行（非逆行）的天然卫星，其轨道和行星的赤道面共面，呈近圆形，而非明显的椭圆形。

共振（resonance）

共振指公转天体，如绕日公转的行星或小行星，每隔一段时间受到来自另一个公转天体的引力的系统干扰的现象。共振通常发生在公转周期之比为整数比，如 2:1 的两个天体之间。

逆行（retrograde）

逆行指运动方向与太阳系大多数天体正常运动方向相反的公转运动。从太阳系平面上方（即北方）俯视，行星逆行即为顺时针运动。

RNA

RNA 是核糖核酸的英文缩写，它是构成生命体不可或缺的复杂分子。RNA 和 DNA 一样都可以携带遗传信息，许多病毒的遗传物质是 RNA，而不是 DNA。

洛希极限（Roche limit）

洛希极限指行星与卫星的最短距离，如果卫星仅凭引力来维持自身形状，小于这个距离，潮汐作用就会使卫星解体。假设行星和卫星的密度相同，则它们的洛希极限大约为行星半径的2.5倍（从行星中心开始测量）。不过，足够坚硬的固态卫星能够在洛希极限之内飞行。

砾石堆（rubble pile）

砾石堆指由多个部分单凭引力结合在一起组成的小行星或彗星。

散盘（scattered disk）

散盘指在海王星轨道外绕日公转且可能近距离接触海王星的一些小行星。散盘天体一般都有倾斜和扁长的轨道。

沉积岩（sedimentary rock）

沉积岩指沙土、黏土和泥沙沉入水底后再被后来的物质层层压实而形成的岩石。

地震仪（seismometer）

地震仪是一种用于检测穿过地球的地震波的仪器。

亲铁元素（siderophile element）

亲铁元素指对铁具有化学亲和力的元素。当行星熔化和分层时，亲铁元素倾向于进入内核与铁结合。金、铂、镍和钨都属于亲铁元素。

硅酸盐（silicate）

硅酸盐指一类含有硅元素的化合物，大多数硅酸盐中都含有氧。硅酸盐矿物是地球地壳和太阳系其他天体壳层的主要成分。

雪球地球（snowball Earth）

雪球地球指在遥远的过去，地球的表面几乎完全被冰雪覆盖的几段时期。

太阳星云（solar nebula）

太阳星云指太阳初生时，包围在它周边的原行星盘。太阳星云被认为是行星及其他太阳系天体的出生地。

太空风化（space weathering）

太空风化指太空中的岩质天体表层，在受到太阳辐射、宇宙射线和撞击的条件下，经历的一系列变化的总称。

旋臂（spiral arm）

旋臂指旋涡星系中密度高于圆盘平均密度的区域。大多数旋涡星系都有两条或两条以上旋臂，从中心凸起的部分（称为核球或“棒”）由内往外伸出。旋臂以拥有包含着年轻亮星的亮气体云和分子云为特征。

旋涡星云（spiral nebula）

旋涡星云是旋涡星系的旧称。直到20世纪初，天文学家才意识到它们是银河系外的其他星系，而在此之前，旋涡星云的本质一直不为人所知。

S型小行星（S-type asteroid）

S型小行星指按照光谱分成的几种小行星类型之一。S型小行星的亮度较高，它的光谱特征显示它们的主要成分是硅酸盐岩石。

静止盖层（stagnant lid）

静止盖层指没有经历过板块构造的岩质行星的表面。该类行星的地壳是一整块静态的板块，不像地球表面分为可以移动的多个板块。这类行星有火星、金星等。

超新星爆炸（supernova）

超新星爆炸指恒星的毁灭性爆炸。超新星爆炸会释放出巨大的能量，即使在远处也可以看到。超新星爆炸要么出现在大质量恒星生命末期核燃料耗尽后，要么出现在双星系统里的白矮星吸积了另一颗恒星的足够多物质后，内部发生核聚变反应被重新点燃时。超新星爆炸过程中发生的核反应是重元素的一大来源。

同步绕转（synchronous rotation）

同步绕转指卫星的自转和轨道周期相一致，因此该卫星总是以同一面朝向它所绕转的行星。

过渡盘（transition disk）

过渡盘指围绕在年轻恒星周围的一圈气体和尘埃盘，是原行星盘演变成碎屑盘的一个过渡阶段。

海外天体（trans-Neptunian object，TNO）

海外天体指在海王星轨道外绕日公转的小行星。柯伊伯带和散盘里的天体都属于海外天体。

生命树（tree of life）

生命树指展示不同生物类别之间遗传关系的图。在生命树中，关系密切的物种一般位于相邻的树枝。

特洛伊型小行星（Trojan）

特洛伊型小行星指与行星共用轨道的一类天体。从太阳的角度看，特洛伊型小行星一般分布在与其共用轨道的行星的前后 60 度左右。

金牛 T 型星（T Tauri star）

金牛 T 型星指不是通过氢聚变成氦而是通过缓慢收缩获得能量的年轻恒星。金牛 T 型星是以金牛座里最突出的恒星的名称命名的一类恒星，这类恒星周围通常都有一个原行星盘。

均变论（uniformitarianism）

均变论主张地球是以与今日相同的地质作用逐渐、持续演变过来的。

挥发性（volatile）

挥发性用于描述熔点低的物质。

白矮星（white dwarf）

白矮星是演化到末期的恒星。核能源耗尽后，恒星在自身重量产生的引力下向下坍缩，使原子核和电子紧挨在一起。红巨星会将核心以外的物质抛离恒星本体，残留下来的内核就是白矮星。

雅尔可夫斯基效应（Yarkovsky effect）

雅尔可夫斯基效应指小天体由于吸收太阳光照，以及自身自转产生稍微不同方向的红外线辐射而逐渐被加速的现象。雅尔可夫斯基效应可在几百万年的时间里大大改变小型小行星的轨道。

锆石（zircon）

锆石指存在于花岗岩及其他陆地岩石中的一类矿物。锆石在母体岩石遭到破坏后也能够继续存在，它在应用放射性同位素计年法时非常有用。

参考文献和延伸阅读

下列为本书用到的部分参考书籍与文献，其中一些具有一定的历史价值，另一些则推荐作为与行星科学相关的拓展读物和参考资料。

Adams, Fred C. “The Birth Environment of the Solar System” . *Annual Reviews of Astronomy and Astrophysics*, vol. 48:47-85, 2010.

Asplund, Martin, Grevasse, Nicolas, Sauval, A. Jacques, & Scott, Pat. “The Chemical Composition of the Sun” . *Annual Reviews of Astronomy and Astrophysics*, vol. 47:481-522, 2009.

Barucci, Maria A., Boehnhardt, Hermann, Cruikshank, Dale P., & Morbidelli, Alessandro （eds.）. *The Solar System Beyond Neptune*. University of Arizona Press, 2008.

Beatty, J. Kelly, Petersen, Carolyn C., & Chaikin, Andrew （eds.）. *The New Solar System* （4th ed.）. Sky Publishing and Cambridge University Press, 1999.

Bergin, Edwin A., & Tafalla, Mario. “Cold Dark Clouds: The Initial Conditions for Star Formation” . *Annual Reviews of Astronomy and Astrophysics*, vol. 45:339-96, 2007.

Boss, Alan. The Crowded Universe: *The Race to Find Life Beyond Earth*. Basic Books, 2009.

Brush, Stephen G. *A History of Modern Planetary Physics* （3 vols.: 1. *Nebulous Earth*, 2. *Transmuted Past*, 3. *Fruitful Encounters*）. Cambridge University Press, 1996.

Canup, Robin M. “Simulations of a Late Lunar-Forming Impact” . *Icarus*, vol. 168:433-68, 2004.

Dalrymple, G. Brent. *Ancient Earth, Ancient Skies*. Stanford University Press, 2004.

de Pater, Imke, & Lissauer, Jack J. *Planetary Sciences* （2nd ed.）. Cambridge Univeristy Press, 2010.

Fernandez, Julio A. “On the Existence of a Comet Belt Beyond

Neptune". *Monthly Notices of the Royal Astronomical Society*, vol. 192:481-91, 1980.

Holmes, Arthur. *The Age of the Eatth*. Harper & Brothers, 1913.

Jackson, Patrick Wyse. *The Chronologers' Quest: The Search for the Age of the Earth*. Cambridge University Press, 2006.

Jaki, Stanley L. *Planets and Planetarians*. Wiley, 1978.

Jet Propulsion Laboratory. *Solar System Dynamics* (website). http://ssd.jpl.nasa.gov/ (includes a wide range of regularly updated solar system information, listed on the site map).

Jewitt, David. "The Discovery of the Kuiper Belt". *Astronomy Beat: Astronomical Society of the Pacific* (online newsletter for members), no. 48, 2010.

Kasting, James. *How to Find a Habitable Planet*. Princeton University Press, 2009.

Knell, Simon J., & Lewis, Cherry L. E. "Celebrating the Age of the Earth". *Geological Society, London, Special Publications*, vol. 190:1-14, 2001.

Kowal, Charles T. Asteroids: *Their Nature and Utilization*. Ellis Horwood, 1998.

Kuiper, Gerard P. "On the Origin of the Solar System". *Proceedings of the National Academy of Sciences*, vol. 37:1-14, 1950.

Lang, Kenneth R., & Gingerich, Owen (eds.). *A Source Book in Astronomy and Astrophysics* 1900-1975. Harvard University Press, 1979.

Lewis, Cherry. The Dating Game: *One Man's Search for the Age of the Earth*. Cambridge University Press, 2000.

Lunine, Jonathan I. *Earth: Evolution of a Habitable World* (2nd ed.). Cambridge University Press, 2008.

McFadden, Lucy-Ann, Weissman, Paul, & Johnnson, Torrence (eds.). *Encyclopedia of the Solar System* (2nd ed.). Academic Press, 2006.

McSween, Harry Y., Jr. *Meteorites and Their Parent Planets*. Cambridge University Press, 1999.

Norton, O. Richard. *The Cambridge Encyclopedia of Meteorites*. Cambridge University Press, 2002.

Patterson, C. "Age of Meteorites and the Earth". *Geochimica et Cosmochimica Acta*, vol. 10:230-37, 1956.

Russell, Henry Norris. *The Solar System and Its Origin*. Macmillan, 1935.

Taylor, Stuart Ross. *Solar System Evolution: A New Perspective* (2nd ed.). Cambridge University Press, 2001.

Whipple, Fred L. *The Mystery of Comets*. Smithsonian Institution, 1985.

Williams, J. P. "The Astrophysical Environment of the Solar Birthplace". *Contemporary Physics*, vol. 51:381-96, 2010.

Woolfson, Michael. *The Formation of the Solar System: Theories Old and New*. Imperial College Press, 2007.